"清甜香"
特色优质烟叶研究与开发

宁 扬 王 勇 刘好宝 等著

中国农业科学技术出版社

图书在版编目（CIP）数据

"清甜香"特色优质烟叶研究与开发／宁扬等著．—北京：中国农业科学技术出版社，2019.7

ISBN 978-7-5116-4291-2

Ⅰ．①清…　Ⅱ．①宁…　Ⅲ．①烟叶-栽培技术-研究　Ⅳ．①S572

中国版本图书馆 CIP 数据核字（2019）第 143393 号

责任编辑	贺可香
责任校对	李向荣
出 版 者	中国农业科学技术出版社
	北京市中关村南大街 12 号　邮编：100081
电　　话	（010）82106638（编辑室）　（010）82109702（发行部）
	（010）82109709（读者服务部）
传　　真	（010）82106650
网　　址	http://www.castp.cn
经 销 者	各地新华书店
印 刷 者	北京建宏印刷有限公司
开　　本	787mm×1 092mm　1/16
印　　张	15.75
字　　数	364 千字
版　　次	2019 年 7 月第 1 版　2019 年 7 月第 1 次印刷
定　　价	56.00 元

《"清甜香"特色优质烟叶研究与开发》
著者名单

主　著：宁　扬　王　勇　刘好宝

副主著：张映杰　曾庆宾　刘东阳　何欢辉　孙惠青　陈乾锦

著者名单（按姓氏笔画排序）：

于卫松	王　勇	王大彬	王允白	王生才	方　松
孔凡玉	卢　剑	宁　扬	刘　挺	刘　雪	刘东阳
刘好宝	闫芳芳	孙　鹏	孙惠青	杨　柳	杨　鹏
杨军伟	李　斌	李书贵	吴　涛	吴先华	邱　军
宋德安	张　伟	张义志	张宗锦	张映杰	张继光
陈玉蓝	林智慧	林樱楠	罗富国	庞雪莉	官　宇
封　俊	高　远	高　俊	郭先锋	凌爱芬	曹建敏
鲁世军	曾庆宾	谢云波	廉芸芸		

前　言

中国凉山彝族自治州地处东经 100°15′~103°52′、北纬 26°03′~29°18′，位于四川省西南部，南至金沙江，北抵大渡河，东临四川盆地，西连横断山脉。凉山州自然条件优越，是全国优质烤烟适宜区域，在《全国烟草种植区划研究报告》中被列为西南部烟区烤烟生态类型最适宜区之一。凉山州以其得天独厚的自然条件，所产烤烟质量优良，风格突出。

然而，凉山烟叶生产过程中仍然存在烟叶质量风格特征定位不明确、品种与生态不相适应、种植布局不尽合理、配套栽培调制措施不够完善、烟叶生产基础设施薄弱等问题，未能充分发挥凉山自然生态资源优势，制约了烟叶质量的进一步提升。针对上述问题，凉山州烟草公司与中国农业科学院烟草研究所紧密合作，联合开展科技攻关，以烟叶特色为中心、市场需求为导向，全力解决凉山烟叶质量特色定位的战略难题，阐明凉山烟叶风格特色形成机理及影响因子，建立适合凉山生态特点的生产技术管理体系，更好地满足卷烟工业对原料的需求，逐步确立和巩固发展凉山烟叶在卷烟重点骨干品牌中的地位和作用，为实现凉山烟叶生产的可持续发展奠定了坚实的基础。近年来，"大凉山牌清甜香烤烟"接连获得第九届、第十届、第十四届四川省名牌产品称号，"凉山清甜香烤烟"获农业农村部农产品地理标志登记。凉山烟叶已成为国内多家重点工业企业著名卷烟品牌不可或缺的核心原料。

全书共分六章，第一章，凉山烟叶质量特色分析与评价；第二章，"清甜香"特色烟叶优化布局；第三章，"清甜香"特色烟叶保持与彰显技术研究；第四章，植烟土壤恢复与保持技术研究；第五章，烤烟生产灌溉体系建立；第六章，凉山特色优质烟叶生产管理体系。全书较为系统地阐释了凉山特色优质烟叶研究与开发的思路及措施，对其他产区开展优质烟叶研究与生产具有一定的参考价值。

本书编写过程中得到了四川省烟草公司、凉山州烟草公司、攀枝花市烟草公司和中国农业科学院烟草研究所领导、专家的大力支持和配合，在此表示衷心的感谢！

由于编者水平有限，恳请各位专家、读者批评指正！

编　者

2019 年 3 月

目　录

第一章 凉山烟叶质量特色分析与评价

凉山州是中国烟叶最适宜种植区域之一，有着长期稳定的销售市场，凉山烟叶是国内许多名牌卷烟产品不可替代的主要原料。作为一个成熟的烟叶产区，首先应进行烟叶质量特色的定位，同时确立优质烟叶的品质指标，进而明确产区烟叶生产的发展方向和目标，按照特色和品质指标进行配套栽培、调制技术和适合特色要求的品种，做到措施落实到位，实现过程控制，保证烟叶特色典型、质量稳定。达到烟叶质量的均匀稳定，为卷烟工业提供更具特色的优质卷烟原料，进入卷烟工业核心配方单元，从而稳定客户，降低市场风险。

由于凉山州各产烟区自然生态条件和社会条件等因素的影响，其烟叶质量存在着一定的差异，优质烟叶品质的形成过程中，有些因素可以通过人为的调节使其向着有利的方向发展，但是许多自然因素是难以改变的，因此要进一步提高凉山州烟叶的品质，首先要明确烟叶质量的特点，在此基础上分析各个烟区烟叶质量的优势和缺陷，找寻凉山州烟叶品质的分布区域特征、形成凉山烟叶的品质区划。依据品质区划的结果，在尊重自然因素的前提下，系统研究生态因子与烟叶品质的关系，提出凉山州各个产烟区的发展规划方案，最大限度地将凉山州得天独厚的自然优势转化为产品质量的优势，实现凉山烟叶的定向发展，最终形成品质稳定的名优特烟区。

第一节 质量评价指标筛选及标准建立

一、质量评价指标筛选

（一）外观质量

为探索凉山不同评吸质量档次烟叶外观质量差异，根据烟叶外观质量鉴定结果，结合烟叶质量评吸结果，将所鉴定样品分为较好⁻以上、中等⁺以下两组，对比分析不同质量档次区域所落入样品比例，初步确定外观质量评价指标。

由表1-1可见：较好⁻以上质量档次烟叶外观质量颜色趋于浅橘黄，浅橘烟比例达到56%；成熟度较好，成熟烟叶比例达到96%；身份适中烟叶比例较高，达到84%；

色度较强，比例为 76%。而中等⁺档次以下烟叶外观质量颜色相对偏深；成熟度稍差；身份稍厚；色度偏弱。两组烟叶油分、结构相差不大。

综合以上分析结果认为，凉山优质烟叶外观质量评价指标选择颜色、成熟度、身份及色度 4 项指标。

表 1-1 不同质量档次烟叶外观质量状况

质量档次	颜色（%）			成熟度（%）			身份（%）		油分（%）		结构（%）		色度（%）		
	浅橘	橘黄	深橘	成熟	尚熟	稍薄	适中	稍厚	多	有	尚疏松	疏松	浓	强	中
较好⁻以上	56.0	40.0	4.0	96.0	4.0	12.0	84.0	4.0	52.0	48.0	24.0	76.0	76.0	20.0	4.0
中等⁺以下	37.5	50.0	12.5	78.1	21.9	6.2	68.8	25.0	50.0	50.0	25.0	75.0	62.5	34.4	3.1

（二）物理特性

通过对烟叶样品物理指标进行测定，同时结合烟叶质量评吸结果，将所测定样品分为较好⁻以上、中等⁺以下两组，对比分析不同质量档次物理指标差异，确定物理特性评价指标。

由表 1-2 可见：较好⁻以上质量档次烟叶物理指标含梗率较低，均值为 29.48%，且极显著低于中等⁺以下质量档次烟叶；平衡含水率相对较高，均值达到 14.65%；且显著高于中等⁺以下质量档次烟叶；填充值相对较高，且显著高于中等⁺以下质量档次烟叶。两组烟叶厚度、叶长、叶宽、叶面密度及叶重未达到显著差异水平，总体相差不大。

综合以上分析结果认为，凉山优质烟叶物理特性评价指标选择平衡含水率、填充值 2 项指标表 1-2。

表 1-2 不同质量档次烟叶物理特性差异

质量档次	含梗率（%）	厚度（mm）	平衡含水率（%）	填充值（cm³/g）	叶长（cm）	叶宽（cm）	叶面密度（g/m²）	叶重（g）
较好⁻以上	29.48bB	0.0786aA	14.25aA	4.56aA	69.9aA	24.6aA	61.3aA	13.8aA
中等⁺以下	32.12aA	0.0775aA	13.91bA	4.31bA	72.5aA	23.8aA	60.0aA	13.9aA

（三）化学成分

化学成分检测指标包括还原糖、总糖、总氮、总植物碱、钾和氯 6 项，同时通过计算得出糖碱比、氮碱比、两糖差、钾氯比 4 项派生值指标。根据烟叶评吸质量结果，将所检测样品分为较好⁻以上、中等⁺以下两组，对比分析不同质量档次烟叶化学成分差异，确定化学成分评价指标。

由表 1-3 可见：较好⁻以上质量档次烟叶化学成分还原糖、总糖、糖碱比、氮碱比较高，分别为 28.6%、33.7%、15.5、0.90，且显著或极显著高于中等⁺以下质量档次烟叶；较好⁻以上质量档次烟叶化学成分总氮、总植物碱含量较低，分别为 1.70%、

1.93%，且极显著低于中等⁺以下质量档次烟叶；而两组烟叶之间钾、氯、两糖差、钾氯比未达到显著差异水平。

综合以上分析结果认为，凉山优质烟叶化学成分评价指标选择还原糖、总植物碱、糖碱比、氮碱比4项指标。

表1-3　不同质量档次烟叶化学成分差异

质量档次	还原糖（%）	总糖（%）	总氮（%）	总植物碱（%）	钾（%）	氯（%）	糖碱比	氮碱比	两糖差	钾氯比
较好⁻以上	28.6aA	33.7aA	1.70bB	1.93bB	2.08	0.20	15.5aA	0.90aA	5.0	12.6
中等⁺以下	26.4bA	30.5bB	1.94aA	2.40aA	2.13	0.17	11.5bB	0.82bA	4.2	14.6

（四）感官评吸质量

感官评吸质量鉴定根据农业部备案方法 NY/YCT 008—2002 进行，评吸指标包括香型、劲头、浓度、质量档次、香气质、香气量、余味、杂气、刺激性、燃烧性、灰色11项指标，同时增加甜香感评价。

分析结果表明（表1-4），较好⁻以上质量档次烟叶评吸甜香感较强，比例达到58.33%，而中等⁺以下质量档次烟叶评吸甜度感不够明显，均未达到较强⁻以上水平；同时，评吸质量较好的烟叶香型更趋于清香型，清香和清偏中香型烟叶比例达到75.73%；较好⁻以上质量档次烟叶评吸质量香气质、香气量、余味、刺激性、杂气指标得分均极显著高于中等⁺以下质量档次烟叶。

综合以上分析结果认为，凉山优质烟叶感官评吸质量评价指标选择香型、甜度感、香气质、香气量、余味、刺激性、杂气7项指标。

表1-4　不同质量档次烟叶评吸质量差异

质量档次	香型						甜度感			劲头		浓度	
	清香	清偏中	中偏清	中间	中偏浓	浓偏中	较强⁻以上	中等⁺	中等	适中⁺	适中	中等⁺	中等
较好⁻以上	29.13	46.6	16.5	5.82	0.97	0.97	58.33	41.67	0	0	100	23.33	76.67
中等⁺以下	0	19.04	30.47	28.6	0.95	20.95	0	33.33	66.67	3.33	96.67	26.67	73.33

质量档次	香气质	香气量	余味	刺激性	杂气
较好⁻以上	11.50aA	16.11 aA	19.65aA	8.89aA	13.24aA
中等⁺以下	11.05bB	15.97 bB	18.98bB	8.66bB	12.94bB

二、凉山优质烟叶质量评价标准

关于优质烟叶品质指标研究方面，科研工作者做了大量的研究工作，但是由于我国烟区分布范围较广，各产区生态条件复杂多样，所得研究结果不尽一致。本项研究旨在探讨适宜凉山州烤烟产区的烟叶品质指标。

根据感官评吸结果对凉山烟区各质量档次烟叶的定量指标结果进行显著性检验和邓肯法多重比较。定性指标进行描述性评价。

从烟叶的工业利用价值上考虑，选取质量档次较好⁻以上的烟叶，以表现差异显著的指标的算术平均值加减标准差分别作为建议上限和建议下限，在统计学上，如果结果服从正态分布，则 68.3% 的概率符合要求，即有 68.3% 的样品在建议指标范围内。评吸指标只有下限。

综合研究得出凉山优质烟叶质量评价标准如表 1-5 所示。

表 1-5 凉山优质烟叶质量评价标准

评价分类	指标	评价标准
外观质量	颜色	浅橘—橘黄
	成熟度	成熟
	身份	适中
	色度	浓
物理指标	平衡含水率（%）	14.25±0.32
	填充值（cm^3/g）	4.56±0.23
化学成分	还原糖（%）	28.6±2.5
	总植物碱（%）	1.93±0.36
	糖碱比	15.5±3.6
	氮碱比	0.90±0.11
感官评吸	香型	清偏中—清香
	甜度感	较强⁻—较强
	香气质 15	>11.31
	香气量 20	>15.99
	余味 25	>19.42
	杂气 18	>13.17
	刺激性 12	>8.81

第二节 凉山烟叶质量评价及特色定位

一、数据采集与分析

（一）气象数据

气象数据由凉山州气象局提供，包括 1995—2009 年各烟区的降水量、日均温、日照时数、气温日较差、空气相对湿度等资料。

（二）土壤样品

土样于 2009—2010 年选取烟样时对应烟样取样点获取，共 90 份。取样时采用五点取样法采集 0~20cm 土层的非根际土壤样品，过 1mm 筛，用于土壤有机质、速效磷、碱解氮等土壤养分以及 pH 值的测定。

（三）烟叶样品

2009—2011 年度凉山州烟叶品质评价样品采集按照烟叶产区规模采集样品数量。采集产区主要针对种植历史相对稳定，对产区烟叶具有代表性的西昌、越西、冕宁、普格、德昌、宁南、会东、会理和盐源 9 县（市），3 年共采集烟叶样品 819 份（表1-6）。

表 1-6　烟叶样品采样点

年度	县别	品种	部位	份数
2009	越西	云烟85	上、中、下	15
	西昌	云烟87	上、中、下	21
	会东	云烟85	上、中、下	30
		红花大金元	上、中、下	24
	普格	云烟85	上、中、下	6
		云烟87	上、中、下	3
	宁南	云烟85	上、中、下	18
	冕宁	云烟85	上、中、下	15
		云烟87	上、中、下	12
	会理	云烟85	上、中、下	39
		云烟87	上、中、下	18
		红花大金元	上、中、下	12
	盐源	云烟85	上、中、下	6
		云烟87	上、中、下	6
	德昌	云烟85	上、中、下	48
2010	越西	云烟85	上、中、下	12
		云烟87	上、中、下	6
	西昌	云烟87	上、中、下	21
	会东	云烟85	上、中、下	21
		红花大金元	上、中、下	27
	普格	云烟85	上、中、下	6
		红花大金元	上、中、下	15
	宁南	云烟85	上、中、下	15
	冕宁	云烟85	上、中、下	12
		云烟87	上、中、下	12
	会理	云烟85	上、中、下	39
		云烟87	上、中、下	18
	盐源	云烟85	上、中、下	6
		红花大金元	上、中、下	3
	德昌	云烟85	上、中、下	45

（续表）

年度	县别	品种	部位	份数
	越西	云烟85	上、中、下	9
		云烟87	上、中、下	3
	西昌	云烟87	上、中、下	21
	会东	云烟85	上、中、下	60
		红花大金元	上、中、下	21
	普格	云烟85	上、中、下	12
2011	宁南	云烟85	上、中、下	24
	冕宁	云烟85	上、中、下	21
		云烟87	上、中、下	6
		云烟85	上、中、下	33
	会理	云烟87	上、中、下	24
		红花大金元	上、中、下	9
	盐源	云烟87	上、中、下	9
	德昌	云烟85	上、中、下	36

（四）分析方法

1. 样品的外观质量鉴定

聘请专家依据国家标准 GB 2635—92 对样品进行外观质量鉴定，项目包括颜色、成熟度、色度、结构、油分、身份。

2. 样品的感官质量鉴定

由中国农业科学院烟草研究所评吸委员会组织 7 名以上具有省级以上感官评吸资格证书的专家依据农业部备案方法 NY/YCT 008—2002 进行评吸。具体评价说明如下。

（1）香型：清香、清偏中、中偏清、中间香、中偏浓、浓偏中、浓香。

（2）劲头：大、较大、适中、较小、小。

（3）浓度：浓、较浓、中等、较淡、淡。

（4）透发性：强、较强、中等、较弱、弱。

（5）质量档次：好、较好、中等、较差、差。

（6）香气质15分：好15~13、较好12~10、中等9~7、较差<7。

（7）香气量20分：足20~18、较足17~15、尚足14~12、有11~9、较少<9。

（8）余味25分：舒适25~22、较舒适21~18、尚舒适17~14、欠适13~10、差<10。

（9）杂气18分：微有18~16、较轻15~13、有12~10、略重9~7、重<7。

（10）刺激性12分：轻12~11、微有10~9、有8~7、略大6~5、大<5。

（11）燃烧性5分：强5、较强4、中等3、较差2、熄火0。

（12）灰色5分：白色5、灰白3、黑灰<2。

（13）香型、劲头、浓度、透发性、质量档次、甜度感用文字描述，依鉴定结果进行判定。

3. 常规化学成分的检测分析

检测项目包括总糖、还原糖、总氮、总植物碱、钾、氯，共6项。其中，总糖和还原糖采用铁氰化钾比色法进行测定；总氮、总植物碱、钾、氯分别按照中华人民共和国烟草行业标准 YC/T 33—1996，YC/T 34—1996，YC/T 35—1996，YC/T 173—2003，YC/T 153—2001 进行测定；并运用推算法得出两糖差（总糖-还原糖）、糖碱比（还原糖/总植物碱）、氮碱比（总氮/总植物碱）、钾氯比（钾/氯）。

4. 土壤养分测定

采用重铬酸钾容量法测定，土壤样品有机质测定；采用碱解扩散法测定土壤碱解氮测定；采用碳酸氢钠—钼锑抗比色法测定土壤有效磷测定；采用火焰光度计法测定土壤速效钾的测定，土壤 pH 值测定的水土比为 5∶1，用 pH 计测定。

5. 数据处理

对数据的统计分析主要运用 SAS 8.1 和 DPS v7.05 软件进行。

二、凉山州烟叶总体质量评价

（一）外观质量

1. 下部叶

由表1-7可知，凉山州下部烟叶外观质量特征如下：颜色以橘黄为主，部分偏浅橘黄；成熟度基本以成熟为主；结构疏松；身份基本属适中水平；油分以多⁻—多为主；色度基本属强—浓范畴。

表1-7　下部叶外观质量

项目	颜色				结构			成熟度		
	橘黄⁺	橘黄	橘黄⁻	柠檬黄	稍密	尚疏松	疏松	成熟	成熟⁻	尚熟
比例（%）	1.39	86.10	12.23	0.28	0.00	0.00	100.00	98.93	1.06	0.01

项目	身份				油分				
	稍厚	适中	适中⁻	薄	多	多⁻	有⁺	有	少
比例（%）	0.08	98.86	1.06	0.00	77.66	18.62	0.53	3.19	0.00

项目	色度							
	浓	浓⁻	强⁺	强	强⁻	中	弱	淡
比例（%）	44.15	16.49	5.85	28.19	4.26	1.06	0.00	0.00

2. 中部叶

由表1-8可知，凉山州中部烟叶外观质量特征如下：颜色以橘黄为主，部分偏深橘黄和浅橘黄；成熟度基本以成熟为主；结构疏松；身份基本属适中水平；油分以多为主，部分为多⁻和有⁺；色度基本属强—浓范畴。

表 1-8　中部叶外观质量

指标	颜色			成熟度		结构		身份
	浅橘黄	橘黄	深橘黄	成熟	成熟⁻	尚熟	疏松	适中
比例（%）	3.45	91.06	5.50	98.38	1.60	0.03	100.00	99.47

	油分			色度					
多	多⁻	有⁺	浓	浓⁻	强⁺	强	强⁻	中⁺	
93.09	5.32	1.60	58.51	8.51	3.72	27.13	1.06	0.53	

3. 上部叶

由表 1-9 可知，凉山州上部烟叶外观质量特征如下：颜色以橘黄为主，部分偏深橘黄和浅橘黄；成熟度基本以成熟为主；结构以疏松为主，部分尚疏松；身份基本属适中水平；油分以多⁻—多为主；色度基本属强—浓范畴。

表 1-9　上部叶外观质量

项目	颜色				结构			成熟度			
	橘黄⁺	橘黄	橘黄⁻	红棕	尚疏松	疏松	疏松⁻	成熟	成熟⁻	尚熟⁺	尚熟
比例（%）	12.30	86.36	1.30	0.01	0.06	93.02	6.91	85.09	14.36	0.53	0.02

项目	身份					油分					
	稍厚	适中	适中⁻	稍薄	薄	多	多⁻	有⁺	有	稍有	少
比例（%）	0.53	89.31	9.57	0.59	0.00	71.81	22.34	4.26	1.60	0.00	0.00

项目	色度							
	浓	浓⁻	强⁺	强	强⁻	中	弱	淡
比例（%）	53.72	12.23	4.26	28.72	1.06	0.53	0.00	0.00

（二）物理特性

由表 1-10 可知，凉山烟叶物理特性如下：含梗率略偏高；填充值较为适宜；厚度略偏高；叶面密度较为适宜；平衡含水率稍较为适宜；叶长、叶宽较为适宜。

表 1-10　凉山烟叶物理指标

项目	单叶重（g）	叶长（cm）	叶宽（cm）	含梗率（%）	厚度（mm）	叶面密度（g/m²）	填充值（cm³/g）	平衡含水率（%）
平均值	13.87	71.58	24.17	31.86	0.08	60.39	4.61	14.14
最大值	20.28	84.23	29.84	36.68	0.13	88.65	6.22	15.36
最小值	8.80	61.25	18.97	25.89	0.05	45.50	3.81	12.97
标准差	2.62	5.70	2.58	2.61	0.02	8.99	0.44	0.58

（续表）

项目	单叶重（g）	叶长（cm）	叶宽（cm）	含梗率（%）	厚度（mm）	叶面密度（g/m²）	填充值（cm³/g）	平衡含水率（%）
变异系数	18.93	7.97	10.68	8.20	23.54	14.88	9.65	4.09

（三）化学成分

1. 下部叶

由表1-11可知，凉山州下部烟叶化学成分含量及派生值特点如下：还原糖含量、总糖含量较高；总植物碱含量较低；总氮含量基本适宜；钾含量较高；氯含量较低；糖碱比、糖氮比较高；氮碱比适宜；两糖差稍偏高；钾氯比偏高。

表1-11　下部烟叶常规化学成分含量及派生值

项目	还原糖（%）	总糖（%）	总植物碱（%）	总氮（%）	K₂O（%）	Cl（%）
平均值	28.44	33.36	1.57	1.61	2.39	0.14
最大值	39.90	44.20	3.15	2.24	4.00	1.86
最小值	15.10	18.20	0.61	1.13	1.13	0.02
标准差	4.49	4.94	0.40	0.20	0.54	0.20
变异系数	15.79	14.81	25.64	12.65	22.77	148.42

项目	糖碱比	氮碱比	两糖差	钾氯比
平均值	19.68	1.08	4.92	35.56
最大值	51.48	1.95	10.60	160.50
最小值	6.57	0.61	1.00	0.83
标准差	7.19	0.23	1.88	24.36
变异系数	36.55	21.57	38.12	68.50

2. 中部叶

由表1-12可知，凉山州中部烟叶化学成分含量及派生值特点如下：还原糖含量、总糖含量较高；总植物碱、总氮含量基本适宜；钾含量偏高；氯含量较低；糖碱比较高；氮碱比适宜；两糖差偏高；钾氯比偏高。

表1-12　中部烟叶化学成分含量及派生值状况

指标	还原糖（%）	总糖（%）	总植物碱（%）	总氮（%）	氧化钾（%）	氯（%）
平均值	29.7	36.5	1.97	1.69	2.07	0.12
最大值	40.0	42.5	3.36	2.33	3.33	0.93
最小值	17.0	23.4	0.94	1.08	1.09	0.03

（续表）

指标	还原糖（%）	总糖（%）	总植物碱（%）	总氮（%）	氧化钾（%）	氯（%）
标准偏差	3.60	3.59	0.47	0.22	0.38	0.12
变异系数	0.10	0.10	0.20	0.10	0.20	1.00

指标	糖碱比	氮碱比	钾氯比	两糖差
平均值	16.17	0.89	26.06	6.83
最大值	34.89	1.70	79.75	13.40
最小值	6.93	0.57	2.57	0.20
标准偏差	5.07	0.16	14.14	2.24
变异系数	0.30	0.20	0.50	0.30

3. 上部叶

由表 1-13 可知，凉山州上部烟叶化学成分含量及派生值特点如下：还原糖含量、总糖含量较高；总植物碱含量较低；总氮含量基本适宜；钾含量偏高；氯含量较低；糖碱比、糖氮比较高；氮碱比适宜；两糖差偏高；钾氯比偏高。

表 1-13 上部烟叶常规化学成分含量及派生值

项目	还原糖（%）	总糖（%）	总植物碱（%）	总氮（%）	K_2O（%）	Cl（%）
平均值	27.6	33.1	2.8	2.1	1.9	0.1
最大值	37.2	44.2	4.5	3.2	3.0	0.9
最小值	11.8	14.3	1.0	1.3	1.2	0.0
标准差	4.6	4.6	0.6	0.3	0.3	0.1
变异系数	16.7	13.8	23.4	14.0	18.4	80.1

项目	糖碱比	氮碱比	两糖差	钾氯比
平均值	11.0	0.8	5.5	21.5
最大值	35.7	1.4	12.5	81.5
最小值	2.8	0.5	1.1	1.7
标准差	4.6	0.2	2.5	12.7
变异系数	42.0	20.3	44.9	59.0

（四）感官评吸质量

由表 1-14 至表 1-20 可知，凉山州烟叶感官评吸质量特点如下：香气质较好；香气量较足；余味较舒适；杂气较轻；刺激性微有；劲头基本以适中为主，部分为适中[+]；浓度基本属中等—中等[+]范畴；质量档次以中等[+]—较好[-]为主，部分为中等和较好，甜度感较强，较强[-]以上水平烟叶所占比例为 45.36%，整体质量档次较高，可利用性较好。

　　将香型偏清香型且甜度感较强‾及以上水平烟叶定为典型清甜香烟叶，将香型偏清香但甜度感中等‡及以下水平烟叶定为非典型清甜香烟叶，余下烟叶定为其他类型。由下表可以看出，凉山典型清甜香烟叶所占比例最高，为41.79%，非典型清甜香烟叶所占比例为18.57%。

表1-14　凉山州烟叶感官评吸质量定量指标得分情况

指标	香气质	香气量	余味	杂气	刺激性	得分
平均值	11.40	16.10	19.60	13.20	8.80	75.10
最大值	12.00	16.50	20.60	13.90	9.20	77.50
最小值	10.60	15.50	18.20	12.40	8.10	71.30
标准偏差	0.23	0.17	0.39	0.26	0.20	1.01
变异系数	0.02	0.01	0.02	0.02	0.02	0.01

表1-15　凉山州烟叶感官评吸香型情况

香型	清香	清偏中	中偏清	中间	中偏浓
比例（%）	14.28	46.07	23.93	11.43	4.29

表1-16　凉山州烟叶感官评吸甜感度

甜感度	较强	较强‾	中等‡	中等
比例（%）	2.86	42.5	36.78	17.86

表1-17　凉山州烟叶感官评吸劲头情况

劲头	适中‡	适中	适中‾
比例（%）	0.71	98.93	0.36

表1-18　凉山州烟叶感官评吸浓度情况

浓度	较浓‾	中等‡	中等
比例（%）	0.36	58.21	41.43

表1-19　凉山州烟叶感官评吸质量档次情况

质量档次	较好	较好‾	中等‡	中等
比例（%）	1.07	54.28	42.86	1.79

表 1-20   凉山州典型清甜香烟叶比例

风格类型	典型清甜香	非典型清甜香	其他
比例（%）	41.79	18.57	39.64

三、2008—2011 年凉山烟叶质量变化

（一）外观质量

分析结果表明：2008—2011 年，凉山深橘黄烟叶比例逐年降低，浅橘—橘黄烟比例逐年增加，2011 年浅橘—橘黄烟比例达到 97.4%，较 2008 年增加 7.2%；成熟烟比例较高且呈逐年增加趋势，2011 年较 2008 年增加 2.62%，达到 98.7%；结构基本疏松；身份适中烟叶比例基本上呈逐年增加趋势；油分表现基本为逐年增加趋势；色度逐年变浓，2011 年色度浓⁻—水平以上烟叶比例为 89.6%，较 2008 年增加 30.8%（表 1-21）。

综合而言，依据凉山优质烟叶质量评价标准，可以看出，凉山烟叶外观质量表现呈逐年上升趋势。

表 1-21   凉山不同年份烟叶外观质量

年份	颜色			成熟度			结构		身份	
	浅橘黄	橘黄	深橘黄	成熟	成熟⁻	尚熟	疏松	尚疏松	适中	适中⁻
2008	1.96	88.24	9.80	96.08	3.92	0.00	96.08	3.92	94.11	5.89
2009	2.19	90.16	7.65	97.81	1.64	0.55	100.00	0.00	98.91	1.09
2010	4.81	91.35	3.85	98.08	0.96	0.96	100.00	0.00	100.00	0.00
2011	6.49	90.91	2.60	98.70	1.30	0.00	100.00	0.00	98.70	1.30

油分					色度			
多	多⁻	有⁺	浓	浓⁻	强⁺	强	强⁻	中⁺
92.16	3.92	3.92	54.90	3.92	3.92	21.57	9.80	5.88
91.80	4.37	3.83	56.83	4.37	38.25	0.00	0.55	0.00
94.23	4.81	0.96	58.65	18.27	20.19	2.88	0.00	0.00
93.51	5.19	1.30	59.74	29.87	6.49	3.90	0.00	0.00

（二）物理特性

通过对 2008—2011 年凉山烟叶物理指标测定结果进行比较分析（表 1-22），可以看出：凉山烟叶单叶重均值为 13.54~14.13g，年度间表现不一；叶长为 69.7~74.2cm，叶宽为 21.9~24.3cm，年度间表现不一；含梗率为 29.9%~32.6%，2010 年含梗率最低，且 2009 年以来均低于 2008 年；年度间厚度表现不一，基本为 0.077~0.082mm；

叶面密度为 59.8~61.7g/m²；填充值为 4.34~4.59cm³/g，均较 2008 年有所增加；平衡含水率呈逐年上升趋势，2011 年较 2008 年增加 0.26%。

根据凉山优质烟叶物理指标评价标准，填充值为 4.33~4.79cm³/g、平衡含水率为 13.93%~14.57%。测定结果显示，2009—2011 年，凉山烟叶物理指标均在优质烟叶指标范围内，且有逐年趋于更加合理范围的趋势。

表 1-22 凉山不同年份烟叶物理特性

年份	单叶重（g）	叶长（cm）	叶宽（cm）	含梗率（%）	厚度（mm）	叶面密度（g/m²）	填充值（cm³/g）	平衡含水率（%）
2008	13.54	72.1	23.5	32.6	0.081	61.7	4.34	13.92
2009	14.13	74.2	24.3	32.3	0.079	61.2	4.52	14.09
2010	13.57	69.7	21.9	29.9	0.077	59.8	4.47	14.14
2011	13.95	70.2	22.7	30.8	0.082	60.5	4.59	14.18

（三）化学成分

由表 1-23 可以看出，凉山烟叶还原糖含量以 2008 年最高，达到 31.36%；总糖以 2010 年最高，达到 37.55%；总植物碱、总氮含量以 2008 年最低，分别为 1.67%、1.49%；钾含量为 1.92~2.09%，以 2010 年含量最高，为 2.09%；氯含量为 0.11%~0.14%；糖碱比为 15.08~20.31，2011 年较 2008 年低 5.23；氮碱比为 0.89~0.93，2008 年最高；钾氯比为 25.72~30.55，2011 年较 2008 年低 4.78；两糖差年度间表现不一，在 4.70~7.33。

根据凉山优质烟叶化学成分指标，还原糖 26.1%~31.1%、总植物碱 1.57%~2.29%、糖碱比 11.9%~19.1%、氮碱比 0.790%~0.101%，可以看出，项目实施以来，凉山年度烟叶化学成分均值基本在适宜范围内。

表 1-23 凉山不同年份烟叶化学成分含量

年份	还原糖（%）	总糖（%）	总植物碱（%）	总氮（%）	钾（%）	氯（%）
2008	31.36	36.05	1.67	1.49	1.92	0.14
2009	29.83	36.58	1.96	1.69	2.08	0.13
2010	31.19	37.55	1.91	1.64	2.09	0.11
2011	28.19	35.53	2.02	1.73	2.05	0.12

年份	糖碱比	氮碱比	钾氯比	两糖差
2008	20.31	0.93	30.55	4.70
2009	16.03	0.89	25.72	6.75
2010	17.53	0.90	26.75	6.36
2011	15.08	0.89	25.77	7.33

（四）感官评吸质量

分析结果表明，2008—2011年：凉山偏清香型烟叶比例为45.1%~65.6%；劲头逐步趋于适中水平；年度间浓度表现不一；甜度感较强-水平以上烟叶比例为31.4%~48.4%；质量档次较高，质量档次较好-水平以上烟叶比例范围为39.3%~61.2%，较2008年均有所提高；香气质得分为11.35~11.42分；香气量得分为16.08~16.12分；余味得分为19.57~19.69分；刺激性得分为8.59~8.88分；总得分以2010年最低，但2011年又有提升（表1-24）。

表1-24 凉山不同年份烟叶感官评吸质量

年份	香型（%）					劲头（%）		
	清香	清偏中	中偏清	中间	中偏浓	适中⁻	适中	适中⁺
2008	3.9	41.2	33.3	15.7	5.9	0.0	94.2	5.8
2009	16.1	49.5	19.3	10.8	4.3	0.0	97.8	2.2
2010	15.7	47.2	20.2	7.9	9.0	1.1	98.9	0.0
2011	10.2	41.8	31.6	15.3	0.0	0.0	100.0	0.0

年份	浓度（%）		甜感度（%）				质量档次（%）			
	中等	中等⁺	较强	较强⁻	中等⁺	中等	较好	较好⁻	中等⁺	中等
2008	68.6	31.4	2.0	29.4	45.1	23.5	2.0	37.3	43.1	17.6
2009	60.2	38.7	4.3	44.1	29.0	22.6	1.1	54.8	41.9	2.2
2010	75.3	24.7	2.2	44.9	39.4	13.5	0.0	48.3	48.3	3.4
2011	40.8	59.2	2.1	38.8	41.8	17.3	2.0	59.2	38.8	0.0

年份	香气质	香气量	余味	杂气	刺激性	得分
2008	11.42	16.12	19.69	13.28	8.59	75.10
2009	11.37	16.08	19.61	13.20	8.75	75.02
2010	11.35	16.09	19.59	13.27	8.62	74.93
2011	11.41	16.12	19.57	13.20	8.88	75.20

四、凉山州不同县（市）烟叶质量评价

（一）外观质量

由表1-25可知，凉山州不同县市烟叶外观质量表现如下：西昌市、冕宁县、宁南烟叶外观颜色偏深橘黄比例相对较高，分别为11.9%、11.7%、6.3%，盐源、会东、会理、普格偏浅橘黄烟叶比例相对较高，分别为10.1%、8.5%、6%、5.2%；烟叶成熟度基本为成熟水平；结构疏松；身份基本适中；油分以多为主；色度以德昌、盐源最

浓，其次为会东、会理、普格。

综合而言，凉山州普格、会东、会理、盐源、越西烟叶外观质量相对较好，符合优质烟叶外观质量特征。

表1-25　凉山不同县市烟叶外观质量

指标	颜色			成熟度			结构
	深橘	橘黄	浅橘	成熟	成熟⁻	尚熟	疏松
越西	0.0	100.0	0.0	100.0	0.0	0.0	100.0
冕宁	11.7	85.2	3.1	92.9	7.1	0.0	100.0
宁南	6.3	92.4	1.3	100.0	0.0	0.0	100.0
普格	1.8	93.0	5.2	100.0	0.0	0.0	100.0
西昌	11.9	88.1	0.0	99.5	0.5	0.0	100.0
德昌	0.5	96.6	2.8	100.0	0.0	0.0	100.0
会东	2.6	88.8	8.5	95.5	4.5	0.0	100.0
会理	4.1	89.9	6.0	100.0	0.0	0.0	100.0
盐源	0.0	89.9	10.1	100.0	0.0	0.0	100.0

身份		油分			色度		
适中	适中⁻	多	多⁻	有⁺	浓	浓⁻	强
100	0.0	100.0	0.0	0.0	0.0	0.0	100.0
100.0	0.0	100.0	0.0	0.0	64.3	0.0	35.7
93.3	6.7	93.3	6.7	0.0	93.3	6.7	0.0
100.0	0.0	93.3	6.7	0.0	95.0	0.0	5.0
100.0	0.0	90.9	9.1	0.0	90.9	9.1	0.0
100.0	0.0	100.0	0.0	0.0	100.0	0.0	0.0
100.0	0.0	88.6	4.5	6.8	97.7	0.0	2.3
100.0	0.0	85.7	14.3	0.0	97.6	0.0	2.4
100.0	0.0	100.0	0.0	0.0	100.0	0.0	0.0

（二）物理特性

物理指标检测结果表明（表1-26）：会东烟叶叶长最长，为78.0cm，普格烟叶叶长最短，为65.8cm；叶宽以宁南最宽，为27.7cm，会东最小，为23.9cm；含梗率以宁南最高，为34.1%，会理最低，为29.1%；厚度以会理最厚，达到0.093mm，普格最薄，为0.061mm；叶面密度以会理最高，达到73.1g/m²，越西最低，为52.9g/m²；填充值以会东最高，达到4.83cm³/g，其次为越西、普格，分别为4.50cm³/g、4.48cm³/g；单叶重会理最高，达到16.26g，普格最低，为10.3g；平衡含水率以普格最高，达到14.45%，其次为盐源、宁南，分别为14.15%、14.14%，最低为会理，为13.9%。

综合而言，凉山州烟叶物理特性表现以会东、普格、宁南、越西较好，较为符合优质烟叶物理指标标准。

表 1-26　凉山不同县市烟叶物理指标情况

县市	叶长	叶宽	含梗率	厚度	叶面密度	填充值	单叶重	平衡含水率
会东	78.0	23.9	32.6	0.083	56.7	4.83	14.76	13.96
会理	70.2	25.5	29.1	0.093	73.1	4.35	16.26	13.90
宁南	71.1	27.7	34.1	0.068	54.2	4.42	14.80	14.14
普格	65.8	22.2	30.5	0.061	55.2	4.48	10.30	14.45
盐源	67.3	26.0	29.9	0.092	68.0	4.30	14.20	14.15
越西	74.0	24.8	32.9	0.064	52.9	4.50	13.50	14.04

（三）化学成分

由表 1-27 可知，凉山州不同县市烟叶化学成分含量特点如下：还原糖含量以越西、普格较高，分别为 33.63%、33.21%，德昌、会东相对较低，分别为 27.86%、28.5%；总糖含量以越西、普格、盐源较高，分别为 39.47%、38.92%、38.67%；总植物碱含量以宁南、西昌最高，分别为 2.41%、2.38%，会理、越西最低，分别为 1.72%、1.77%；总氮含量以冕宁和宁南含量较高，分别为 1.83%、1.79%；钾含量以德昌最高，达到 2.45%，盐源最低，为 1.62%；各县市烟叶氯含量均较低；糖碱比以会理、越西较高，分别达到 19.07、19.4，西昌、宁南最低，分别为 12.45、12.26；氮碱比以会理、越西较高，分别达到 1.01、0.98，西昌、宁南最低，分别为 0.75、0.75；钾氯比以普格最高，达到 40.56，盐源最低，为 14.75；两糖差以西昌、盐源较高，分别达到 8.85、8.59。

综合而言，凉山州烟叶化学成分含量以会东、会理、德昌、盐源、冕宁较为适宜，符合优质烟叶化学成分指标含量标准。

表 1-27　凉山不同县市烟叶化学成分含量情况

县份	还原糖 (%)	总糖 (%)	总植物碱 (%)	总氮 (%)	K_2O (%)	Cl (%)	糖碱比	氮碱比	钾氯比	两糖差
盐源	30.08	38.67	2.05	1.64	1.62	0.14	15.04	0.81	14.75	8.59
德昌	27.86	35.77	2.05	1.71	2.45	0.12	14.13	0.85	29.97	7.91
会东	28.50	35.41	1.90	1.63	1.83	0.12	16.11	0.89	22.19	6.90
会理	30.97	36.43	1.72	1.68	2.05	0.15	19.07	1.01	23.10	5.64
冕宁	30.16	37.03	2.13	1.83	2.36	0.08	15.37	0.89	32.08	6.87

（续表）

县份	还原糖（%）	总糖（%）	总植物碱（%）	总氮（%）	K_2O（%）	Cl（%）	糖碱比	氮碱比	钾氯比	两糖差
宁南	28.73	35.33	2.41	1.79	1.87	0.08	12.26	0.75	28.33	6.60
西昌	28.56	37.41	2.38	1.73	2.09	0.18	12.45	0.75	19.06	8.85
越西	33.63	39.47	1.77	1.72	2.13	0.07	19.40	0.98	34.29	5.83
普格	33.21	38.92	1.85	1.48	2.19	0.06	18.87	0.82	40.56	5.71

（四）感官评吸质量

凉山州不同县市烟叶感官评吸质量鉴定结果如下（表1-28）：普格、会东、盐源偏清香型烟叶比例较高，分别达到100%、78.79%、70%；各县市烟叶劲头基本属适中水平，宁南和冕宁有小部分属于适中[+]；浓度属中等—中等[+]水平；甜度感以普格、会东、会理表现较强，较强[-]以上水平烟叶比例分别达到86.67%、62.12%、47.69%；质量档次以普格、会东、会理、盐源较高，较好[-]以上档次烟叶比例分别为86.67%、76.92%、58.46%、50%；香气质得分以越西、普格、会东、会理较高，分别为11.48、11.47、11.44、11.40；香气量得分以会东、越西、会理、盐源较高，分别为16.17、16.16、16.13、16.07；余味得分以普格、冕宁、宁南较高，分别为19.92、19.76、19.71；杂气得分以普格、盐源较高，分别达到13.35、13.31；刺激性得分以越西、会东较高，分别为8.83、8.81；总得分以普格、会东、会理、越西、盐源、宁南相对较高，分别为75.51、75.28、75.17、75.11、74.95、75.94。

综合而言，凉山烟区普格、会东、会理3个县份烟叶评吸质量较好，清甜香烟叶风格特色较为突出，为凉山清甜香烟叶生产核心区域。

表1-28　凉山不同县市烟叶感官评吸质量情况

县份	香型（%）					劲头（%）		
	清香	清偏中	中偏清	中间	中偏浓	适中[-]	适中	适中[+]
德昌	9.30	32.56	23.26	23.26	11.62	0.00	100.00	0.00
会东	15.15	63.64	12.12	7.58	1.51	0.00	100.00	0.00
会理	20.00	49.23	24.62	6.15	0.00	0.00	100.00	0.00
冕宁	11.54	34.61	42.31	7.69	3.85	0.00	96.15	3.85
宁南	10.53	31.58	52.63	5.26	0.00	0.00	94.74	5.26
普格	13.33	86.67	0.00	0.00	0.00	0.00	100.00	0.00
西昌	4.76	19.05	33.33	33.33	9.53	0.00	100.00	0.00
盐源	30.00	40.00	20.00	10.00	0.00	0.00	100.00	0.00
越西	13.33	33.34	20.00	13.33	20.00	0.00	100.00	0.00

（续表）

县份	浓度（%）			甜度感（%）				质量档次（%）		
	中等	中等+	较强	较强-	中等+	中等	较好	较好-	中等+	中等
德昌	55.81	41.86	2.33	30.23	46.51	20.93	2.33	39.53	58.14	0.00
会东	71.21	28.79	6.06	56.06	22.73	15.15	1.16	75.76	23.08	0.00
会理	60.00	40.00	0.00	47.69	30.77	21.54	0.00	58.46	35.38	6.16
冕宁	42.31	57.96	3.85	30.77	50.00	15.38	3.85	34.61	57.69	3.85
宁南	36.84	63.16	0.00	31.58	57.89	10.53	0.00	42.10	57.90	0.00
普格	86.67	13.33	13.33	73.34	13.33	13.33	0.00	86.67	13.33	0.00
西昌	33.33	66.67	0.00	19.05	66.67	14.28	0.00	28.57	71.43	0.00
盐源	70.00	30.00	0.00	40.00	30.00	30.00	0.00	50.00	50.00	0.00
越西	53.33	46.67	0.00	33.33	46.67	20.00	0.00	40.00	60.00	0.00

县份	香气质	香气量	余味	杂气	刺激性	得分
德昌	11.34	16.02	19.60	13.19	8.72	74.87
会东	11.44	16.17	19.57	13.26	8.81	75.28
会理	11.40	16.13	19.59	13.27	8.78	75.17
冕宁	11.27	16.02	19.76	13.10	8.72	74.86
宁南	11.35	16.03	19.71	13.15	8.71	74.94
普格	11.48	16.10	19.92	13.35	8.66	75.51
西昌	11.26	16.06	19.16	13.16	8.75	74.37
盐源	11.35	16.07	19.54	13.31	8.69	74.95
越西	11.47	16.16	19.44	13.21	8.83	75.11

综合以上研究结果可以得知：凉山烟叶质量特点，外观质量颜色基本为浅橘—橘黄，结构疏松，色度较浓；物理特性填充值、平衡含水率较高；化学成分还原糖、总糖含量、糖碱比、糖氮比、氮碱比较高，总植物碱、总氮含量较低；感官评吸质量香气质较好，香气量较足，余味较舒适，杂气较轻，刺激性微有，劲头适中，甜度感较强，质量档次较好。清甜香特色烟叶比例较高。

较项目实施前，凉山烟叶外观质量逐年提升、物理特性更加适宜、化学成分均较协调、感官评吸质量基本呈提升趋势。

凉山盐源、会东、会理、普格、越西烟叶外观质量相对较好。物理特性表现以会东、普格、宁南、越西较好，较为符合优质烟叶物理指标标准。会东、会理、德昌、盐源、冕宁烟叶化学成分较为协调。普格、会东、会理3个县份烟叶评吸质量较好，清甜香烟叶风格特色较为突出，为凉山清甜香烟叶生产核心区域。

五、特色烟叶工业验证及应用

（一）上海烟草（集团）有限责任公司评价

《凉山州典型生态植烟新区特色优质烟叶开发》项目研究与推广工作遵循"边研究、边示范、边开发"的工作思路，按照烟叶质量特色定位—成因分析—挖掘与彰显—开发利用—工业利用的技术线路，开展烟草品种、烟区生态、栽培调制措施和工业利用等综合因素与凉山烟叶质量风格特征的关系，目的在于阐明凉山特色烟叶质量风格特征及成因，开发彰显特色的配套生产技术，建立适合凉山的生产技术体系，逐步确立和巩固发展凉山烟叶在卷烟重点骨干品牌中的地位和作用。上海烟草积极支持《凉山州典型生态植烟新区特色优质烟叶开发》项目开展，通过项目的连接，按照国家局特色烟开发的重大专项总体部署，体现工业深度介入，主动参与，坚持以品牌为导向，结合项目开展认真做好和凉山州公司的技术连接，提出品牌原料需求的质量目标。在项目开展过程中，上海烟草选派驻点人员，落实技术依托单位专家对凉山基地的技术服务，积极支持凉山烟区烟叶生产过程中推进 GAP 管理模式，注重凉山烟区环境保护和烟叶质量安全性指标，促进项目过程管理和烟叶生产技术的到位。认真开展凉山烟叶项目的工业评价，针对凉山烟叶风格特色的工业评价指标进行深度挖掘，完成项目要求的各项工作。

为全面推进《凉山州典型生态植烟新区特色优质烟叶开发》项目的顺利实施，上海烟草在 2010—2012 年分别对凉山烟区不同区域进行样品采集，所收样品主要包括 X2F、C3F、B3F 等不同等级的标准样品。分别从外观质量、感官质量、化学成分、工业可用性四个方面进行评价。

1. 材料和方法

（1）烟叶原料。2010 年、2011 年、2012 年四川凉山抽取的 B2F、C3F 与 X2F 把烟和散烟的"中华"原料。

（2）感官评价方法。烟叶原料感官质量评价采用 9 分制法。

2. 结果与讨论

（1）凉山烟叶外观质量评价

①上部烟叶：上部烟叶颜色以金黄至深黄为主；成熟度好，呈现较明显的成熟斑和颗粒状物；组织结构疏松；身份稍厚趋于中等；油分较充足，表观油润感较强；叶面较皱缩、较柔软，韧性较强，弹性较好；色泽趋于饱和，光泽鲜亮；叶面与叶背颜色基本一致。

②中部烟叶：中部烟叶颜色以橘黄为主；成熟度好，呈现不明显的成熟斑和颗粒状物；组织结构疏松；身份厚薄适中；油分较充足，表观油润感较强；叶面皱缩柔软，韧性较强，弹性较好；色泽趋于饱和，光泽鲜亮；叶面与叶背颜色基本一致。

③下部烟叶：下部烟叶颜色以正黄至金黄为主；成熟度好，组织结构疏松；身份稍薄；油分稍有，表观有油润感；叶面有皱缩感，尚柔软，有韧性和弹性；叶表面颜色尚均匀，色泽有饱和度，光泽尚鲜亮；叶面与叶背颜色反差较小。部分下部烟光泽偏暗。

（2）烟叶物理特性。凉山烟叶长度与单叶重适宜，含梗率较适宜，填充值适宜，这与该产区特色烟叶标准化技术推广促使烟叶栽培措施合理，烟株发育适度是密不可分的（表1-29）。

表1-29 2013年单元烟叶物理指标

产区	等级	长 （cm）	宽 （cm）	单叶重 （g）	含梗率 （%）	厚度 （mm）	叶面 密度 （g/m²）	拉力 （N）	填充值 （cm³/g）	平衡 含水率 （%）
	X2F	61.0	25.9	12.13	31.27	0.081	64.23	1.66	3.03	13.33
凉山	C3F	72.6	27.2	17.43	31.80	0.090	72.11	1.61	2.97	13.57
	B2F	70.9	23.9	17.71	31.70	0.115	89.98	1.88	3.23	13.25

（3）凉山烟叶感官质量评价。2013年凉山会东中部烟叶的感官评吸质量较好，会理中部烟叶的感官评吸质量尚好（表1-30）。经对C3F烟叶进行感官评吸鉴定，基地单元烟叶清香型风格特征明显，感官评吸质量较好。主要表现为香气质尚好、香气量尚充足、杂气稍有、劲头稍大、刺激性中等、余味尚干净舒适。

总体来看，凉山烟叶风格特色；属于清香型烟叶，香气绵柔，多数表现出清香型风格，清甜韵彰显度较好；烟气细腻，劲头浓度适中，具有不同程度的甜润感，余味舒适。

表1-30 烟叶感官评吸质量

产区	等级	香气质	香气量	杂气	劲头	刺激性	余味	总分
会东	C3F	5.0	6.0	6.0	6.5	6.0	5.5	28.5
会理	C3F	5.5	5.0	6.0	5.5	6.0	5.0	27.5

（4）凉山烟叶化学分析。

①主要化学成分及协调性（均值）详见表1-31所示。

表1-31 烟叶常规化学成分含量与一碱四比（平均值）

年份	部位	烟碱	总糖	还原糖	总氮	钾	氯	糖碱比	两糖比	氮碱比	钾氯比
	B	3.19	28.20	23.85	2.38	1.60	0.22	7.47	0.85	0.74	7.21
2009	C	2.06	28.47	23.86	2.09	2.08	0.34	11.56	0.84	1.01	6.06
	X	1.64	22.47	18.95	2.06	2.55	0.31	11.56	0.84	1.26	8.25
	B	3.52	25.22	21.98	2.77	1.62	0.30	6.51	0.88	0.80	6.28
2010	C	2.45	32.46	26.51	2.08	1.69	0.32	11.65	0.82	0.88	5.80
	X	1.71	25.32	20.92	2.10	2.26	0.41	12.93	0.83	1.27	6.74

（续表）

年份	部位	烟碱	总糖	还原糖	总氮	钾	氯	糖碱比	两糖比	氮碱比	钾氯比
	B	3.51	28.23	21.05	2.44	1.53	0.27	5.99	0.75	0.69	5.65
2011	C	2.25	27.29	20.54	2.03	2.11	0.28	9.13	0.75	0.90	7.42
	X	2.02	23.39	17.97	2.08	2.38	0.27	8.91	0.77	1.03	8.90
	B	3.37	27.88	22.91	2.57	1.61	0.37	6.80	0.82	0.76	4.41
2012	C	1.84	29.84	23.07	1.99	1.99	0.40	12.53	0.77	1.08	5.00
	X	1.58	25.09	19.92	2.10	2.41	0.34	12.59	0.79	1.33	7.05
	B	3.26	30.93	24.37	2.36	1.17	0.49	7.48	0.79	0.72	2.39
2013	C	2.60	30.54	23.22	2.14	1.99	0.42	8.93	0.76	0.82	4.74
	X	2.11	24.06	18.69	2.17	2.00	0.35	8.86	0.78	1.03	5.71

②主要指标相符性（合格率）情况如表1-32所示。

表1-32　烟叶一碱四比合格率

产区	年份	部位	烟碱合格率（%）	烟碱高于上限比例（%）	烟碱低于下限比例（%）	糖碱比合格率（%）	氮碱比合格率（%）	两糖比合格率（%）	钾氯比合格率（%）
		B	41.82	47.84	10.34	49.54	49.23	76.85	90.43
凉山	2009	C	54.29	18.80	26.90	41.33	43.76	75.69	85.09
		X	63.51	27.96	8.53	26.07	63.98	73.46	92.89
		均值	53.21	31.53	15.26	38.98	52.32	75.33	89.47
		B	26.94	72.54	0.52	47.15	56.48	89.64	82.38
凉山	2010	C	43.28	46.64	10.08	58.82	69.75	64.71	73.11
		X	59.13	35.58	5.29	37.02	63.94	69.71	73.08
		均值	43.12	51.58	5.30	47.66	63.39	74.68	76.19
		B	30.59	68.38	1.03	44.85	71.03	18.53	80.59
凉山	2011	C	57.67	27.25	15.08	49.30	59.32	25.10	88.97
		X	32.14	66.77	1.08	26.84	64.29	33.55	94.37
		均值	40.13	54.14	5.73	40.33	64.88	25.72	87.98
		B	37.53	58.02	4.44	54.32	60.24	66.91	67.16
凉山	2012	C	36.24	16.26	47.48	32.80	31.08	33.33	72.75
		X	65.38	22.18	12.42	42.50	52.03	48.89	88.85
		均值	46.38	32.15	21.45	43.21	47.78	49.71	76.25

（续表）

产区	年份	部位	烟碱合格率（%）	烟碱高于上限比例（%）	烟碱低于下限比例（%）	糖碱比合格率（%）	氮碱比合格率（%）	两糖比合格率（%）	钾氯比合格率（%）
凉山	2013	B	70.00	30.00	0.00	70.00	40.00	40.00	10.00
		C	45.65	50.54	3.80	52.71	70.65	22.28	76.63
		X	23.49	74.73	1.76	25.08	67.22	35.68	82.59
		均值	46.39	51.75	1.86	49.27	59.29	32.65	56.41
全产区*	2013	B	42.06	47.08	10.84	48.41	49.73	58.99	55.82
		C	44.25	40.11	15.87	52.43	62.45	38.04	70.86
		X	32.97	57.32	9.69	28.77	66.48	37.68	73.22
		均值	39.76	48.17	12.13	43.20	59.56	44.90	66.63

由表 1-31 和表 1-32 可知，除烟叶两糖比偏低、下部烟叶烟碱含量偏高和上部烟叶钾氯比偏低外，凉山烟叶其他主要化学成分及派生值基本符合上海烟草（集团）有限责任公司烟叶原料质量体系的要求。就一碱四比合格率而言，中部烟叶的两糖比合格率均低于全产区平均水平。

③主要化学成分均匀性详见表 1-33，2013 年凉山烟叶主要化学成分均匀性尚好。

表1-33 烟叶常规化学成分的均匀性

产区	年份	部位	烟碱 SD	烟碱 CV（%）	糖碱比 SD	糖碱比 CV（%）
凉山	2009	B	0.85	26.69	3.74	44.98
		C	0.54	26.09	5.12	41.65
		X	0.35	21.24	5.99	48.36
		均值	0.58	24.67	4.95	45.00
凉山	2010	B	0.55	15.73	1.98	30.44
		C	0.57	23.20	4.05	34.74
		X	0.38	22.47	5.23	40.44
		均值	0.50	20.47	3.75	35.21
凉山	2011	B	0.62	17.57	1.91	30.41
		C	0.58	25.94	3.51	35.73
		X	0.45	22.50	3.63	38.26
		均值	0.55	22.00	3.02	34.80

（续表）

产区	年份	部位	烟碱 SD	烟碱 CV（%）	糖碱比 SD	糖碱比 CV（%）
凉山	2012	B	0.72	21.34	2.77	38.04
		C	0.54	29.60	5.93	40.34
		X	0.37	23.23	5.07	38.02
		均值	0.54	24.72	4.59	38.80
凉山	2013	B	0.53	15.98	2.14	27.89
		C	0.59	22.60	2.83	29.84
		X	0.48	22.66	3.71	39.23
		均值	0.53	20.41	2.89	32.32
全产区	2013	B	0.87	26.05	3.63	54.64
		C	0.69	27.64	4.87	50.99
		X	0.53	26.72	4.57	46.62
		均值	0.69	26.80	4.36	50.75

（5）凉山烟叶工业可用性。上海烟草（集团）有限责任公司配方人员认为凉山烟叶总体清甜香风格较为突出，清甜香较明显，烟气状态细腻且绵柔，余味较干净舒适，无明显可感觉的杂气，透发性好，燃烧性好。基于上述感官质量特征凉山烟叶在叶组配方中起调香型主料烟作用，主要承担凸显香型风格，提升香气质，烘托、提吊清香型风格显露的作用。

凉山烟叶感官质量在国内处于上等水平，上等烟叶具备了较好的香气质量和烟气质量，主要作为一类、二类高档卷烟叶组配方组分使用，在上海烟草的中华品牌中具有较好的可用性。

3. 小结

通过 2010—2012 年"凉山州典型生态植烟新区特色优质烟叶开发"项目开发的样品烟叶的质量分析，上海烟草（集团）有限责任公司认为：

（1）凉山烟区清香型特色优质烟叶外观质量较好，主要物理特性指标适宜，除部分烟叶两糖比偏低、下部烟叶烟碱含量偏高和上部烟叶钾氯比偏低外，整体化学成分协调，主要表现为清香型风格，清甜香风格突出，香气绵柔，丰富性好，细腻度好，饱满度较好，杂气少，吃味较干净。

（2）在上海烟草（集团）有限责任公司原料体系关注的一碱四比中，氮碱比、两糖比、钾氯比指标基本处在合格范畴。历年来四川凉山烟区特色优质烟叶烟碱均匀性好于全产区历年来平均水平，原料质量波动幅度优于全国平均水平。

（3）凉山清香型清甜香特色优质烟叶中部、上部上等烟叶表现的带清甜香韵的清香型风格特征和较好的口感质量特点，具备了作为特色鲜明的清香型主料烟使用的风格质量基础，在上海烟草的中华品牌中具有较好的可用性和配伍性。

4. 建议

建议以《凉山州典型生态植烟新区特色优质烟叶开发》项目为基础，进一步加大凉山烤烟清香型清甜香特色彰显关键技术的推广应用，立足项目研究成果，扩大清香型清甜香烟叶的开发规模，更好满足上海烟草（集团）有限责任公司"中华"品牌对凉山清香型清甜香特色烟叶原料的需求。

（二）川渝中烟工业有限责任公司评价

川渝中烟公司"娇子"品牌开发以"清甜、柔顺"为风格定位，致力于带给消费者"轻松、愉悦、满足"的感官享受。凉山州特色、优质"红大"的烟叶原料资源，成为"娇子"产品风格特征重要的原料基础和原料支撑。

1. 凉山州烟叶使用情况

川渝中烟公司在凉山州建立烟叶基地 10 个，常年采购凉山州"红大"上、中等烟叶原料 2 500 万 kg 左右，在高一类卷烟配方中使用 100 万 kg 左右，配方使用比例 20% 左右，在二、三类主要"娇子"产品配方中使用量 1 850 万 kg 以上，配方使用比例 25% 左右。凉山州特色、优质"红大"烟叶已经成为川渝中烟公司最主要的原料资源，"红大"烟叶规模的快速发展和质量的稳步提高，有力地支援了川渝中烟公司卷烟品牌的发展（表 1-34）。

表 1-34　凉山州"红大"烟叶原料在配方中使用情况

年份	使用量（万 kg）	大配方使用比例（%）
2009	1 500	15
2010	1 750	16
2011	2 500	22
2012	3 000	23

2. 凉山州烟叶质量情况

（1）外观质量（中部）。多数烟叶样品颜色以橘黄为主，成熟度好或较好，叶片结构疏松至尚疏松，身份中等至稍薄，油分有，叶面有油润感，有韧性，弹性较好，叶面尚有油性反映，色度强，颜色均匀一致或尚均匀、饱和度较好或尚饱和，视觉色彩反映较强或一般；少数烟叶样品颜色以浅橘黄或柠檬黄为主，叶片稍薄，颜色稍浅（表1-35）。

年度之间相比，除 2010 年外，烟叶外观质量相对稳定并有所提升。主要表现为随着生产水平的提高，生产规范化的严控，烟叶的成熟度提高，油分增加。

表 1-35　凉山州"红大"烟叶基地中部烟叶外观质量综合评价结果

指标	平均值			
年份	2009 年	2010 年	2011 年	2012 年
颜色（15）	11.48	11.17	12.13	12.58

（续表）

指标	平均值			
年份	2009 年	2010 年	2011 年	2012 年
成熟度（20）	15.94	14.79	16.88	17.11
叶片结构（20）	16.33	15.65	17.87	17.94
身份（10）	8.52	8.66	8.43	8.56
油分（20）	13.78	12.88	13.89	15.83
色度（15）	10.46	9.78	10.87	11.69
总分（100）	76.51	72.93	80.07	83.71

（2）化学成分。凉山烟叶化学成分协调性较好，烟碱含量适中，总糖和还原糖含量略高，钾含量高，氯含量适中。糖碱比稍欠协调，钾氯比较高。年度之间相比，化学成分含量相对稳定，基本都达到了优质烟叶的化学指标范围（表1-36）。

表1-36　凉山州"红大"烟叶基地中部烟叶化学成分年度均值

等级	年份	总碱	总氮	总糖	还原糖	钾	氯	糖碱比	氮碱比	钾氯比	两糖差
B2F	2009	2.92	2.65	28.66	24.87	2.21	0.22	9.82	0.91	10.05	3.79
	2010	3.29	2.77	29.14	24.39	1.95	0.26	8.86	0.84	7.50	4.75
	2011	3.00	1.79	28.56	24.69	2.26	0.24	9.54	0.60	9.62	3.87
	2012	2.86	1.95	29.62	25.32	1.64	0.28	10.34	0.68	7.36	4.30
C3F	2009	2.16	1.72	30.65	27.31	2.54	0.21	14.19	0.80	12.10	3.34
	2010	2.72	2.20	31.25	25.26	2.01	0.42	11.49	0.81	4.83	6.00
	2011	2.37	1.50	30.96	25.94	2.68	0.38	13.06	0.63	7.13	5.03
	2012	2.20	1.79	30.62	26.55	1.87	0.21	13.90	0.81	8.90	4.07
X2F	2009	1.84	1.53	25.38	21.35	2.01	0.26	13.79	0.83	7.73	4.03
	2010	1.99	1.49	24.89	20.36	1.68	0.29	12.54	0.75	5.79	4.54
	2011	1.78	1.45	27.03	23.75	2.12	0.32	15.23	0.82	6.61	3.28
	2012	1.75	1.46	26.06	22.47	2.25	0.23	14.92	0.84	9.77	3.59

（3）感官质量。凉山样品感官质量总体较好。B2F样品清甜香特征较明显，香气质较好、香气量稍好，略有枯焦杂气，劲头适中，刺激性较小，甜感好，余味较好，适于二类、三类卷烟主料；C3F清甜香特征明显，香气质较为细腻柔和，香气量稍足，欠杂较轻，甜感较强，适于一类、二类、三类卷烟主料；X2F清香型特征稍明显，适于三类、四类卷烟（表1-37）。年度之间相比，除2010年外，感官质量相对稳定并稍有提升，主要表现在香气质和香气量有所提高，杂气减轻，甜感提升等方面。

表1-37 凉山州"红大"烟叶基地烟叶感官质量年度均值

年份	等级	感官质量得分								
		香型	香气质	香气量	杂气	浓度	劲头	刺激性	甜感	余味
2009		清	6.45	6.28	6.06	6.01	5.45	6.14	5.56	6.14
2010	B2F	清	5.69	5.86	5.57	5.88	5.85	5.74	5.23	5.5
2011		清	6.62	6.34	6.13	5.94	5.63	6.34	6.03	6.25
2012		清	6.43	6.13	6.01	5.76	5.36	6.16	6.21	6.28
2009		清	6.21	6.03	6.28	5.05	4.64	6.16	5.58	6.53
2010	C3F	清	5.85	5.75	5.25	5.25	4.88	5.84	5.38	5.87
2011		清	6.83	6.49	6.51	5.59	5.15	6.68	5.64	6.46
2012		清	6.76	6.52	6.12	5.96	5.08	6.51	5.68	6.34
2009		清	5.53	5.09	5.43	5.15	4.54	6.11	5.23	5.45
2010	X2F	清	5.19	5.02	5.25	5.28	4.83	5.13	4.63	5.11
2011		清	5.65	5.36	5.75	5.05	4.47	6.29	5.18	5.62
2012		清	5.43	5.24	5.43	5.01	4.35	6.03	5.11	5.48

3. 凉山州烟叶质量综合评价结果

特色优质"红大"烟叶，外观质量呈橘黄色和金黄色，能够提高卷烟烟丝的外观表现力和视觉冲击力；较好的化学成分协调性，利于配方的调配；尤其是其优越的感官质量，富有清甜香韵特点，较好的香气品质，比较熟练的甜香，较好的润感和比较细腻柔绵的烟气形态，对公司的品牌定位和风格塑造起到了关键性和决定性的作用。

4. 建议

建议以《凉山州典型生态植烟新区特色优质烟叶开发》项目为基础，进一步加大凉山烤烟清香型清甜香特色彰显关键技术的推广应用，立足项目研究成果，扩大清香型清甜香烟叶的开发规模，更好满足川渝中烟"娇子"品牌对凉山清香型清甜香特色烟叶原料的需求。

如果能够在保持原有的香韵特色的基础上，进一步提升香气量、烟味饱满度和烟气浓度等满足性指标，将更能促进公司二、三类"娇子"品牌的稳步发展，并使高一类"娇子"品牌质量提升一个档次。

（三）湖南中烟工业有限责任公司评价

为全面推进《凉山州典型生态植烟新区特色优质烟叶开发》项目的顺利实施，湖南中烟在2013年对凉山烟区不同区域进行样品采集，所收样品主要包括X2F、C3F、B3F等不同等级的标准样品。分别从外观质量、感官质量、化学成分等方面进行评价。

1. 外观质量评价

2013年湖南中烟基地单元烟叶样品品种为红花大金元，总体外观质量较好，高于国家标样水平，其中上部叶样品油分有、光泽尚鲜明、闻香不突出，有部分中部叶；中部叶样品油分中等、身份适中；下部叶样品颜色偏淡，油分略欠。

2. 化学成分评价

从表1-38可以看出，样品化学成分趋于协调。上下部叶总糖和还原糖含量较适宜，中部叶总糖和还原糖含量偏高，各部位烟叶两糖差基本适宜，中下部叶总植物碱含量、总氮含量氮和碱比较适宜，上部叶总植物碱和总氮含量偏高、氮碱比偏低、糖碱比基本适宜，中下部叶糖碱比偏高，上中部叶钾含量偏低，但各部位钾氯比较适宜。

表1-38　烟叶化学成分含量

等级	品种	总糖（%）	还原糖（%）	总氮（%）	烟碱（%）	钾（%）	氯（%）	两糖差	氮碱比	糖碱比	钾氯比
B2F	红大	31.87	26.96	2.34	3.04	1.53	0.29	4.91	0.77	10.49	5.34
C3F	红大	37.09	31.52	1.95	2.28	1.59	0.22	5.58	0.86	16.30	7.24
X2F	红大	32.52	27.77	1.91	2.07	2.15	0.30	4.75	0.92	15.70	7.17

注：采用近红外检测

3. 感官质量评价

B2F清香型特征较明显，烟味较正，口感、甜度不足，枯焦气、树脂气明显，应提升口腔舒适度；C3F清香型特征较明显，香气、烟味较纯正，烟气浓度较好，杂气和刺激性较轻，回甜感中等；X2F清香型特征较明显，各感官指标较好，杂气中等，回甜感中等（表1-39）。

表1-39　烟叶感官质量评价

等级	品种	香气特性						烟气特性		口感特性	
		风格特征		香气质量				浓度	劲头	刺激性	回甜感
		香型	特征强度	香气质	香气量	杂气					
						种类	程度				
B2F	红大	清	较明显	5.5	6.0	枯焦、树脂	5.5	6.0	6.0	5.5	5.0
C3F	红大	清	较明显	6.0	6.0		6.0	5.5	5.5	6.0	5.5
X2F	红大	清	较明显	5.0	5.0		5.5	5.5	5.5	5.5	5.5

注：各指标均分值均采用9分制

4. 凉山烟叶工业可用性

本公司配方人员认为凉山烟叶总体清甜香风格较为突出，清甜香较明显，烟气状态细腻且绵柔，余味较干净舒适，无明显可感觉的杂气，透发性好，燃烧性好。凉山烟叶感官质量在国内处于上等水平，上等烟叶具备了较好的香气质量和烟气质量，主要作为一类、二类高档卷烟叶组配方组分使用，在湖南中烟的芙蓉王品牌中具有较好的可用性。

5. 建议

建议以《凉山州典型生态植烟新区特色优质烟叶开发》项目为基础，进一步加大凉山烤烟清香型清甜香特色彰显关键技术的推广应用，立足项目研究成果，扩大清香型清甜香烟叶的开发规模，更好满足湖南中烟"芙蓉王"品牌对凉山清香型清甜香特色烟叶原料的需求。

（四）湖北中烟工业有限责任公司评价

湖北中烟 2013 年对凉山湖北中烟基地单元进行样品采集，所收样品包括 B2F、C3F、X2F 不同等级的标准样品。分别从外观质量、感官质量、化学成分等方面进行评价。

1. 外观质量

2013 年湖北基地单元烟叶样品（B2F、C3F、X2F）为标样，品种为红花大金元，外观质量总体中等，其中 X2F 样品浅橘黄色、身份稍薄、色度偏弱。

2. 化学成分

从表 1-40 可以看出，化学成分总体协调性中等。两糖含量偏高，两糖差适宜，其中 C3F 和 X2F 样品烟碱含量偏低，B2F 样品钾含量偏低。

表 1-40　烟叶化学成分含量

等级	品种	还原糖（%）	总植物碱（%）	氯（%）	钾（%）	总糖（%）	总氮（%）	氮碱比	糖碱比	两糖差	钾氯比
B2F	红大	24.85	3.05	0.27	1.54	29.41	2.35	0.77	9.64	4.56	5.66
C3F	红大	31.44	1.51	0.11	2.05	37.38	1.92	1.27	24.75	5.94	18.64
X2F	红大	32.98	1.25	0.23	2.12	37.27	1.91	1.53	29.85	4.29	9.29

3. 感官评吸质量

湖北中烟基地单元样品感官质量总体表现较好，清香型特征明显，质量指标均衡协调。其中 B2F 样品有清甜香韵，X2F 样品余味辣口（表 1-41）。

建议保持上部叶和中部叶现有质量，改善下部叶吃味。

表 1-41　烟叶感官质量评价

等级	品种	香气特性						烟气特性		口感特性	
		风格特征		香气质量							
						杂气		浓度	劲头	刺激性	回甜感
		香型	特征强度	香气质	香气量	种类	程度				
B2F	红大	清	明显	5.5	6.0	土、枯	5.5	5.5	5.5	5.5	5.5
C3F	红大	清	明显	6.0	6.5	土、青	6.0	5.5	5.0	6.0	6.0
X2F	红大	清	明显	5.5	5.5	生、土	5.0	5.0	5.0	5.5	5.0

注：各指标均分值均采用 9 分制

4. 烟叶工业可用性

我公司配方人员认为凉山烟叶总体清甜香风格较为突出，清甜香较明显，烟气状态细腻且绵柔，余味较干净舒适，无明显可感觉的杂气，透发性好，燃烧性好。基于上述感官质量特征凉山烟叶在叶组配方中起调香型主料烟作用，主要承担凸显香型风格，提升香气质，烘托、提吊清香型风格显露的作用。

凉山烟叶感官质量在国内处于上等水平，上等烟叶具备了较好的香气质量和烟气质量，主要作为一类、二类高档卷烟叶组配方组分使用，在湖北中烟品牌中具有较好的可用性。

（五）安徽中烟工业有限责任公司评价

安徽中烟在2013年对凉山基地单元不同区域进行样品采集，所收样品主要包括X2F、C3F、B3F等不同等级的标准样品。分别从外观质量、感官质量、化学成分、工业可用性四个方面进行评价（表1-42）。

1. 烟叶外观质量评价

（1）上部烟叶。中偏清香型，清甜香韵稍明显，浓度、劲头适中，香气质尚好+，香气量尚足+，尚透发，烟气尚柔和尚细腻，圆润感稍好，稍有浮刺，干燥感略显，余味略滞舌，稍显生青气，燃烧性能尚好，灰色灰白。

（2）中部烟叶。中偏清香型，清甜香韵稍明显，浓度、劲头适中偏大，香气质尚好，香气量尚足，尚透发，烟气尚柔和，细腻中等，燃烧性能中等，灰色灰+。

（3）下部烟叶。中偏清香型，清甜香韵略明显，浓度、劲头适中，香气质中上水平，香气量尚足−，透发中等+，烟气较柔和细腻，圆润感中等，微有木质气，燃烧性能良好。

（4）烟叶物理特性。凉山烟叶长度与单叶重适宜，含梗率较适宜，填充值适宜，这与该产区特色烟叶标准化技术推广促使烟叶栽培措施合理，烟株发育适度是密不可分的。

表1-42 凉山烟叶物理特征统计

等级	长（cm）	宽（cm）	单叶重（g）	含梗率（%）	厚度（mm）	叶面密度（g/m²）	拉力（N）	填充值（cm³/g）	平衡含水率（%）
X2F	61.0	25.9	12.13	31.27	0.081	64.23	1.66	3.03	13.33
C3F	72.6	27.2	17.43	31.80	0.090	72.11	1.61	2.97	13.57
B2F	70.9	23.9	17.71	31.70	0.115	89.98	1.88	3.23	13.25

2. 感官质量评价

经对C3F烟叶进行感官评吸鉴定，基地单元烟叶清香型风格特征明显，感官评吸质量较好。主要表现为香气质尚好、香气量尚充足、杂气稍有、劲头稍大、刺激性中等、余味尚干净舒适（表1-43）。

表1-43 凉山烟叶感官质量评价统计

等级	香气质	香气量	刺激性	余味	成团性	杂气	柔和性	燃烧速度	燃烧性	灰色	合计	香型	烟气浓度	劲头
B2F	17.0	16.5	8.5	7.0	5.0	6.5	6.0	1.5	1.5	1.5	71.0	中偏清	中	中
C3F	15.0	15.0	6.5	5.5	4.0	5.0	4.5	1.0	1.0	1.0	58.5	中偏清	中+	中+
X2F	13.0	13.0	8.5	7.0	4.0	6.5	6.5	1.5	1.5	1.5	63.0	中偏清	中	中-

总体来看，凉山烟叶风格特色；属于清香型烟叶，香气绵柔，多数表现出清香型风格，清甜韵彰显度较好；烟气细腻，劲头浓度适中，具有不同程度的甜润感，余味舒适。

3. 烟叶化学分析

2013年凉山烟叶主要化学成分均匀性尚好。除烟叶两糖比偏低、下部烟叶烟碱含量偏高和上部烟叶钾氯比偏低外，凉山烟叶其他主要化学成分及派生值基本符合上海烟草（集团）有限责任公司烟叶原料质量体系的要求（表1-44）。就一碱四比合格率而言，中部烟叶的两糖比合格率均低于全产区平均水平。

表1-44 凉山烟叶主要化学成分统计

部位	烟碱	总糖	还原糖	总氮	钾	氯	糖碱比	两糖比	氮碱比	钾氯比
B	3.19	28.20	23.85	2.38	1.60	0.22	7.47	0.85	0.74	7.21
C	2.06	28.47	23.86	2.09	2.08	0.34	11.56	0.84	1.01	6.06
X	1.64	22.47	18.95	2.06	2.55	0.31	11.56	0.84	1.26	8.25

4. 小结

2013年安徽基地单元综合质量与去年基本持平，具有较好的稳定性，部分指标有所提升，中部叶的油分以及上部叶的香气表现较好。

外观质量方面：注重改善中上部叶死青现象稍严重的问题，提高上部叶成熟度。

化学成分方面：注意适当降低中部叶烟碱的含量，提高钾含量，提升两糖比，协调糖碱比。

内在质量方面：巩固较明显的清甜香韵香气风格，提升香气满足感，提升烟气的柔和性，降低口腔刺激，减轻生青杂气。

（六）广东中烟工业有限责任公司评价

广东中烟2013年对凉山广东中烟基地单元进行样品采集，所收样品包括X2F、C2F、C3F、B3F不同等级的标准样品。分别从外观质量、感官质量、化学成分等方面进行评价。

1. 外观质量

多数烟叶样品颜色以浅黄为主，成熟度好或较好，叶片结构疏松至尚疏松，身份中等至稍薄，油分有，叶面有油润感，有韧性，弹性较好，叶面尚有油性反映，色度强，颜色均匀一致，烟叶整体外观质量较好（表1-45）。

表1-45 凉山烟叶外观质量

等级	成熟度	结构	身份	油分	色度	青杂	总评
C2F	成熟	疏松	中	有	强⁻	微有	C2F~C2F-
C3F	成熟	疏松	稍薄	有	中	无	C3F~C3F+
B1F	成熟	尚疏松	稍厚	有	浓	微有	B1F-
X2F	成熟	疏松	稍薄⁻	稍有⁻	中⁻	无	X2F~X2F-

2. 化学成分

凉山烟叶化学成分协调性较好，烟碱含量适中，总糖和还原糖含量略高，钾含量适中。糖碱比稍欠协调，钾氯比较高。基本都达到了优质烟叶的化学指标范围（表1-46）。

表1-46 凉山烟叶化学成分检测结果统计

等级	总糖（%）	还原糖（%）	总植物碱（%）	氯（%）	钾（%）	总氮（%）	两糖比	糖氮比	糖碱比	氮碱比	钾氯比
C2F	37.67	30.77	2.78	0.13	1.72	1.72	0.82	17.89	11.09	0.62	13.23
C3F	36.21	30.61	2.39	0.14	1.79	1.79	0.85	17.10	12.83	0.75	12.79
B1F	25.03	20.15	4.35	0.12	2.71	2.71	0.80	7.45	4.64	0.62	22.54
X2F	25.80	23.46	2.53	0.07	2.01	2.01	0.91	11.67	9.27	0.79	30.92

3. 感官评吸质量

C2F：清偏中香型，清甜香韵明显，浓度、劲头中等，香气质尚好，香气量尚足，略透发，烟气稍细腻，稍柔和，圆润感中等，燃烧性尚好，灰色灰白（表1-47）。

表1-47 凉山烟叶感官评吸质量

等级	质量特征											风格特征		
	香气质	香气量	刺激性	余味	成团性	杂气	柔和性	燃烧速度	燃烧性	灰色	合计	香型	烟气浓度	劲头
	22	18	15	15	6	10	8	2	2	2	100			
C2F	16.0	15.0	8.0	7.5	4.0	5.5	5.5	1.5	1.5	1.5	66.0	中	中	中
C3F	15.5	14.0	8.5	7.5	4.0	6.0	5.5	1.5	1.5	1.5	65.5	中	中	中
B1F	12.0	12.5	7.0	6.5	3.5	4.5	4.0	1.0	1.5	1.5	54.0	中	稍大	稍大
X2F	11.0	10.5	8.0	7.0	3.0	5.0	6.0	1.0	1.5	1.5	54.5	中	稍小	稍小

C3F：清偏中香型，清甜香韵略明显，浓度、劲头中等，香气质尚好，香气量尚足⁻，略透发，烟气稍细腻，稍柔和，圆润感中等⁻，稍有浮刺，稍显干燥，余味稍涩

口，略有残留，稍显生青气，燃烧性尚好，灰色灰白。

B1F：清偏中香型，清甜香韵略显，浓度、劲头稍大，香气质中等，香气量有，略欠透发，烟气略显干燥，略偏硬朗，圆润感中等⁻，喉部、鼻腔有刺激，喉部稍有尖刺，稍显干燥，余味略涩口，燃烧性稍好，灰色灰白。

X2F：清偏中香型，清甜香韵微显，浓度、劲头稍小，香气质中等⁻，香气量有⁻，略欠透发，烟气稍细腻，尚柔和，圆润感中等⁻，稍有木质气，燃烧性稍好，灰色灰白。

4. 凉山烟叶工业可用性

我公司配方人员认为凉山烟叶总体清甜香风格较为突出，清甜香较明显，烟气状态细腻且绵柔，余味较干净舒适，无明显可感觉的杂气，透发性好，燃烧性好。基于上述感官质量特征凉山烟叶在叶组配方中起调香型主料烟作用，主要承担凸显香型风格，提升香气质，提高清香型风格显露的作用。

凉山烟叶感官质量在国内处于上等水平，上等烟叶具备了较好的香气质量和烟气质量，主要作为一、二类高档卷烟叶组配方组分使用，在广东中烟品牌中具有较好的可用性。

六、凉山烟叶质量特色定位

（一）烟叶风格特征定位依据

唐远驹撰文提出，烟叶风格特色的定位，即确立烟叶的质量特色和风格特征，或者明确生产的烟叶应具备的风格特色。烟叶的特色是一种烟叶区别于其他烟叶的质量特征。这里所说的烟叶质量特征的区别，包括了烟叶的外观质量、物理特性、化学成分、安全性吸食品质等各个方面的区别，也包括了上述各方面隐含的而在加工过程中得以显现的特性的区别。这种区别可以是多方面的，也可以是某一个方面的甚至是某个方面一项或几项指标的区别。所有这些区别的特征，都要能满足工业的需要，为工业所接受，并且在卷烟配方中所利用。因此，烟叶的特色是烟叶质量中最重要的内容。

烟叶的风格通常是指烟叶燃吸时重复出现的、相对稳定的、能感知和认同的区别于其他烟叶的燃吸烟气的个性特征。烟叶的风格特征是吸烟者燃吸烟叶时的主观感受体验，这种感受体验能重复出现而相对稳定，能区别于其他烟叶而有个性，能为大多数人所感知而被认同。风格特色的定位代表了烟叶质量的定位，烟叶质量定位的核心就是风格特色的定位。烟叶风格特色定位需要满足以下 3 点：①确定性。风格特色能为多数人所感知和认同，特别是烟叶吸食品质明显区别于其他烟叶的那些特点，至少能为多数配方人员和质量检验人员所区别和确认。无法认知或认同的特点是不能成为风格特色的。②稳定性。烟叶的风格特色必须相对稳定。一是风格特色在产地的普遍性，在一定的地域范围内所产烟叶，都应具有这个风格特色；二是风格特色在时间上的连续性，在不同的年份所产烟叶，都应具有这个风格特色。③可用性。烟叶的风格特色必须为卷烟工业所接受，能满足卷烟工业的某种需要，并且在中式卷烟配方中，特别是在高档卷烟中得以利用。

根据上一节对凉山烟叶评吸质量研究结果，可以得知，凉山偏清香型烟叶比例较高，达到62.6%，且甜度感较强，较强﹣以上水平烟叶所占比例为43.9%，将香型偏清香型且甜度感较强﹣及以上水平烟叶定为典型清甜香烟叶，统计后得出典型清甜香烟叶所占比例为40.5%。同时，根据卷烟工业评价结果：上海烟草（集团）有限责任公司认为凉山烟叶香气绵柔，多数表现出清香型风格，清甜韵彰显度较好；川渝中烟认为凉山烟叶清甜香特征明显，香气质较为细腻柔和，甜感较强；湖南中烟认为凉山烟叶总体清甜香风格较为突出，清甜香较明显；湖北中烟认为凉山烟叶总体清甜香风格较为突出，清甜香较明显，烟气状态细腻且绵柔；安徽中烟认为凉山烟叶风格特色属于清香型烟叶，香气绵柔，清甜韵彰显度较好；广东中烟认为凉山烟叶总体清甜香风格较为突出，清甜香较明显。由此可见，凉山烟叶烟气风格清香甜润特征明显，能为多家卷烟企业所认可，因此凉山清甜香特色烟叶具有确定性。项目实施期间，通过对2009—2011年凉山烟叶评吸质量结果进行分析，可以得知，凉山偏清香型烟叶比例为56.3%～58.8%、甜感度较强﹣水平以上烟叶比例为42.1%～49.4%，说明凉山清甜香风格在时间上具有连续性，在不同的年份所产烟叶，都具有这个风格特色。同时普格、会东、会理偏清香型烟叶比例较高，且甜度感较强，该区域属凉山烤烟核心区域，烤烟种植面积较大，占凉山州总面积约2/3，说明清甜香风格烟叶在凉山产区具有普遍性，在一定的地域范围内所产烟叶，都具有这个风格特色。由此可见，凉山清甜香特色烟叶具有稳定性。不同卷烟工业公司对凉山烟叶利用评价结果如下。上海烟草（集团）有限责任公司：本公司配方人员认为凉山烟叶总体清甜香风格较为突出，清甜香较明显，烟气状态细腻且绵柔，余味较干净舒适，无明显可感觉的杂气，透发性好，燃烧性好。基于上述感官质量特征，凉山烟叶在叶组配方中起调香型主料烟作用，主要承担突显香型风格，提升香气质，烘托、提吊清香型风格显露的作用。凉山烟叶感官质量在国内处于上等水平，上等烟叶具备了较好的香气质量和烟气质量，主要作为一类、二类高档卷烟叶组配方组分使用，在上海烟草的"中华"品牌中具有较好的可用性。川渝中烟：凉山烟叶富有清甜香韵特点，较好的香气品质，比较熟练的甜香，较好的润感和比较细腻柔绵的烟气形态，对本公司的品牌定位和风格塑造起到了关键性和决定性的作用。湖南中烟：本公司配方人员认为凉山烟叶总体清甜香风格较为突出，清甜香较明显，烟气状态细腻且绵柔，余味较干净舒适，无明显可感觉的杂气，透发性好，燃烧性好。凉山烟叶感官质量在国内处于上等水平，上等烟叶具备了较好的香气质量和烟气质量，主要作为一类、二类高档卷烟叶组配方组分使用，在湖南中烟的"芙蓉王"品牌中具有较好的可用性。湖北中烟：本公司配方人员认为凉山烟叶总体清甜香风格较为突出，清甜香较明显，烟气状态细腻且绵柔，余味较干净舒适，无明显可感觉的杂气，透发性好，燃烧性好。凉山烟叶感官质量在国内处于上等水平，上等烟叶具备了较好的香气质量和烟气质量，主要作为一类、二类高档卷烟叶组配方组分使用，在湖北中烟品牌中具有较好的可用性。广东中烟：凉山烟叶感官质量在国内处于上等水平，上等烟叶具备了较好的香气质量和烟气质量，主要作为一类、二类高档卷烟叶组配方组分使用，在广东中烟品牌中具有较好的可用性。由此可见，凉山清甜香烟叶风格特色能被国内卷烟工业所接受，并且在主要高档卷烟品牌配方中得以利用。因此，凉山清甜香特色烟叶具有可用性。

综合以上分析结果可知，凉山烟叶清香甜润风格特征明显，且同时满足确定性、稳定性和可用性三点，因此，将凉山烟叶风格特征定位为"清甜香"。

（二）凉山清甜香烟叶质量特征分析

根据第一节研究结果，将凉山特色烟叶划分为三个类型：Ⅰ典型清甜香；Ⅱ非典型清甜香；Ⅲ其他类型。分别分析了不同类型烟叶的致香物质、化学成分及感官评吸质量差异，明确了清甜香特色烟叶与其他类型烟叶品质差异，建立了凉山典型清甜香烟叶质量评价标准。同时，将凉山清甜香特色烟叶与国内典型清香型烟叶产区云南、福建进行了致香成分、化学成分含量的对比分析，明确了凉山清甜香烟叶质量特色。

1. 清甜香与其他类型烟叶比较

（1）致香成分　由表 1-48 可知，典型清甜香烟叶致香成分中青叶醛、降茄二酮、2-甲基四氢呋喃-3-酮、3-羟基-2-丁酮、2，4-庚二烯醛显著或极显著高于其他类型烟叶；异戊醇、5-甲基糠醛、苯乙醛、苯甲醇、苯酚显著低于其他类型烟叶。

表 1-48　不同类型烟叶致香成分比较

类型	青叶醛（μg/g）	降茄二酮（μg/g）	异戊醇（μg/g）	2-甲基四氢呋喃-3-酮（μg/g）	3-羟基-2-丁酮（μg/g）	2，4-庚二烯醛（μg/g）	5-甲基糠醛（μg/g）	苯乙醛（μg/g）	苯甲醇（μg/g）	苯酚（μg/g）
典型清甜香	0.057a	1.066A	0.715c	1.368a	2.604a	1.074A	0.472b	2.753b	12.871c	0.242b
非典型清甜香	0.048b	0.842B	0.810b	1.292b	2.364b	0.837B	0.417c	2.833b	14.121b	0.249b
其他	0.042c	0.642C	0.969a	1.179c	2.168c	0.589C	0.586a	3.209a	16.597a	0.369a

（2）化学成分　不同香型烟叶化学成分的差异性分析结果见表 1-49。由此表可以看出，不同风格类型烟叶化学成分之间存在一定的差异。典型清甜香烟叶的还原糖著高于非典型清甜香和其他类型烟叶；其他类型烟叶总糖含量显著低于典型清甜香和非典型清甜香烟叶；总植物碱含量显著低于非典型清甜香和其他类型烟叶，总氮含量显著低于其他类型烟叶，但与非典型烟叶间差异不显著；典型清甜香烟叶的糖碱比显著高于非典型清甜香烟叶，后者又显著高于其他类型烟叶，三者间的氮碱比差异不显著（表 1-49）。此外，典型清甜香烟叶的两糖差显著小于另外两种类型烟叶；其他化学成分和其派生值之间并不显著差异。由此认为，趋于清甜香特色的烟叶，还原糖、总糖、总植物碱和总氮的含量均较低，但糖碱比、氮碱比、糖氮比较大，两糖差较小。

表 1-49　不同类型烟叶化学成分差异分析

香型特色	还原糖（%）	总糖（%）	总植物碱（%）	总氮（%）	氧化钾（%）	氯（%）
典型清甜香	30.4a	37.1a	1.87c	1.62b	1.99b	0.11a
非典型清甜香	30.1b	37.0a	1.94b	1.67b	2.17a	0.11a
其他	28.9c	35.8b	2.08a	1.76a	2.14a	0.13a

（续表）

香型特色	糖碱比	氮碱比	钾氯比	两糖差
典型清甜香	17.42a	0.90a	25.99a	6.68b
非典型清甜香	16.45b	0.89a	27.24a	6.89a
其他	14.86c	0.88a	25.89a	6.89a

（3）感官质量 不同类型烟叶感官质量的差异性分析表1-50。由此表可以看出，不同类型聚类分区的烟叶的评吸得分之间也存在差异。典型清甜香烟叶的香气质、香气量、余味、得分均显著高于其他类型的烟叶，非典型清甜香介于两者之间，与典型清甜香和其他类型烟叶间差异均不显著；杂气方面，典型清甜香和非典型清甜香显著高于其他类型，典型清甜香和非典型清甜香间差异不显著；三种香气风格烟叶的刺激性得分差异不显著（表1-50）。以上表明风格越趋于清甜香，评吸质量各项指标得分均较高。

表1-50 不同类型烟叶感官质量差异性分析

类型	香气质	香气量	余味	杂气	刺激性	得分
典型清甜香	11.51a	16.18a	19.81a	13.37a	8.79a	75.66a
非典型清甜香	11.46ab	16.11ab	19.69ab	13.30a	8.80a	75.37ab
其他	11.21b	16.00b	19.30b	13.04b	8.70a	74.26b

2. 凉山清甜香特色烟叶质量评价标准

在凉山优质烟叶质量评价标准的基础上，根据清甜香烟叶质量特征分析结果，建立了清甜香烟叶质量评价标准（表1-51）。

表1-51 凉山清甜香特色烟叶质量评价标准

评价分类	指标	评价标准
外观质量	颜色	浅橘~橘黄
	成熟度	成熟
	身份	适中
	色度	浓
物理指标	平衡含水率（%）	13.93~14.57
	填充值（cm³/g）	4.33~4.79
化学成分	还原糖（%）	27.4~31.1
	总植物碱（%）	1.66~2.08
	糖碱比	14.9~19.1
	氮碱比	0.82~0.98

（续表）

评价分类	指标	评价标准
	香气质 15	>11.38
	香气量 20	>15.99
感官评吸	余味 25	>19.53
	杂气 18	>13.19
	刺激性 12	>8.85

3. 凉山与其他产区烟叶内在品质比较

（1）致香成分 由表 1-52 可以看出，凉山清甜香烟叶致香成分 1，1，6-三甲基-1，2-二氢萘、2，4-庚二烯醛、茄酮显著高于云南烟叶；而云南烟叶 2-环戊烯-1，4-二酮、2-甲基-2-庚烯-6-酮、2-乙酰基吡咯、4-乙烯基-2-甲氧基苯酚、a-松油醇、吡啶、藏红花醛、芳樟醇、糠醛、吲哚要显著或极显著高于凉山烟叶（表 1-52）。

表 1-52 不同产区烟叶致香成分对比

地区	1,1,6-三甲基-1,2-二氢萘	2,4-庚二烯醛	2-环戊烯-1,4-二酮	2-甲基-2-庚烯-6-酮	2-乙酰基吡咯	4-乙烯基-2-甲氧基苯酚
凉山	0.65a	1.07a	0.61bB	0.39b	2.63bB	3.74bB
云南	0.59b	0.89b	0.81aA	0.51a	3.5aA	5.4aA

a-松油醇	吡啶	藏红花醛	芳樟醇	糠醛	茄酮	吲哚
0.20b	1.12b	0.036b	0.80b	18.6b	9.30a	0.60b
0.26a	1.43a	0.046a	1.06a	22.3a	8.5b	0.91a

（2）化学成分 通过对凉山、云南、福建烟叶化学成分含量进行对比分析可以得知：凉山烟叶还原糖含量、糖碱比、氮碱比、钾氯比最高，而总植物碱、总氮、氯含量最低（表 1-53）。

表 1-53 不同产区烟叶化学成分对比

地区	还原糖	总植物碱	总氮	钾	氯	糖碱比	氮碱比	钾氯比
凉山	30.50	1.88	1.64	2.02	0.11	17.34	0.91	25.35
云南	25.26	2.29	1.94	1.98	0.30	11.51	0.86	8.75
福建	27.65	2.17	1.76	2.68	0.26	13.50	0.84	12.11

4. 凉山清甜香特色烟叶内涵

凉山特殊的地形条件，形成降水多为夜雨，夜雨率高达 70% 以上，昼夜温差较大。烟地 95% 以上分布于海拔 1 300~2 000m 的高原台地及其缓坡之上，烟地避风排水较好，主要植烟田土壤以紫色土为多。土壤内含有大量粉砂，质地为粉砂质重壤土，表层疏松，通透性良好。在该特殊生态条件下，所产烟叶外观品质优良，颜色金黄，叶色较浓，结构疏松，烟叶还原糖含量、糖碱比、氮碱比较高，且高于云南和福建，而总植物碱、总氮含量较低，且低于云南和福建。凉山清甜香烟叶致香成分1，1，6-三甲基-1，2-二氢萘、2，4-庚二烯醛、茄酮含量高于云南烟叶，而云南烟叶2-环戊烯-1，4-二酮、2-甲基-2-庚烯-6-酮、2-乙酰基吡咯、4-乙烯基-2-甲氧基苯酚、α-松油醇、吡啶、藏红花醛、芳樟醇、糠醛、吲哚含量高于凉山烟叶。凉山清甜香烟叶还原糖、总糖含量较高，糖碱比、氮碱比较大，总植物碱、总氮含量较低，评吸质量较好。清甜香特色烟叶评价标准为，外观质量：颜色浅橘~橘黄，成熟度成熟，身份适中，色度较浓；物理指标：平衡含水率13.93%~14.57%，填充值4.33~4.79cm³/g；化学成分：还原糖28.2%~31.1%，总植物碱1.66%~2.12%，糖碱比14.9~19.1，氮碱比0.83~0.99。

综合以上结果，将凉山典型生态植烟区生态及烟叶质量总结为以下几个特点：

光照充足，昼晴夜雨；

土壤适宜，质松色紫；

结构疏松，颜色金橘；

成分协调，糖高碱低；

清香甜润，优雅飘逸。

第三节　凉山烟叶特色成因分析

一、生态因素与烟叶品质特色的关系研究

（一）海拔高度

1. 不同风格烟叶在各海拔高度范围内的分布

在凉山烟区植烟海拔范围内，把海拔高度分为≤1 600m、1 601~1 700m、1 701~1 800m、1 801~1 900m、1 901~2 000m、2 001~2 100m、2 101~2 200m和≥2 201m八个梯度，进行了烟叶化学成分、评吸质量比较。

对不同香型烟叶样品在不同海拔高度上所占比例进行统计，结果见表1-54。从此表中可以看出，典型清甜香烟叶样品在海拔高度1 801~1 900m所占的比例最大，为31.09%，其次是海拔高度1 701~1 800m。由此可见，典型清甜香烟叶样品海拔主要集中在1 601~2 000m。非典型清甜香烟叶样品在海拔高度1 701~1 800m所占的比例最大。综合可以看出，典型清甜香烟叶样品主要集中在海拔1 601~2 000m。非典型清甜香烟叶样品在海拔高度1 701~1 800m所占的比例最大，综合可以看出，其他类型烟叶样品主要集中在海拔高度1 601~1 900m。

表 1-54 不同风格烟叶样品在不同海拔高度上所占比例

香型	≤1 600m (%)	1 601~1 700m (%)	1 701~1 800m (%)	1 801~1 900m (%)
典型清甜香	9.24	14.29	22.69	31.09
非典型清甜香	3.17	14.29	23.81	14.29
其他	0.00	19.05	33.33	42.86
	1 901~2 000m (%)	2 001~2 100m (%)	2 101~2 200m (%)	≥2 201m (%)
	11.76	3.36	3.36	4.20
	19.05	9.52	6.35	9.52
	0.00	0.00	4.76	0.00

2. 海拔高度对烟叶化学成分含量的影响

将海拔 $H<1\ 600m$、$1\ 600m \leq H<1\ 700m$、$1\ 700m \leq H<1\ 800m$、$1\ 800m \leq H<1\ 900m$、$1\ 900m \leq H<2\ 000m$、$2\ 000m \leq H<2\ 100m$、$2\ 100m \leq H<2\ 200m$ 和 $\geq 2\ 200m$ 分别编号为 ①、②、③、④、⑤、⑥、⑦、⑧。根据烟叶化学成分及其派生值，采用离差平方和聚类，结果如图 1-1 所示。

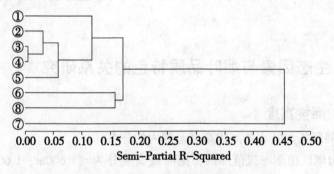

图 1-1 烟叶化学成分及其派生值聚类

由图中可知，将海拔分为五个区域，$H<1\ 600m$ 为Ⅰ，$1\ 600m \leq H<2\ 000m$ 为Ⅱ，$2\ 000m \leq H<2\ 100m$ 为Ⅲ，$2\ 100m \leq H<2\ 200m$ 为Ⅳ，$\geq 2\ 200m$ 为Ⅴ。把五个区域的烟叶主要化学成分及其派生值做多重比较，结果见表 1-55。由表 1-55 可以看出，总糖含量Ⅳ区显著低于Ⅰ、Ⅱ和Ⅴ区，总碱含量Ⅳ显著低于Ⅰ和Ⅴ区，其他海拔之间差异不显著；氧化钾含量Ⅰ区显著高于其他四个区域；氯含量Ⅴ区显著高于Ⅳ和Ⅰ区，其他海拔之间无显著差异；氮碱比Ⅳ区显著高于其他四区；钾氯比Ⅰ区显著高于Ⅴ区，与其他区无显著差别。

还原糖、总氮、糖碱比、两糖差、两糖比和糖碱比在各个区域之间无显著差别。从清甜香烟叶适宜的关键化学成分指标范围看，Ⅱ区烟叶比较符合范围，在该海拔范围之内，适宜生产清甜香烤烟。

表1-55 不同海拔烟叶主要化学成分及其派生值的多重比较

指标	I	II	III	IV	V
还原糖	29. 867a	29. 994a	29. 1a	27. 12a	30. 389a
总糖	37. 367a	37. 104a	35. 414ab	33. 48b	37. 856a
总碱	2. 183 3a	1. 997 5ab	1. 948 6ab	1. 618b	2. 136 7a
总氮	1. 738 3a	1. 696 7a	1. 704 3a	1. 604a	1. 776 7a
氧化钾	2. 538 3a	2. 065 5b	1. 901 4b	1. 914b	1. 887 8b
氯	0. 09b	0. 113 1ab	0. 19ab	0. 098b	0. 223 33a
糖碱比	17. 817a	19. 676a	20. 246a	23. 248a	18. 078a
氮碱比	0. 815b	0. 873 69b	0. 925 71b	1. 09a	0. 844 44b
钾氯比	35. 558a	26. 723ab	22. 709ab	28. 75ab	13. 926b
两糖差	7. 5a	7. 11a	6. 314a	6. 36a	7. 467a
两糖比	0. 8a	0. 808 34a	0. 822 86a	0. 81a	0. 804 44a
糖氮比	21. 725a	22. 384a	21. 913a	20. 862a	21. 789a

3. 海拔高度对烟叶感官评吸质量的影响

从表1-56可以看出，香气质、香气量、余味、杂气、刺激性、燃烧性、灰分的得分随着海拔高度的升高没有明显变化；烟叶评吸质量总得分在海拔高度小于1 700m时呈逐渐升高的趋势，在海拔高度1 700~2 100m呈先降低又上升的趋势，而海拔高度为1 800~2 000m没有明显变化，当海拔高度大于2 200m时，得分呈逐渐降低的趋势。

表1-56 不同海拔高度对烟叶评吸质量的影响

海拔高度 （m）	香气质 （15）	香气量 （20）	余味 （25）	杂气 （18）	刺激性 （12）	燃烧性 （5）	灰分 （5）	得分 （100）
≤1 600	11. 16	16. 02	19. 28	13. 12	8. 56	3. 00	3. 00	74. 11
1 600~1 700	11. 38	16. 06	19. 66	13. 23	8. 75	3. 01	3. 00	75. 08
1 700~1 800	11. 33	16. 04	19. 59	13. 14	8. 67	3. 00	3. 00	74. 77
1 800~1 900	11. 33	16. 11	19. 52	13. 17	8. 67	3. 01	3. 01	74. 81
1 900~2 000	11. 31	16. 07	19. 58	13. 16	8. 71	3. 00	3. 00	74. 84
2 000~2 100	11. 35	16. 18	19. 61	13. 20	8. 80	3. 02	3. 00	75. 17
2 100~2 200	11. 23	16. 05	19. 29	13. 08	8. 80	3. 00	3. 00	74. 46
≥2 200	11. 30	16. 07	19. 59	13. 23	8. 70	3. 03	3. 01	74. 92

根据烟叶感官吸食品质，采用离差平方和聚类，结果如图1-2所示。

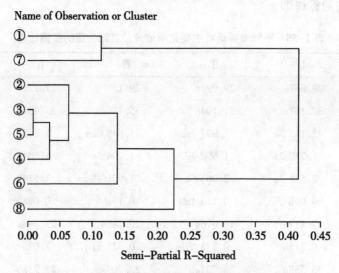

图1-2 据凉山海拔高度对烟叶感官吸食品质聚类

根据烟叶感官评吸质量聚类结果与根据烟叶化学成分及其派生值聚类的结果相吻合，这说明，烟叶化学成分在一定程度上影响烤烟内在品质，海拔 1 600~2 000m，烟叶的化学成分以及感官评吸质量均表现比较一致，属于清甜香质量特色。

（二）土壤因子

1. 不同风格类型烟叶在各类型土壤上的分布

对不同香型烟叶样品在不同土壤类型上所占比例进行统计，结果见表1-57。

从表1-57可以看出，典型清甜香烟叶在紫色土上所占的比例最大，为40.34%，其次是红壤土；非典型清甜香烟叶在红壤土上所占的比例最大，为34.92%，其次是紫色土；其他香型烟叶在紫色土上所占的比例最大。这说明紫色土是生产清甜香烟叶的适宜土壤。

表1-57 不同香型烟叶样品在不同土壤类型上所占比例

香型	紫色土（%）	红壤土（%）	黄壤土（%）	水稻土（%）
典型清甜香	40.34	34.45	20.17	5.04
非典型清甜香	30.16	34.92	31.75	3.17
其他	38.10	14.29	28.57	19.05

2. 土壤类型对烟叶化学成分的影响

不同土壤类型对烟叶化学成分及其派生值的影响见表1-58。从表1-58可以看出，不同土壤类型对烟叶还原糖、总糖、总氮、氯的含量没有显著影响；水稻土的烟叶总碱含量最高，显著高于红壤土、紫色土和黄壤土的烟叶总碱含量，红壤土、紫色土和黄壤土烟叶总碱含量之间没有显著差异；紫色土的烟叶钾含量最高，显著高于红壤土、水稻土和黄壤土烟叶含钾量，但是红壤土、水稻土和黄壤土烟叶含钾量之间没有显著差异。

表 1-58　不同土壤类型对烟叶化学成分的影响

土壤类型	还原糖（%）	总糖（%）	总碱（%）	总氮（%）	钾（%）	氯（%）
红壤土	28.4a	33.8a	1.74b	1.6a	1.75b	0.15a
紫色土	27.1a	32.8a	1.90b	1.7a	2.29a	0.07a
水稻土	29.8a	33.8a	2.72a	1.8a	1.86b	0.26a
黄壤土	29.4a	36.1a	1.80b	1.56a	1.93b	0.08a

不同土壤类型对烟叶化学成分派生值的影响见表 1-59。从表 1-59 可以看出，红壤土、紫色土和黄壤土间的氮碱比显著高于水稻土，红壤土、紫色土与黄壤土之间氮碱比没有显著差异；紫色土、黄壤土所产烟叶的钾氯比是显著高于水稻土，红壤土与紫色土、水稻土、黄壤土之间没有显著差异；不同土壤类型之间烟叶的糖碱比、两糖差、两糖比、糖氮比无显著差异。

从清甜香烤烟适宜的化学成分指标看，紫色土和红壤土上生产的烟叶还原糖和总碱都在清甜香烤烟适宜的化学成分指标范围之内；糖碱比只有紫色土上生产的烟叶比较接近适宜的范围；糖氮比是紫色土和水稻土上生产的烟叶在适宜的范围之内，但是水稻土上生产的烟叶总碱含量太高，必然影响其内在质量；氮碱比是紫色土和红壤土在适宜的范围之内。综合考虑，紫色土是生产清甜香烤烟的适宜土壤类型。

表 1-59　不同土壤类型对烟叶化学成分派生值的影响

土壤类型	糖碱比	氮碱比	钾氯比	两糖差	两糖比	糖氮比
红壤土	18.1a	0.96a	21.6ab	5.4a	0.84a	18.4a
紫色土	16.2a	0.93a	34.3a	5.7a	0.82a	16.9a
水稻土	10.0a	0.68b	7.04b	6.9a	0.79a	15.0a
黄壤土	17.0a	0.88a	34.0a	6.6a	0.81a	19.2a

3. 土壤类型对烟叶感官评吸质量的影响

不同土壤类型对烟叶评吸质量的影响结果见表 1-60。从表 1-60 可以看出，红壤土、紫色土、黄壤土烟叶的香气质、香气量、余味、杂气、刺激性得分显著高于水稻土烟叶，红壤土、紫色土、黄壤土的烟叶之间没有显著差异。

表 1-60　不同土壤类型对烟叶评吸质量的影响

土壤类型	香气质（15）	香气量（20）	余味（25）	杂气（18）	刺激性（12）	燃烧性（5）	灰分（5）	得分（100）
红壤土	11.4a	16.1a	19.6a	13.2a	8.8a	3.0a	3.0a	75.2a
紫色土	11.5a	16.2a	19.7a	13.3a	8.8a	3.0a	3.0a	75.5a
水稻土	10.5b	15.7b	18.4b	12.2b	8.1b	3.0a	3.0a	71.3b

（续表）

土壤类型	香气质 （15）	香气量 （20）	余味 （25）	杂气 （18）	刺激性 （12）	燃烧性 （5）	灰分 （5）	得分 （100）
黄壤土	11.3a	16.1a	19.4a	13.2a	8.6a	3.0a	3.0a	74.7a

不同土壤类型的烟叶燃烧性、灰分之间没有显著差异。红壤土、紫色土、黄壤土种植的烟叶的评吸结果具有较突出的清甜香特色，而水稻土种植的烟叶为清偏中香型，略有清甜香质量特色。由此可知，红壤土、紫色土、黄壤土利于红花大金元彰显品质特色，而水稻土并不明显。

4. 土壤主要养分与烟叶化学成分的简单相关性分析

土壤养分含量测定结果见表1-61。由表1-61可以看出，凉山烟区的土壤持水量较低，变幅较大，不稳定，变异系数为84.53%，土壤有机质、速效钾含量较高，速效磷含量较适宜，但是变幅较大，变异系数为79.45，土壤 pH 值较适宜，均在优质烟叶生产的适宜范围内，土壤交换性钙和交换性镁的变异系数较大，土壤 0.02~2.00mm 黏粒的含量最多，且含量较稳定，土壤 0.0002~0.0200mm 的黏粒次之，土壤的通透性较好，有利于烟株根系的生长发育。

表 1-61　凉山烟区土壤养分因子分析

指标	平均值	最大值	最小值	标准差	变异系数 （%）
含水量	2.25	16.85	0.35	1.90	84.53
有机质	30.20	60.56	5.32	12.49	41.36
碱解氮	78.76	285.55	7.55	45.13	57.31
速效磷	86.07	355.67	0.35	68.38	79.45
速效钾	176.85	1 291.72	26.97	114.10	64.52
pH 值	6.04	8.35	4.30	0.52	8.56
交换性钙	7.72	32.68	0.05	6.68	86.46
交换性镁	1.61	4.91	0.01	1.14	70.58
黏粒（<0.002mm）	18.46	80.26	2.11	11.12	60.49
黏粒（0.002~0.02mm）	21.88	60.46	2.66	7.48	34.19
黏粒（0.02~2mm）	59.65	88.30	10.35	14.86	24.92

土壤养分因子与烟叶化学成分的相关性分析结果见表1-62。由此表可以得知，烟叶中氧化钾与土壤 pH 值呈极显著负相关，与速效磷呈显著正相关；糖碱比和氮碱比与速效钾呈显著正相关；钾氯比与 pH 值呈显著负相关，与速效磷呈显著正相关；两糖差与速效钾呈极显著负相关，两糖比与速效钾呈极显著正相关。

表 1-62　土壤养分因子与烟叶化学成分的相关性分析

指标	pH 值	有机质	速效钾	速效磷	速效氮
还原糖	−0.20	0.47	0.62	0.34	−0.17
总糖	−0.23	0.53	0.18	0.24	0.11
总植物碱	0.14	−0.01	−0.61	0.04	−0.04
总氮	−0.26	−0.21	−0.15	0.50	−0.19
氧化钾	−0.92**	0.08	−0.04	0.75*	0.44
氯	0.22	−0.15	−0.29	−0.34	0.17
糖碱比	−0.11	0.20	0.66*	0.03	−0.06
氮碱比	−0.30	−0.12	0.68*	0.24	−0.12
钾氯比	−0.67*	0.33	0.32	0.64*	0.18
两糖差	0.11	−0.27	−0.82**	−0.33	0.36
两糖比	−0.12	0.29	0.78**	0.33	−0.37
糖氮比	0.03	0.37	0.45	−0.12	−0.01

注: * $P<0.05$, ** $P<0.01$

（三）气象因子

1. 主要气象因子与烟叶化学成分的简单相关分析

主要气象因子与烟叶化学成分间的简单相关分析结果见表 1-63。从表 1-63 中可以看出，烟叶还原糖与还苗和伸根期降水量呈极显著正相关关系；总糖与还苗和伸根期均温呈显著负相关关系，还苗和伸根期降水量呈极显著正相关关系；糖碱比与还苗和伸根期降水量呈显著正相关关系；氮碱比与成熟期降水量呈极显著正相关关系；钾氯比与还苗和伸根期降水量呈显著正相关关系，与大田期日照呈极显著负相关关系；两糖差与还苗和伸根期降水量显著负相关关系；两糖比与还苗和伸根期降水量呈极显著正相关关系；其他化学成分与气象因子之间相关性未达显著水平。

表 1-63　主要气象因子与烟叶化学成分的相关性分析

指标	还苗和伸根期均温	旺长期均温	成熟期均温	还苗和伸根期降水	旺长期降水	成熟期降水	大田期日照
还原糖	−0.420 0	−0.280 0	−0.130 0	0.900 0**	0.000 0	0.110 0	−0.470 0
总糖	−0.660 0*	−0.620 0	−0.440 0	0.770 0**	−0.240 0	0.050 0	−0.370 0
总植物碱	0.400 0	0.310 0	0.290 0	−0.520 0	−0.140 0	−0.610 0	0.280 0
总氮	0.100 0	0.150 0	0.220 0	−0.100 0	−0.160 0	0.020 0	−0.040 0
氧化钾	0.210 0	0.290 0	0.460 0	0.260 0	0.170 0	0.420 0	−0.600 0
氯	−0.110 0	−0.160 0	−0.260 0	−0.490 0	−0.180 0	0.220 0	0.590 0

（续表）

指标	还苗和伸根期均温	旺长期均温	成熟期均温	还苗和伸根期降水	旺长期降水	成熟期降水	大田期日照
糖碱比	−0.410 0	−0.300 0	−0.250 0	0.69*	0.140 0	0.440 0	−0.310 0
氮碱比	−0.450 0	−0.300 0	−0.230 0	0.580 0	0.070 0	0.79**	−0.300 0
钾氯比	0.270 0	0.370 0	0.540 0	0.63*	0.410 0	0.050 0	−0.80**
两糖差	0.070 0	−0.110 0	−0.190 0	−0.75*	−0.220 0	−0.130 0	0.420 0
两糖比	−0.150 0	0.010 0	0.110 0	0.80**	0.180 0	0.130 0	−0.430 0
糖氮比	−0.270 0	−0.220 0	−0.180 0	0.600 0	0.170 0	0.090 0	−0.240 0

注：* $P<0.05$，** $P<0.01$

2. 主要气象因子与烟叶感官评吸质量的简单相关分析

分析结果表明：烟叶感官评吸香气质、杂气、刺激性、总得分与旺长期日较差呈极显著正相关，香气量、余味得分与旺长期日较差呈显著正相关；香气量得分与成熟期日较差呈极显著正相关，杂气和总得分与成熟期日较差呈显著正相关；香气量得分与生育期日较差呈极显著正相关，香气质、杂气、刺激性总得分与生育期日较差呈显著正相关（表1-64）。

表1-64 红大感官评吸质量与气象因子相关性

指标	香气质	香气量	余味	杂气	刺激性	得分
团棵期均温	0.330 8	0.761 3*	0.223 2	0.266 7	0.488 4	0.730 5*
旺长期均温	−0.711 9*	−0.411 3	−0.208 2	−0.750 4*	−0.456 7	−0.776 9*
成熟期均温	0.863 6**	0.880 6**	0.674 8*	0.310 2	0.664 3	0.852 8**
生育期均温	−0.350 9	−0.421 0	−0.251 2	−0.291 3	−0.480 7	−0.344 4
团棵期积温	−0.366 8	−0.497 5	−0.247 4	−0.298 0	−0.531 1	−0.364 0
旺长期积温	−0.331 9	−0.439 1	−0.204 4	−0.259 0	−0.500 9	−0.321 9
成熟期积温	−0.367 9	−0.383 7	−0.283 6	−0.318 2	−0.460 7	−0.358 3
生育期积温	−0.369 1	−0.441 3	−0.263 7	−0.308 2	−0.502 8	−0.362 1
团棵期降水	−0.084 4	0.244 4	−0.089 8	−0.072 2	−0.010 3	−0.042 3
旺长期降水	0.586 7	0.891 1**	0.898 3**	0.194 2	0.882 2**	0.873 1**
成熟期降水	0.722 5*	0.089 9	0.312 5	0.187 3	0.083 4	0.763 3*
生育期降水	−0.223 2	−0.015 8	−0.385 6	−0.242 7	−0.057 4	−0.237 4
团棵期湿度	−0.019 4	0.228 9	−0.052 8	−0.048 7	0.116 5	0.009 3
旺长期湿度	−0.303 1	−0.136 1	−0.199 9	−0.256 0	−0.332 1	−0.258 8
成熟期湿度	−0.274 6	−0.261 7	−0.153 0	−0.224 0	−0.353 2	−0.243 7
生育期湿度	−0.189 9	−0.025 0	−0.133 1	−0.173 8	−0.159 9	−0.152 8

（续表）

指标	香气质	香气量	余味	杂气	刺激性	得分
团棵期日照	0.218 8	−0.070 1	0.205 7	0.214 4	0.138 1	0.181 6
旺长期日照	0.439 2	0.101 4	0.428 7	0.403 5	0.388 4	0.402 7
成熟期日照	0.686 8*	0.414 8	0.661 1	0.619 1	0.522 2	0.682 5*
生育期日照	0.857 1**	0.754 0*	0.747 6*	0.820 9**	0.860 7**	0.838 4**
团棵期日较差	0.636 3	0.756 7	0.508 2	0.653 4	0.629 5	0.636 6
旺长期日较差	0.436 6	0.127 5	0.437 7	0.420 7	0.350 2	0.406 1
成熟期日较差	0.662 5	0.595 2	0.600 6	0.685 8*	0.639 0	0.693 0*

注：* $P<0.05$，** $P<0.01$

二、品种与烟叶品质特色的关系

为摸清凉山州烤烟产区各主栽品种之间内在品质的差异，采用邓肯多重极差法对各品种烟叶的化学成分及感官评吸质量进行多重比较。

（一）不同品种烟叶化学成分对比分析

分析结果表明，红花大金元烤烟品种总糖、总植物碱、总氮、两糖差极显著低于云烟 85 和云烟 87 烤烟品种，另外，红花大金元烤烟品种钾含量极显著低于云烟 85，两糖比极显著高于云烟 85 和云烟 87，糖碱比极显著高于云烟 85。云烟 85 和云烟 87 两个烤烟品种之间烟叶化学成分含量及派生值无显著差异。综合而言，在凉山州烤烟产区红花大金元烤烟品种烟叶化学成分是有别于云烟 85 和云烟 87 的（表 1-65）。

表 1-65　不同品种之间化学成分及派生值多重比较

项目	还原糖	总糖	总植物碱	总氮	氧化钾	氯
云烟 85	29.9	37.0A	2.00A	1.70A	2.06A	0.12
云烟 87	29.9	37.1A	2.03A	1.72A	2.05AB	0.14
红花大金元	28.9	34.4B	1.79B	1.57B	1.93B	0.12

糖碱比	氮碱比	钾氯比	两糖差	两糖比	糖氮比
15.9B	0.88	26.3	7.1A	0.81B	18.0
16.1AB	0.89	23.1	7.2A	0.81B	17.8
17.8A	0.92	26.6	5.5B	0.84A	19.0

（二）不同品种烟叶感官评吸质量对比分析

分析结果表明，红花大金元烤烟品种感官评吸质量香气质得分极显著高于云烟 87，但与云烟 85 无显著差异。整体而言，红花大金元感官评吸质量略好于云烟 85 和云烟 87（表 1-66）。

表 1-66　不同品种之间感官评吸质量多重比较

品种名称	香气质	香气量	余味	杂气	刺激性	得分
云烟 85	11.3AB	16.1	19.6	13.2	8.7	74.8
云烟 87	11.3B	16.1	19.4	13.2	8.7	74.7
红花大金元	11.4A	16.1	19.6	13.2	8.7	75.0

从各品种烟叶典型清甜香比例来看，红花大金元烤烟品种烟叶典型清甜香比例最高，达到 50.2%，其次为云烟 85，比例为 41.5，最后为云烟 87，比例为 37.3%（表 1-67）。

表 1-67　不同品种典型清甜香比例

品种名称	典型清甜香（%）	非典型清甜香（%）	其他（%）
红花大金元	50.2	32.1	17.7
云烟 85	41.5	34.9	23.6
云烟 87	37.3	39.9	22.8

（三）致香成分

由表 1-68 可知，红大与其他品种致香成分含量无显著差异。但除 3-羟基-2-丁酮、苯乙醛、吡啶、巨豆三烯酮-3、巨豆三烯酮-4、亚麻酸甲酯、异佛尔酮、吲哚、棕榈酸甲酯低于云烟 85 外，其他成分均高于云烟 85 或与其持平。

表 1-68　凉攀地区不同烤烟品种致香成分含量比较

项目	1,1,6-三甲基-1,2-二氢萘	2,4-庚二烯醛	2,6-壬二烯醛	2-环戊烯-1,4-二酮	2-甲基-2-庚烯-6-酮	2-甲基四氢呋喃-3-酮	2-乙酰吡啶
红大	0.56aA	0.79aA	0.10aA	0.56aA	0.34aA	1.34aA	0.029aA
云烟 85	0.51aA	0.77aA	0.10aA	0.53aA	0.28aA	1.11aA	0.029aA

项目	2-乙酰基-5-甲基呋喃	2-乙酰基吡咯	2-乙酰基呋喃	3-甲基-2-环戊烯-1-酮	3-甲基巴豆醛	3-羟基-2-丁酮	3-乙酰吡啶
红大	0.063aA	2.46aA	0.97aA	0.029aA	0.64aA	2.31aA	0.15aA
云烟 85	0.054aA	2.21aA	0.91aA	0.026aA	0.54aA	2.38aA	0.14aA

项目	4-乙烯基-2-甲氧基苯酚	5-甲基糠醛	a-松油醇	gamma-丁内酯	gamma-壬内酯	β-大马酮	β-二氢大马酮
红大	3.34aA	0.48aA	0.19aA	1.17aA	0.051aA	5.6aA	0.45aA
云烟 85	3.15aA	0.48aA	0.15aA	1.18aA	0.041bA	5.6aA	0.41aA

（续表）

项目	β-环柠檬醛	β-紫罗兰酮	苯酚	苯甲醇	苯甲醛	苯乙醇	苯乙醛
红大	0.19aA	0.31aA	0.28aA	14.5aA	0.26aA	4.01aA	2.89aA
云烟85	0.17aA	0.24aA	0.29aA	13aA	0.27aA	4.08aA	3.08aA

项目	苯乙酮	吡啶	吡咯	藏红花醛	二氢猕猴桃内酯	芳樟醇	降茄二酮
红大	0.026aA	1.08aA	0.27aA	0.036aA	2.58aA	0.76aA	0.86aA
云烟85	0.025aA	1.14aA	0.21aA	0.033aA	2.28aA	0.60aA	0.71aA

项目	金合欢基丙酮A	巨豆三烯酮-1	巨豆三烯酮-2	巨豆三烯酮-3	巨豆三烯酮-4	糠醇	糠醛
红大	0.94aA	2.55aA	9.25aA	1.67aA	8.93aA	3.52aA	18.6aA
云烟85	0.74aA	2.2aA	8.4aA	1.78aA	9.1aA	3.18aA	17.6aA

项目	喹啉	邻苯二甲酸二丁酯	茄酮	青叶醛	噻唑	戊醇	香叶醇
红大	0.026aA	0.16aA	9.30aA	0.046aA	0.028aA	0.22aA	0.21aA
云烟85	0.026aA	0.13aA	7.61aA	0.049aA	0.027aA	0.16aA	0.16aA

项目	香叶基丙酮	新植二烯	亚麻酸甲酯	氧化沉香醇	异佛尔酮	异戊醇	吲哚	棕榈酸甲酯
红大	1.64aA	576aA	2.73aA	0.07aA	0.021aA	0.89aA	0.63aA	1.8aA
云烟85	1.25aA	544aA	4.25aA	0.058aA	0.025aA	0.75aA	0.70aA	2.53aA

三、不同因子对烟叶特色风格的贡献率

对不同品种烟叶样品中3种香型所占比例进行统计，结果见表1-69。由此表可以看出，所有红花大金元样品中，有69.23%的样品属于典型清甜香烟叶，所有云烟85样品中，58.46%的样品属于典型清甜香烟叶，云烟87样品中50.00%的样品属于非典型清甜香烟叶（表1-69），由此说明红花大金元是最适宜生产清甜香烟叶的烤烟品种。

表1-69　不同品种烟叶样品中3种香型所占比例

品种	典型清甜香（%）	非典型清甜香（%）	其他（%）
红花大金元	50.2	32.1	17.7
云烟85	41.5	34.9	23.6

（续表）

品种	典型清甜香（%）	非典型清甜香（%）	其他（%）
云烟87	37.3	39.9	22.8

据窦玉青（窦玉青，等2009）等对不同烤烟香型主要化学成分对吸食品质的影响研究，由评吸专家对烟叶香型进行定性评价，并设定各香型对应得分为：清香型：100，清偏中：85，中偏清：70，中间香型和中偏浓：55，浓香型和浓偏中：50，把凉山不同品种烤烟香型转化为量化指标。

将凉山烟区不同品种香型量化指标按照生态因子聚类分区整理，再结合气候与土壤等生态因子指标数值，利用相关系数法求得各个因子的权重，从而得出气候、土壤和品种这三者对香型的贡献率结果见表1-70。可知，气候的贡献率为46.64%，土壤的贡献率为30.16%，品种的贡献率为23.21%，在品种中红花大金元、云烟87和云烟85的贡献率为7.88%、7.86%和7.47%。

表1-70　生态和品种对香型的贡献率

因子	指标	权重	贡献率
气候	还苗和伸根期均温	0.0558	
	旺长期均温	0.0650	
	成熟期均温	0.0780	
	还苗和伸根期降水	0.0564	0.4664
	旺长期降水	0.0788	
	成熟期降水	0.0644	
	大田期日照	0.0680	
土壤	pH值	0.0760	
	有机质	0.0457	
	速效钾	0.0652	0.3016
	速效磷	0.0659	
	速效氮	0.0487	
品种	红大	0.0788	
	云烟85	0.0747	0.2321
	云烟87	0.0786	

四、"清甜香"特色烟叶成因

生态因素是形成凉山烤烟清甜香的最重要成因，其次是品种因素。结合气候与土壤等生态因子指标数值，利用相关系数法求得各个因子的权重，从而得出气候、土壤和品种这三者对香型的贡献率。气候的贡献率为46.64%，土壤的贡献率为30.16%，品种的贡献率为23.21%。生态因素包括土壤因素和气象因素。在生态因素中，气候因子的贡献率为62.33%，土壤因子的贡献率为37.67%。生态因素各因子的具体权重表现及其贡献率为：成熟期均温（11.09%）＞土壤 pH 值（10.57%）＞大田期日照（10.31%）＞还苗和伸根期均温（9.59%）＞还苗和伸根期降水量（9.40%）＞旺长期均温（9.09%）＞速效磷（8.91%）＞旺长期降水量（8.16%）＞有机质（6.99%）＞速效氮（6.06%）＞速效钾（4.95%）＞成熟期降水量（4.69%）。气象因子和土壤因子的适宜指标：还苗和伸根期均温 18~25℃，旺长期均温 20~28℃，成熟期均温 20~25℃，还苗和伸根期降水 100~120mm，旺长期降水 200~250mm，成熟期降水 500~600mm，大田期日照 750~850h。土壤 pH 值为 6~6.5，有机质在 20~25g/kg，速效钾＞200mg/kg，速效磷为 20~40mg/kg，速效氮为 80~100mg/kg。土壤类型为紫色土，海拔高度为 1 600~2 000m 的区域范围内较适宜于生产清甜香烟叶。

第二章 "清甜香"特色烟叶优化布局

第一节 凉山烟区生态区划

一、生态区划原则

（一）区内相似性和区间差异性

这是区域划分的基本原则。在烤烟生态区域划分时，必须要注意各烟区的生态环境特征的相对一致性。在突出区内相似性的基础上，力求抓住区间的生态差异性。

（二）综合分析和主导因素相结合

由于凉山州的地形地貌复杂、海拔高度差异大、立体气候明显以及复杂的经济发展情况，很难根据某一指标把整个凉山州分成不同的生态区域，同时，不同生态区域也存在某些方面的相似性。自然条件是烤烟生产的重要约束条件，而烟叶品质差异是主导因素。因此，我们抓住区域的最突出特点——海拔、土壤和气候来进行生态区划。

（三）行政区划的完整性

为方便烟区内烟叶生产统一管理和指导，品质区划时尽可能保持行政区划的完整性，不打破县级行政界限。虽然这样可能会给区划造成困难，在一定程度上降低区划的准确性，但却增加了区划的可行性和应用性。

二、生态区划方法

（一）评价指标的选择

1. 选择原则

（1）主导因子原则 虽然烟叶整个生长期内的气候条件对烟叶质量均有影响，不同阶段的影响存在明显的差异，因此，只选择影响烟叶品质形成的主导气候因子。

（2）因子简化的原则 影响烟叶产量和品质的气候生态因子较多，选择的因子应宜少不能宜多。

（3）因子共性的原则 由于各地气候条件差异较大，且影响烟叶的品质的主要因子也存在差异，为了方便计算，选择了影响烟叶品质和产量的有共性的气象因子和土壤因子。

2. 评价指标的确立

按照指标选择原则，参考《中国烟草区划》，我们选择了海拔、土壤和气候三大类生态影响因子，从 30 多个指标中我们选择了移栽伸根期平均气温、旺长期平均气温、成熟期平均气温、移栽伸根期降雨量、旺长期降雨量、成熟期降雨量、大田期日照时数、土壤有机质、土壤 pH 值、土壤速效氮含量、土壤速效磷含量、土壤速效钾含量、海拔、土壤类型等 14 个生态指标。

（二）评价指标的赋值

1. 隶属度函数

在模糊数学中，以隶属度作为区分客观事物的模糊界限，隶属函数可用来表达隶属度。在烟草气象因素的评价中，某一气象因素的等级划分标准以及对烟草的影响程度可以用隶属度函数来表示。常见的隶属函数主要有抛物线型隶属函数和"S"型隶属函数，前者主要用于某个气象因素对烟草的影响既有下限，又有上限的情况；后者主要用于某个气象因素对烟草的影响只有下限，没有上限的情况。为了计算的方便，将其曲线型隶属度函数简化成为相应的折线形式，其函数形式和图形形式分别如下列函数式所示，式中人为强加了一个最低限 0.1，主要是考虑到如果只有某一个气象条件非常恶劣，烟草并不一定就绝收，同时也是为了方便计算。

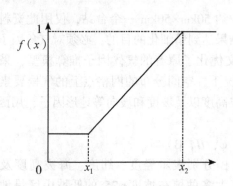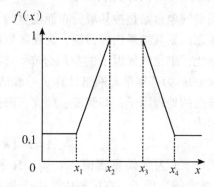

其评价指标的隶属度计算公式分别为：

$$f(x) \begin{cases} 1 & x_2 < x < x_3 \\ 0.9 \times \dfrac{x - x_1}{x_2 - x_1} + 0.1 & x_1 < x < x_2 \\ 0.9 \times \dfrac{x_4 - x}{x_4 - x_3} + 0.1 & x_3 < x < x_4 \\ 0.1 & x < x_1, \ x > x_4 \end{cases}$$

（抛物线型隶属函数）

$$f(x) = \begin{cases} 1 & x > x_2 \\ 0.9 \times \dfrac{x - x_1}{x_2 - x_1} + 0.1 & x_1 < x < x_2 \\ 0.1 & x < x_1 \end{cases} \quad (\text{S 型隶属函数})$$

2. 评价指标的隶属函数类型和边界值的确定

根据各县生态因素平均值的散点图和不同香型烟叶对各项指标的最优区段要求，以模糊数学中的隶属函数关系，寻求参评因子实际值与隶属度之间的关系方程，从而建立隶属度函数。根据前边提到的烟草气象评价条件，对于烟草而言，各项评价指标除土壤中速效钾外显然适用于抛物线型隶属函数，土壤速效钾适用于 S 型隶属函数。因海拔和土壤类型对烟叶影响较大，因此对该两项指标采用专家打分法单独赋值。

（三）评价指标的权重

各评价指标对凉山烤烟香型形成的作用是不同的，因此需要对各评价指标影响作用的重要性分别赋予不同的权重。确定单项因素权重的数学方法比较多，本文是采用层次分析法确定各个生态因子的权重的。用层次分析法借用了软件项目管理领域常用的方法——专家赋值法（Wideband-Delphi），该方法让专家进行多轮背靠背打分和讨论，讨论时不透露打分人的姓名，经过反复打分和讨论，使大家的分数基本趋于一致（最大相差不超过 50%）时，取各专家的平均值，作为各因子的相对重要性。

（四）GIS 小网格推算

当前气象台站是按县域分布而设置的，约 50km×50km 一个台站，仅用此资料进行气候生态区划其结果比较粗糙。为使区划结果达到精细化的目的，必须对气象因子进行小网格化，细化气候因子的空间分布。本文优化了原有的气候因子推算模型，采取了 500m×500m 为基本单元网格计算。一般情况下，空间分布的网格点上的气候要素值取决于该点的地理因子，即经度、纬度、海拔高度以及坡度和坡向等地形因子，用函数公式表示为：

$$Y = F(\lambda, \varphi, H, \beta)$$

式中，Y 为气候要素值，λ、φ、H 和 β 分别表示经度、纬度、海拔高度及地形（坡度坡向等）因子。在区划中，由于烟草大多种植在坡度<25°的低坡山区旱地和稻田，在这里气候要素小网格化可忽略地形因子 β 的影响。将公式简化为：

$$Y = F(\lambda, \varphi, H)$$

由于不同气候要素指标受经度、纬度、海拔等影响不同，在小网格化中有区别地采取不同的方法计算。

（五）生态相似性评价

生态相似分析采用多维空间相似距离来度量各地间的相似程度，相似距离越大，相似程度越低；反之，相似程度越高。相似距离采用欧氏距离，其计算公式为：

$$d_{jk} = \sqrt{\sum_{i=1}^{n} (x_{ij} - x_{ik})^2}$$

式中，d_{jk} 为两地间的距离，x_{ij} 和 x_{ik} 分别为 j 地点和 k 地点第 i 个气候指标标准化处理后的数值，n 为气候指标的个数。根据湖南凉山州主烟区实际情况，将气候相似距离划分为 5 个等级，即 $d_{jk}<0.5$ 为高度相似，$0.5<d_{jk}<1.0$ 为较高相似，$1.0<d_{jk}<1.5$ 为中度相似，$1.5<d_{jk}<2.0$ 为较低相似，$d_{jk}>2.0$ 为低度相似。

(六) 适宜性指数评价

适宜性指数通过使用隶属函数标准化后的指标隶属度和相关系数法求出的各因子指标权重值计算得出，公式如下：

$P=\sum C_i \cdot P_i$；

P：生态适宜性综合得分，C_i：第 i 项指标权重，P_i：第 i 项指标单因素得分（公式）。

三、凉山产区生态区划

(一) 资料来源与处理

气象资料来源于凉山州气象档案馆，资料年代为 1991—2011 年的逐日气象资料，包括凉山州 9 个气象站的逐日平均气温、最高气温、最低气温、降水量、日照时数等资料。采取统计分析方法，分别计算分析了烟叶生长移栽伸根期、旺长期、成熟期的气温、降水、日照、积温、日较差和湿度等 18 个气象要素。

土壤数据来源与项目取样数据，共取样 350 个，检测指标包括土壤 pH 值、速效氮、速效磷、速效钾、有机质含量等，土壤类型数据来源于四川省农业科学院绘制的四川省土壤类型分布图，海拔数据来源于数字高程地图。

(二) 生态指标隶属度计算结果

1. 清甜香烟叶产地及最佳生态条件

根据样品专家评吸结果（图 2-1），典型清甜香主要分布在会东西南、会理南部、普格中部、宁南中部、盐源南部等烟区，该区域的烟叶清甜香香型风格突出；非典型清甜香主要分布在会理中部、会东中北部、盐源中部、冕宁、越西、德昌等烟区。

根据对各分布乡镇的生态因子进行聚类分析，确定出了清甜香烟叶最适宜生态条件，具体指标如表 2-1，进一步对数据统计分析，确定了各指标隶属度函数的类型和拐点（图 2-2、表 2-2）。

表 2-1 清甜香烟叶气象与土壤养分条件范围

	生态因子	适宜范围
	还苗和伸根期均温（℃）	18~25
	旺长期均温（℃）	20~28
	成熟期均温（℃）	20~25
气候	还苗和伸根期降水（mm）	100~120
	旺长期降水（mm）	200~250
	成熟期降水（mm）	500~600
	大田期日照（h）	750~850

（续表）

生态因子		适宜范围
	pH 值	6~6.5
土壤养分	有机质（g/kg）	20~25
	速效钾（mg/kg）	>200
	速效磷（mg/kg）	20~40

凉山分布
- 典型清甜香
- 非典型清甜香
- 其他

图 2-1 凉山清甜香烟叶分布

表 2-2 烟草生态条件评价中隶属度函数的拐点

指标	类型	x_1	x_2	x_3	x_4
还苗和伸根期均温	抛物线	13	18	25	35
旺长期均温	抛物线	10	20	28	35
成熟期均温	抛物线	16	20	25	35
还苗和伸根期降水	抛物线	80	100	120	200
旺长期降水	抛物线	100	200	250	400
成熟期降水	抛物线	300	500	600	800
大田期日照	抛物线	600	750	850	1 000
pH 值	抛物线	5.5	6	6.5	7
有机质	抛物线	15	20	25	35
速效钾	S 型	150	200		
速效磷	抛物线	10	20	40	80

（续表）

指标	类型	x_1	x_2	x_3	x_4
速效氮	抛物线	60	80	100	150
海拔	单独赋值（表2-4）				
土壤类型	单独赋值（表2-5）				

2. 生态指标隶属度计算结果

凉山州气候土壤各因子实测统计结果见表2-3，按照隶属度函数计算各指标的隶属度结果见表2-4，其中海拔高度和土壤类型根据查询资料结果进行单独赋值，赋值结果分别见表2-5和表2-6。

表2-3 凉山烟区各县生态条件均值

指标	德昌	会东	会理	冕宁	宁南	普格	西昌	盐源	越西
还苗和伸根期均温	21.39	20.26	18.98	17.39	23.28	20.87	20.75	15.58	16.45
旺长期均温	21.97	21.36	20.75	19.32	23.59	21.33	21.36	17.20	19.08
成熟期均温	21.99	20.71	19.97	19.96	23.68	21.33	21.80	16.67	20.09
还苗和伸根期降水	84.86	90.10	99.30	130.81	100.90	119.27	97.66	82.44	169.20
旺长期降水	213.40	244.50	222.83	224.69	234.11	257.95	250.93	175.08	216.17
成熟期降水	583.38	560.72	686.14	621.52	461.83	550.48	566.80	510.88	542.60
大田期日照	744.77	788.62	877.72	718.22	792.34	784.11	781.82	877.07	654.96
pH 值	5.61	6.65	6.31	5.60	6.25	6.12	5.79	6.79	5.81
有机质	33.12	20.68	25.62	18.86	31.46	31.22	29.61	28.46	40.76
速效钾	158.14	208.23	201.63	166.60	168.84	165.34	151.35	147.73	215.87
速效磷	72.92	35.23	31.77	109.49	79.48	38.91	74.81	18.62	105.05
速效氮	122.61	80.30	82.45	74.93	74.93	93.82	109.93	86.57	98.07

表2-4 凉山烟区各县生态条件隶属度

指标	德昌	会东	会理	冕宁	宁南	普格	西昌	盐源	越西
还苗和伸根期均温	1.000	1.000	1.000	0.890	1.000	1.000	1.000	0.564	0.721
旺长期均温	1.000	1.000	1.000	0.930	1.000	1.000	1.000	0.748	0.918
成熟期均温	1.000	1.000	0.994	0.991	1.000	1.000	1.000	0.251	1.000
还苗和伸根期降水	0.319	0.555	0.969	0.878	1.000	1.000	0.895	0.210	0.447
旺长期降水	1.000	1.000	1.000	1.000	1.000	0.952	0.994	0.776	1.000
成熟期降水	1.000	1.000	0.612	0.903	0.828	1.000	1.000	1.000	1.000
大田期日照	0.969	1.000	0.834	0.809	1.000	1.000	1.000	0.838	0.430

（续表）

指标	德昌	会东	会理	冕宁	宁南	普格	西昌	盐源	越西
pH 值	0.293	0.724	1.000	0.279	1.000	1.000	0.617	0.482	0.660
有机质	0.269	1.000	0.944	0.795	0.419	0.440	0.585	0.689	0.100
速效钾	0.247	1.000	1.000	0.399	0.439	0.376	0.124	0.100	1.000
速效磷	0.259	1.000	1.000	0.100	0.112	1.000	0.217	0.876	0.100
速效氮	0.593	1.000	1.000	0.772	0.772	1.000	0.821	1.000	1.000

表 2-5　海拔高度评价指标及隶属度

海拔（m）	$H<1\,600$	$1\,600m \leqslant H<2\,000$	$2\,000m \leqslant H<2\,100$	$2\,100m \leqslant H<2\,200\,m$	$H \geqslant 2\,200$
赋值	0.8	1.0	0.8	0.70	0.50

表 2-6　土壤类型评价指标及隶属度

土壤类型	赋值
红紫泥土、红棕紫泥土、黄红紫泥土、灰棕紫泥土、石灰性紫泥土、酸性紫色土、脱钙紫泥土、中性紫色土、砖红紫泥土、棕紫泥土、山原红壤	1.0
黄壤、黄壤性土、褐土、淋溶褐土、原生黄红壤、红壤性土、钙质紫泥土、棕壤、棕壤性土、棕色石灰土	0.8
暗紫泥土、钙质粗骨土、姜石黄泥土、冷砂黄泥土、砂黄泥土、石灰性褐土、酸性粗骨土、酸性棕壤、酸紫泥土、新积钙质黄砂土、新积钙质紫砂土、新积黄红砂土、燥褐土、中性粗骨土、黄褐土、黄棕壤、黄褐土性土	0.7
扁石黄泥土、赤红壤、褐红泥土、褐红土、褐土性土、红泥土、红色石灰土、黄红泥土、黄色石灰土、黄棕壤性土、矿子黄泥土、老冲积黄泥土、渗育钙质紫泥田、渗育黄泥田、渗育灰潮田、渗育灰棕潮田、渗育水稻田、渗育紫泥田、石渣黄泥土、新积土、暗褐土	0.6
暗黄棕壤、白鳝泥土、赤红壤性土、冲积灰棕砂土、灰棕潮泥田、灰棕潮砂泥田、老冲积黄泥田、漂洗黄壤、潜育水稻土、浅脚黄泥田、脱潜水稻土	0.5
暗棕壤、黑色石灰土、姜石锈黄泥田、淹育水稻田、潴育黄泥田、潴育灰潮田、潴育水稻土	0.4
白浆化暗棕壤、白鳝黄泥田、灰潮土、灰化棕色针叶林土、漂洗水稻土、棕色针叶林土	0.3
草甸风沙土、草甸沼泽土、低位泥炭土、高位泥炭土、泥炭沼泽土、沼泽土	0.2
草甸土、高山草甸土、高山灌丛草甸土、高山寒漠土、裸岩、山地灌丛草甸土、石灰性草甸土、石质土、未知、亚高山草甸土、亚高山灌丛草甸土	0.1

（三）生态指标权重计算结果

研究以生态适宜性为目标层，海拔、土壤和气候三个大类构成准则层，海拔、土壤类型、移栽伸根期平均气温、旺长期平均气温、成熟期平均气温、移栽伸根期降水量、旺长期降水量、成熟期降水量、大田期日照时数等 14 个生态因子构成方案层，邀请国内相关专家进行背靠背打分，将打分结果录入 Yaahp 3.0 软件，计算它们的判断矩阵一致性比例和权重。所得三大类准则层的判断矩阵一致性比例依次为0.006 3、0.007 2、0.012 5，均接近于 0，此说明它们都具有非常满意的一致性。

由于准则层 3 个大类各大类所包含的因子数目相差较大，某一类中因子数目少的计算权重就大，为此，我们在计算完所有因子的权重后，根据总权重和各类因子的数目，再一次进行了加权处理，用所得权重来计算适宜性指数，最终得出各生态指标权重结果见表 2-7。

表 2-7 生态指标权重统计结果

分类	生态指标	指标权重	合计
海拔	海拔高度	0.201	0.201
土壤	土壤类型	0.313	0.496
	pH 值	0.052	
	速效磷	0.043	
	有机质	0.034	
	速效氮	0.030	
	速效钾	0.024	
气候	成熟期均温	0.054	0.303
	大田期日照	0.050	
	还苗和伸根期均温	0.047	
	还苗和伸根期降水	0.046	
	旺长期均温	0.044	
	旺长期降水	0.040	
	成熟期降水	0.023	

（四）凉山州生态区划

1. 气候相似性评价

气候相似性评价结果见表 2-8，从中可以看出，凉山 9 个县中会东、会理和普格较高相似，冕宁、宁南、西昌、德昌较高相似。

表 2-8 凉山烟区气候相似性评价结果

	德昌	会东	会理	冕宁	宁南	普格	西昌	盐源	越西
德昌	—	1.43	1.68	0.85	1.05	1.26	0.78	1.29	1.15
会东	1.43	—	0.65	1.28	1.34	0.99	1.31	1.41	1.43

（续表）

	德昌	会东	会理	冕宁	宁南	普格	西昌	盐源	越西
会理	1.68	0.65	—	1.37	1.23	0.91	1.37	1.66	1.52
冕宁	0.85	1.28	1.37	—	0.86	1.26	0.56	1.41	1.187
宁南	1.05	1.34	1.23	0.86	—	0.94	0.57	1.62	1.15
普格	1.26	0.99	0.91	1.26	0.94	—	0.94	1.38	1.47
西昌	0.78	1.31	1.37	0.56	0.57	0.94	—	1.36	1.29
盐源	1.29	1.41	1.66	1.41	1.62	1.38	1.36	—	1.64
越西	1.15	1.43	1.52	1.19	1.15	1.47	1.29	1.64	—

2. 气候适宜性指数评价

根据本报告研究成果，笔者选择了移栽伸根期平均气温、旺长期平均气温、成熟期平均气温、移栽伸根期降水量、旺长期降水量、成熟期降水量、大田期日照时数 7 个指标进行空间统计，首先对各项指标分别在 GIS 小网格中采用克里金推算方法进行空间插值，计算方法为移栽伸根期平均气温、旺长期平均气温、成熟期平均气温与海拔高度相关，移栽伸根期降水量、旺长期降水量、成熟期降水量、大田期日照时数与经纬度相关，得出各指标在凉山烟区的分布情况（图 2-2 至图 2-11）。最后按照生态适宜性指标评价方法在 GIS 小网格运算中得出凉山烟区气候适宜性分布图（图 2-12）。

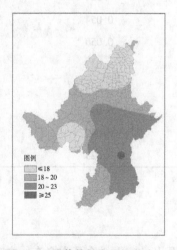

图 2-2　移栽伸根期均温分布　　　　图 2-3　移栽伸根期均温适宜性评价

在气候各因子分布图中，笔者可以看出凉山的光温资源较为丰富，但在空间上分布不平衡，主要表现为：在温度分布上，西低东高，除移栽—团棵期个别烟区温度偏低外，其余各时期气温均符合生产要求；在降水量分布上，时空分布不均匀，移栽—团棵期大部分烟区降水量偏少，在旺长期和成熟期降水量符合生产要求；在光照分布上，光照资源均充足。

在气候适宜性指数评价图中，笔者按照生态气候评价性指数凉山烟区的气候分为三类，即 P 为 0.9~1.0 是为最适宜区，P 为 0.7~0.9 是为适宜区，P 小于 0.7 时为次适宜区。最适宜区主要包括会理大部、会东东部和西部、宁南、普格中部，该区域生态条件优越，生态指标均能满足烟叶生产需求；适宜区主要包括会东中部、会理北部、德昌、普格大部、西昌大部、冕宁南部、越西南部、盐源西部和北部，该区域生态条件较好，仅个别生态指标不能满足烟叶生产需求；次适宜区主要包括盐源东南部、冕宁北部、越西北部，该区域生态条件一般，有多个指标不符合烟叶生产需求，需通过品种、技术改进提升烟叶质量。

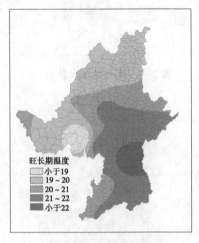

图 2-4　旺长期均温分布

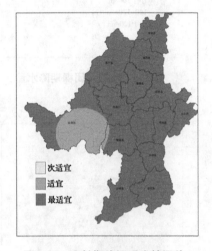

图 2-5　旺长期均温适宜性评价

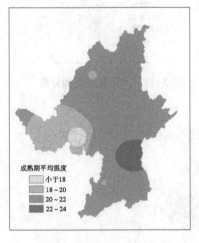

图 2-6　成熟期均温分布

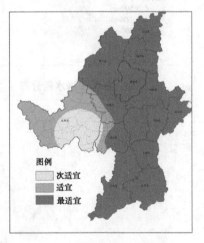

图 2-7　成熟期均温适宜性评价

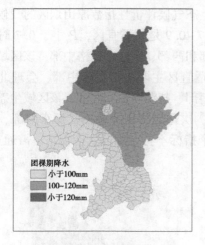

图 2-8　移栽—团棵期降水量

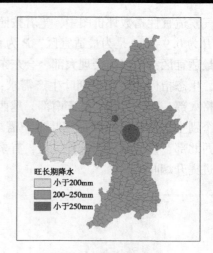

图 2-9　旺长期降水量

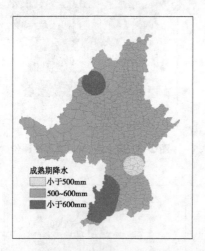

图 2-10　成熟期降水量分布

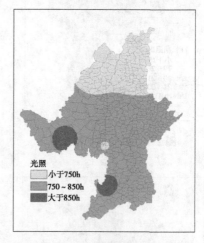

图 2-11　大田光照时间分布

图 2-12　凉山烟区气温综合评价结果

3. 凉山州土壤适宜性指数评价

土壤适宜性评价方法同气候适宜性评价，在土壤评价指标中笔者选择了海拔高度、土壤类型、土壤 pH 值、土壤有机质、土壤速效氮、土壤速效磷、土壤速效钾 7 个指标，按照隶属度函数法分别进行小网络空间插值分析，按照隶属度值将各因子分为最适宜、适宜和次适宜 3 类，然后进一步对表 2-7 的各指标权重采用指数和法进行土壤适宜性综合指标评价。

土壤单因子分析结果见图 2-13 至图 2-19，可以看出凉山烟区海拔较高，烟区主要集中在海拔 2 200 m 以下；土壤类型较多，以红壤和紫色土较适合烟叶生长；大部烟区土壤 pH 值适宜，土壤速效氮含量丰富，土壤有机质、速效磷和速效钾除会理、会东烟区适宜外，其余烟区均略低。

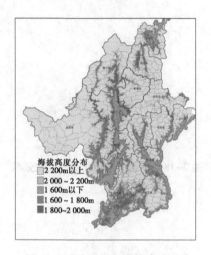

图 2-13　凉山烟区海拔高度分布

图 2-14　土壤类型适宜性分布

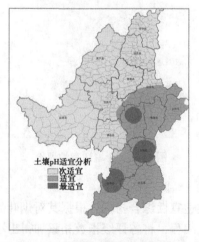

图 2-15　土壤 pH 值适宜性分布

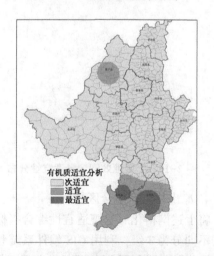

图 2-16　有机质含量适宜性分布

土壤适宜性指数评价结果见图 2-20，我们按照指数统计结果将凉山土壤分为次适宜、适宜和最适宜三类。最适宜区主要包括会理中南部、会东西部和东北部、宁南中部、盐源中部和东南部、西昌，该部分区域海拔适中，大部分为1 600~2 000m，土壤类型主要为山原红壤和酸性紫色土，土壤pH值最适宜，土壤养分含量适中；适宜区主要包括会东中部、德昌东部、宁南大部、会理北部、越西、盐源中北部、普格，该区域大部海拔为2 000~2 200m和1 600m以下，土壤主要用棕壤、红壤、紫色土，土壤pH值适中，土壤养分略偏低；次适宜区主要包括德昌西部、冕宁西北部，该区域海拔偏高或偏低，土壤养分偏低。

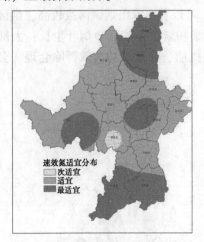

图2-17　土壤速效氮含量适宜性分布

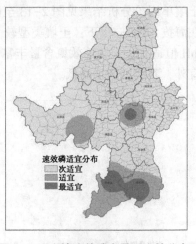

图2-18　土壤速效磷含量适宜性分布

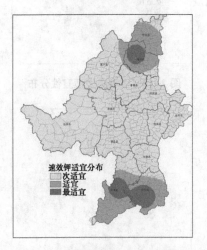

图2-19　土壤速效钾含量适宜性分布

图2-20　土壤适宜性评价

4. 凉山州生态综合区划

将上述网格化后土壤适宜性综合指标和气候适宜性综合指标，根据其对烟叶品质影响的不同分为3级，利用GIS软件系统和计算机编程，将各评级指数相累加得出小网格化综合指数，进行了凉山州烟草生态区划，区划结果见图2-20。区划结果中的按照综合指标得分划分为3个不同适宜区等级，即最适宜区、适宜区和次适宜区，划分结果见图2-21。

最适宜区主要包括会理大部、会东东部和西部、宁南、普格中部，主要包含的乡镇主要有芭蕉、新马、铁柳、龙树、火石、雪山、野租、富乐、拉马、野牛坪、光象、凤营、松平、长新、老口子、海坝、彰冠、对门、感到法、火山、白鸡、理当、撒者邑、江西街、鲁吉、法坪、老街、文箐、红果、堵格、横山、新街、新龙、大崇、红星、石梨、新华、西瑶、俱乐、竹寿、松林、杉树村、骑罗沟、景星、跌水、湖家、果洛、海子、大坪、台湾、东山、洛乌沟、雨水、莽窝、大箐、佑君、高草回族、基地、洛古坡、裕隆回族、马道、大兴、太和、开元、小庙、安宁、樟木箐、四合、额尼、洛哈、琅环、红莫、米市、热柯依达、依洛、洛莫、巴久、博洛拉达、沙马拉达、南阁、小坝、内东、李子、西河、北山、西溪、顺兴、高规、鲁基、鱼舯、金雨、黎洪、江竹、新安傣族、绿水、树堡、江普、普隆、黎溪、和口、新发、中厂、通安、竹箐、杨家坝、海潮、木古、关河、爱国、爱民、中心、海豚、新云、姜州、告诉、谭华、大同、西郊等，该区域生态条件优越，生态指标均能满足烟叶生产需求。

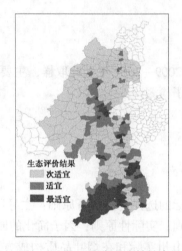

图 2-21 凉山烟区生态适宜性综合评价

适宜区主要包括会东中部、会理北部、德昌、普格大部、西昌大部、冕宁南部、越西南部、盐源西部和北部，主要包含的乡镇有云甸、藤桥、仓田、马鹿、锦川、金沙傈僳、南山傈僳族、王所、六所、德昌县、大湾、阿月、铁炉、黄水、接似、麻栗、阿七、黄联关、荞地、中坝、金河、平川、马鞍山、白马、巴汝、大坡蒙古族、腊窝、联合香、金林、宜拖、观非、喜得县、健美、乐武、河边、尼波、尔赛、然挖、贺波洛、地方、河里、南河、森荣、复兴、冕山、回龙、林里、心材、马拖、回坪、大瑞、拉白、南箐、中所、丁山、老碾、永郎、巴折、啊萨、小高、乐跃、泽远、马鹿、大湾、贡莫、银鹿、鹿鹤、普咩、新庄、淌塘、黄平、铁厂沟、岩坝、柏斌、发箐、干海子、岔河、双堰、新山、小街、生违反、溜姑、鲁南、城关、小黑箐、坪汤、马宗、龙泉、黄柏、传是、三地、白果湾、梁子、六民、下村、六华、稻谷、幸福、新村、跑马、新建、六铁厂、黎安、老里、普格县、甘天地、永安、吉乐、耶底、洛乌、大木槽、螺髻山、特补、孟甘、采乃、莱子、磨盘、夹铁、祝联、瓦洛、洛甘，该区域生态条件较好，仅个别生态指标不能满足烟叶生产需求。

次适宜区主要包括盐源东南部、冕宁北部、越西北部，主要包含乡镇茨达、大六槽、宽裕、巴洞、大山、树河、盐井、田湾、得石、前山、干河、马安、卫城、双河、右所、大河、下海、白乌、袄底、麦地沟、里庄、客家、瓦曲觉、保石、大桥、里箐、棉沙、锦屏、哈哈、瓦曲尔乌、青纳、大花、马龙、瓦里觉、四甘普、和爱、尔觉、惠安、河东、曹古、越西、拉吉、铁西、拉普、大屯、大桥、窝堡、飞商、彝海、板桥、瓦岩、科研、保安、及托、梅花、拖乌、冶勒、新、瓦音莫、书古、大六槽、大山、树河、田湾、得石、马安、右所、银厂、梅子等，该区域生态条件一般，有多个指标不符合烟叶生产需求，需通过品种、技术改进提升烟叶质量。

第二节　凉山烟叶品质区划

一、数据来源

烟叶品质数据主要来自 2009—2011 年烟叶取样，主要从烟叶外观、物理指标、化学指标和评吸四个方面开展了检测。

二、品质区划指标

（一）指标选择

凉山州烤烟品质区划指标的选择遵循如下原则：主导因子原则；因子共性的原则；区域差异性原则；稳定性原则；实际性原则；因子简化的原则；可操作性原则。

根据以上原则，结合凉山州实际和在烟叶品质构成方面的研究成果，选择总植物碱、还原糖、糖碱比、氮碱比 4 个化学成分检测指标和香气质、香气量、余味、杂气和刺激性 5 个评吸指标，进行烟叶品质综合评价。

（二）隶属度计算

对典型清甜香烟叶样品的 9 个指标进行聚类分析，得出了典型清甜香各指标的最佳范围，然后按照隶属度函数法进行赋值，赋值类型和拐点见表 2-9。

表 2-9　烟草质量评价中隶属度函数的拐点

指标	类型	x_1	x_2	x_3	x_4
还原糖	抛物线	25.20	28.20	31.10	37.10
总植物碱	抛物线	0.66	1.66	2.12	3.12
糖碱比	抛物线	6.90	14.90	19.10	27.10
氮碱比	抛物线	0.53	0.83	0.99	1.59
香气质 15	S 型	10.38	11.38		

（续表）

指标	类型	x_1	x_2	x_3	x_4
香气量 20	S 型	15.00	15.99		
余味 25	S 型	17.53	19.53		
杂气 18	S 型	12.19	13.19		
刺激性 12	S 型	7.85	8.85		

（三）各指标的权重计算

参考《中国烟区区划》的研究结果对烟叶化学成分的主要指标和评吸的主要指标进行权重赋值，结果见表 2-10。

表 2-10 烟草质量评价评价指标的权重

	指标	权重	合计
化学成分	还原糖	0.052	0.25
	总植物碱	0.063	
	糖碱比	0.095	
	氮碱比	0.040	
评吸	香气质（15）	0.23	0.75
	香气量（20）	0.230	
	余味（25）	0.110	
	杂气（18）	0.120	
	刺激性（12）	0.060	

（四）空间插值

将数据点进行栅格化处理，栅格化大小为 500m×500m，采用 IDW 方法在 gis 小网格中进行空间插值，使用栅格计算器计算烟叶品质评价指数。

（五）烟叶质量评价指数

质量评价指数通过使用隶属函数标准化后的指标隶属度和相关系数法求出的各因子指标权重值计算得出，公式如下：

$$P = \sum C_i \cdot P_i$$

P：生态适宜性综合得分，C_i：第 i 项指标权重，P_i：第 i 项指标单因素得分。

三、凉山烟叶品质区划结果

凉山清甜香烟叶品质区划结果见图 2-22，我们根据评价结果（P）将评价结果分为好、中、差 3 类，其中 P 小于 0.85 为差，P 为 0.85~0.90 为中，P 大于 0.90 为好。

质量较好的区域主要包括藤桥、老街、马鹿、马鹿、大木糟、黎溪、新龙、向阳、海坝、龙泉、新街、城关、岩坝、柏斌、淌塘、中所、爱国、堵格、普咩、光象、杨家坝、大瑞、马拖、竹箐、岔河、拉马、和口、野牛坪、江西街、永安、果洛、野租、铁炉、发箐、理当、红星、大山、大山、里箐、特补、小街、洛左、荞窝、心材、新马、巴洞、树堡、新、凤营、贡莫、马安、马安、书古、螺髻山、得石、得石、普隆、丁山、普格县、普雄、南箐、红果、拉白、铁厂沟、尔青地、大花、瓦音莫、金雨、贺波洛、绿水、尼波、大六槽、大六槽、新山、雨水、宜拖、依格地坝、芭蕉、海潮、古二、乐武、瓦岩、沙马拉达、尔赛、然挖、两河口、松林、博洛拉达、得吉、洛莫、保石、花灯等乡镇，该区烟叶外观质量特点为：颜色以橘黄为主，部分偏深橘黄和浅橘黄；成熟度基本为成熟；结构疏松；身份基本以适中为主，部分偏薄；油分以多为主，部分为多⁻水平；色度基本属强—浓范畴。该区烟叶化学成分含量及派生值特点为：还原糖含量、总糖含量基本适宜；总植物碱含量偏高；总氮含量略偏高；糖碱比、糖氮比偏低。该区烟叶感官评吸质量特点为：香气质较好；香气量较足；余味较舒适；杂气较轻；刺激性微有；劲头基本以适中为主，部分为适中⁺；浓度基本属中等—中等⁺范畴；质量档次以中等⁺—较好⁻为主，部分为中等和较好，整体质量档次较高，可利用性较好。

质量中等的区域主要包括孟甘、巴久、尔觉、瓦曲觉、西瑶、老口子、海豚、鸟史大桥、鲁南、瓦里觉、瓦曲尔鸟、鹿鹤、生违反、四甘普、双堰、采乃、金沙傈僳、撒者邑、拉吉、保安藏族、莱子、越西、下海、关河、祝联、特兹、喜得县、永郎、花山、跌水、夹铁、拉普、五道箐、梅花、冕山、爱民、海子、洛甘、横山、湖家、乐跃、木古、河东、特尔果、大同、金河、特口、马鞍山、铁西、雪山、科研、拖乌、及托、江竹、谭华、吉乐、通安、火石、南阁、飞商、月华、依洛、锦川、彝海、富乐、则约、黄柏、耶底、回坪、干河、林里、彰冠、米市、王所、新庄、洛乌沟、白鸡、礼州、大崇、大湾、大湾、鲁吉、曹古、骑罗沟、树河、树河、中厂、铁厂、田湾、板桥、宽裕、洛哈、感到法、石龙、复兴、洛乌、鲁基、马洪、黄平、后山、地方、鱼鲊、下村、额尼、法坪、瓦洛、大桥、泸古、新发、冶勒、宏模、先锋、红莫、大屯、李子、甘天地、台湾、白果湾、白乌、裕隆回族、河边、窝堡、内东、马龙、热柯依达、云甸、小高、漫水湾、传是、里庄、和爱藏族、新华、客家、青纳、锦屏、棉沙、南河、哈哈、麦地沟、坪汤、俱乐、干海子、大箐、松平、阿月、森荣、河里、溜姑、江普、安宁、健美、仓田、德昌县、惠安、回龙、啊萨、观非、小坝、接似、金林、梅子、西、杉树村等乡镇，该区烟叶外观质量特点为：颜色以橘黄为主，部分偏浅橘黄和深橘黄；成熟度基本为成熟，部分为成熟⁻；结构疏松；身份适中；油分多；色度属强—浓范畴。该区烟叶化学成分含量及派生值特点为：还原糖、总糖含量基本适宜；总植物碱、总氮含量略偏高；糖碱比较为适宜；糖氮比略偏低。该区烟叶感官评吸质量特点为：香气质较好；香气量较足；余味较舒适；杂气较轻；刺激性微有；劲头基本以适中为主，部分为适中⁺；浓度基本属中等—中等⁺范畴；质量档次以中等⁺—较好⁻为主，部分为中等和较好，整体质量档次较高，可利用性较好。

质量较差的区域主要包括袄底、西河、联合香、六民、铁柳、右所、右所、银鹿、琅环、盐井、东沟、前山、麻栗、小黑箐、景星、四合、北山、龙树、东山、老碾、白马、巴汝、泽远、大坡蒙古族、腊窝、明胜、开元、黄水、大兴、六铁厂、文箐、告诉、西溪、高规、巴折、黎安、竹寿、西昌市、黄联关、六华、长新、荞地、小庙、平川、洛古坡、大河、大坪、顺兴、太和、火山、新安傣族、中心、银厂、西郊、佑君、稻谷、梁子、马道、石梨、幸福、三地、基地、南山傈僳族、高草回族、老里、黎洪、六所、磨盘、卫城、樟木箐、茨达、马宗、对门、阿七、跑马、姜州、新云、响水、中坝、新村、新建、双河等乡镇，该区域烟叶化学成分不协调，评吸结果较差。

图 2-22 烟叶质量品质分布

第三节 凉山特色烟叶生产布局优化

一、凉山烟区生产布局优化依据

将生态适宜区划和烟叶品质区划结果进行叠加，即图 2-21 和图 2-22 空间叠加，结果见图 2-23，其中 A、B、C 分别代表生态区划的最适宜区、适宜区和次适宜区，1、2、3 分别代表烟叶品质好、中和差。

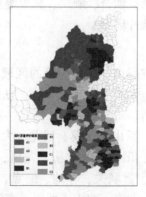

图 2-23 凉山烟区优化布局

二、凉山烟区生产布局

根据分析结果将凉山烟区划分为战略保障区、重点发展区、品质提升区以三个类型，其中战略保障区主要包括 A1、B1 和 C1 区域，品质提升区主要包括 A2、A3 区域，发展关注区主要包括 B2 和 B3 区域。

（一）战略保障区

该区域主要为烟叶品质较好的区域，又可以划分为品质维护区和技术挖掘区两类。

品质维护区主要为 A1 区域，该区域烟叶生态条件最适宜，烟叶品质较好，主要包括的乡镇为金雨、绿水、树堡、普隆、黎溪、和口、芭蕉、新马、竹箐、洛左、杨家坝、海潮、野租、拉马、爱国、光象、凤营、理当、红星、松林、向阳、雨水等乡镇，该区域重点制定相关政策维持区域发展。

技术挖掘区主要为 B1 和 C1 区域，该区域生态条件适宜或次适宜，但烟叶质量较好，主要包括鱼鲊、江竹、江普、新发、中厂、通安、新庄、木古、火石、雪山、富乐、爱民、海豚、彰冠、双堰、感到法、撒者邑、大祟、新华、谭华、大同、骑罗沟、跌水、花山、采乃、西、礼州、石龙、南阁、内东、永郎以及普咩、铁厂沟、岩坝、柏斌、发箐、岔河、老街、堵格、龙泉、果洛、大六槽、巴洞、大山、普格县、得石、马安、永安、大木糟、螺髻山、特补、洛莫、博洛拉达、沙马拉达、两河口、乐武、尔赛、然挖、贺波洛、保石、古二、尔青地、里箐、普雄、依格地坝、花灯、贡莫、心材、拉白、南箐、得吉、中所、大花、丁山、瓦岩、新、瓦音莫、书古、大六槽、大山、得石、马安等乡镇，该区域重点挖掘生产技术特点，以推广应用于其他类似区域。

（二）品质提升区

该区域主要为生态条件最适宜但烟叶质量中等或较差的区域，主要包括鱼鲊、江竹、江普、新发、中厂、通安、新庄、木古、火石、雪山、富乐、爱民、海豚、彰冠、双堰、感到法、撒者邑、大祟、新华、谭华、大同、骑罗沟、跌水、花山、采乃、礼州、石龙、南阁、内东、永郎以及黎洪、新安傣族、中心、长新、新云、姜州、对门、火山、幸福、基地、大兴、西郊、四合、顺兴、高规等乡镇，该区域重点关注技术研究和生产技术的提升，打造优质烟叶区域。

（三）发展关注区

该区域主要为生态条件适宜但烟叶质量中等的区域，主要包括鹿鹤、关河、黄平、松平、干海子、老口子、白鸡、溜姑、鲁南、鲁吉、法坪、坪汤、横山、传是、西瑶、俱乐、云甸、海子、锦川、台湾、田湾、吉乐、洛乌、孟甘、祝联、大箐、马鞍山、洛甘、安宁、月华、泸古、先锋、后山、宏模、回龙、大屯、科研、小坝、李子、特兹、特口、五道箐、马洪、漫水湾、田湾以及铁柳、龙树、文箐、告诉、景星、新村、跑马、南山傈僳族、大坪、六所、黄联关、荞地、磨盘、佑君、高草回族、洛古坡、马道、太和、小庙、响水、琅环、老碾、北山、西溪、东沟等乡镇，该区域作为烟区发展的潜力区域应加大技术研究，提升烟叶质量。

第三章 "清甜香"特色烟叶保持 与彰显技术研究

第一节 特色烤烟品种选育与筛选研究

一、清香型特色烤烟品种筛选

(一) 材料与方法

1. 材料

研究试验于 2010 年在四川省凉山州烟草公司技术推广中心试验地进行。供试试验地地势平坦，土壤类型为红壤，前茬作物为紫光苕子，土壤肥力均匀、中等，排水畅通，土壤基本理化性状为 pH 值为 5.87，有机质 17.78g/kg，碱解氮 136.85g/kg，速效磷 36.93g/kg，速效钾 95.93g/kg。

供试烤烟品种为红花大金元、中烟 103、K326、云烟 87、CF204、中烟 9203。由凉山州烟草公司统一供苗，采用漂浮育苗。

2. 试验设计

采用田间小区随机区组试验设计，供试品种共 6 个，每个品种作为一个处理，四行区，行长 15m，3 次重复，小区面积 72m²，主要栽培措施和田间试验管理同当地烤烟规范化生产技术，按处理和重复计产计质。试验代号和品种名称分别为：

T1：红花大金元；

T2：中烟 103；

T3：K326；

T4：云烟 87；

T5：CF204；

T6：中烟 9203。

试验由凉山州烟草公司统一播种育苗、起垄移栽。垄体高 25cm，宽 75cm，种植密度 110cm×55cm 折合 16 800 株/hm²，施肥量折合纯氮 90kg/hm²，N：P_2O_5：K_2O 比例 1：1：3，其中农家肥 7 500kg/hm²，硝酸钾 150kg/hm²，油枯 300kg/hm²，其他栽培管理措施严格同《凉山州优质烤烟生产技术规程》。

（二）结果与分析

1. 农艺性状

不同品种的主要农艺性状调查统计和比较结果详见表 3-1。由表 3-1 可以看出，不同品种间的有效叶片数、株高、茎围等都存在一定的差异，但差异不显著。目前烤烟生产中的合理留叶数均控制在 18~22 片，供试各品种的有效叶片数都为 19~21 片，在大田适宜的留叶数范围之内；单株最大叶片叶面积，以中烟 103 最大，显著大于其他供试品种，其他各供试品种间无显著性差异。

表 3-1　圆顶期烟株农艺性状

处理	有效叶数（片）	株高（cm）	茎围（cm）	最大叶长（cm）	最大叶宽（cm）	叶面积（cm²）
红花大金元	19.1a	104.6a	9.2a	69.1a	28.8a	1 277.9ab
中烟 103	20.6a	115.6a	9.0a	70.5a	32.4a	1 461.8a
K326	19.4a	105.4a	8.5a	69.4a	23.3a	1 028.9b
云烟 87	19.3a	102.2a	9.0a	69.6a	24.9a	1 104.2ab
CF204	20.6a	118.4a	9.1a	66.2a	26.9a	1 142.4ab
中烟 9203	20.3a	118.7a	9.1a	67.5a	29.8a	1 289.2ab

2. 经济性状

不同品种的重要经济性状调查统计和比较结果见表 3-2。从表 3-2 可以看出，不同品种的上等烟比例、上中等烟比例、均价之间没有明显差异。其中，中烟 103 的烟叶均价较高，为 13.5 元/kg；产量高低依次为中烟 103>CF204>中烟 9203>红花大金元>K326>云烟 87。产值是衡量烟草品种经济效能的综合经济性状，供试品种中中烟 103 的产值最高，为 30 621.7 元/hm²，K326 的经济效益最低，为 19 443.80 元/hm²。中烟 103 的产值除显著高于 K326 外，其与红花大金元、云烟 87、CF204、中烟 9203 等其他品种间的产值差异不显著。

表 3-2　经济效益分析

处理	上等烟比例（%）	上中等烟比例（%）	均价（元/kg）	产量（kg/hm²）	产值（元/hm²）
红花大金元	34.7a	80.7a	12.1a	2 143.5a	26 189.4ab
中烟 103	33.7a	85.7a	13.5a	2 245.9a	30 621.7a
K326	30.5a	81.2a	11.9a	2 105.8a	19 443.8b
云烟 87	32.5a	76.8a	12.0a	2 050.8a	24 660.3ab
CF204	35.1a	78.3a	12.9a	2 221.9a	28 950.8ab
中烟 9203	34.5a	78.2a	12.9a	2 152.5a	27 936.0ab

3. 化学成分

不同品种间的原烟化学成分化验分析和统计结果详见表 3-3。从表 3-3 可以看出，还原糖是红花大金元、中烟 103、CF204 的含量较高，均高于 K326、中烟 9203、云烟 87；总糖是红花大金元的含量最高；总碱与总氮是 K326 含量最高；钾是中烟 103 的含量最高；CF204 的氯含量最低。可以看出，红花大金元、中烟 103 和 CF204 的还原糖含量、总碱含量在清甜香烟叶的关键指标含量范围之内。

表 3-3 化学成分分析

品种	还原糖 （%）	总糖 （%）	总碱 （%）	总氮 （%）	钾 （%）	氯 （%）
红花大金元	26.17	31.25	1.82	1.86	2.67	0.15
中烟 103	25.93	27.86	1.75	1.72	3.24	0.24
K326	22.68	29.25	2.12	1.93	2.14	0.26
云烟 87	22.79	28.51	1.91	1.79	2.15	0.27
CF204	25.94	31.25	1.81	1.78	2.07	0.06
中烟 9203	25.73	31.17	1.59	1.73	2.82	0.21

不同品种化学成分派生值统计计算结果见表 3-4。从表 3-4 可以看出，不同品种烟叶化学成分的派生值也存在一定差异。其中，中烟 9203 的糖碱比最大，明显高于红花大金元、云烟 87、K326、中烟 103、CF204；CF204 的钾氯比最大，均高于其他品种；中烟 103 的两糖差最小，其余品种差异不大；不同品种的氮碱比、两糖比、糖氮比之间没有显著差异。根据化学成分派生值（糖碱比、氮碱比）分析，红花大金元、中烟 103 和 CF204 基本符合清甜香烟叶的关键指标范围，适合生产清甜香烟叶。

表 3-4 化学成分派生值分析

品种	糖碱比	氮碱比	钾氯比	两糖差	两糖比	糖氮比
红花大金元	14.38	1.0	17.80	5.08	0.84	14.07
中烟 103	14.82	1.0	13.50	1.93	0.93	15.08
K326	10.70	0.9	8.23	6.57	0.78	11.75
云烟 87	11.93	0.9	7.96	5.72	0.80	12.73
CF204	14.33	1.0	34.50	5.31	0.83	14.57
中烟 9203	16.18	1.1	13.43	5.44	0.83	14.87

4. 感官质量

通过专家评吸，显示不同品种的评吸质量之间存在一定差异。红花大金元的评吸结果为清香型，香韵特征明显，劲头中，浓度稍浓，香气质中上，香气量充足（+），余味尚舒适，微有生青杂气，微有刺激，有回甜感，微有干燥感，欠细腻，成团性中，烟气流畅自然（表 3-5）。

中烟103表现为清香型风格，香气特征较明显，劲头稍小，浓度稍淡，香气质中上，香气量尚足，杂气较轻，微有生青杂气，余味尚舒适，刺激性较轻，干燥感微有，成团性中等。

K326表现为浓偏中香型，香气特征较明显，香气质尚好，香气量充足，浓度中等，刺激性较轻，干燥感微有，劲头适中，余味尚舒适，成团性中上。

云烟87属中偏清香型，香气中上，香气量充足，浓度中，劲头中，微有刺激，杂气较轻，微有生青杂气，余味尚舒适，成团性中等。

CF204属清香型，劲头中等，浓度稍浓，香气质中上（+），香气量充足（+），余味尚舒适，微有木质杂气，微有刺激，有回甜感，干燥感微有，细腻度中（+），成团性中上。

中烟9203属清偏中香型，劲头中（-），浓度稍浓，香气质中，香气量有（-），余味尚舒适，有焦枯杂气，有刺激，尚有回甜，有干燥感，成团性中。

表3-5 评吸质量分析

品种	香型	香气质（15）	香气量（20）	余味（25）	杂气（18）	刺激性（12）	燃烧性（5）	灰分（5）	得分（100）
红花大金元	清香型	11.83	16.72	17.79	12.37	9.11	3	3	73.82
中烟103	清香型	11.67	15.12	17.52	13.45	8.84	3	3	72.6
K326	浓偏中	11.32	15.21	18.41	13.48	8.79	3	3	73.21
云烟87	中偏清	11.48	16.27	18.59	13.23	8.84	3	3	74.41
CF204	清香型	12.13	16.53	17.48	12.15	9.12	3	3	73.41
中烟9203	清偏中	11.04	14.56	17.23	12.02	8.25	3	3	69.10

（三）小结

根据凉山烟区对红花大金元、中烟103、K326、云烟87、CF204、中烟9203等品种比较试验结果，各供试品种不仅常规化学成分之间存在明显差异，而且感官评吸质量之间也存在一定的差异，其中红花大金元、中烟103、CF204评吸质量表现具有清甜香质量特色，红花大金元、中烟103、CF204三个烤烟品种烤后烟叶的化学成分及其派生值基本符合清甜香烟叶适宜指标范围。综合分析认为：红花大金元是适宜在凉山烟区种植的清甜香质量特色烤烟品种，中烟103、CF204可以作为后备品种。

二、特色新品种"川烟1号"选育

烤烟新品种"川烟1号"以优质、抗病、丰产品种中烟100为母本，以优质、稳产、适应性广、抗逆力强、耐肥和易烘烤品种云烟85为父本配制的 F_1 代杂交种。

（一）育种目标及选育过程

1. 亲本特点

母本：MS中烟100植株桶形，着生叶数24片左右，可收叶20~22片。高抗赤星病、黑胫病，中抗根结线虫病，气候斑点病轻，中感黄瓜花叶病、青枯病，感普通花叶病。该品种一般亩产170kg，主要化学成分协调。原烟评吸香气质较好，香气量较足。该品种适应能力较强，在西南、华中、黄淮、东南、东北等肥水条件较好的烟区均适宜种植。该品种较耐肥水，抗病性较好，但要注意综合防治花叶病，青枯病频发区或重病区不宜种植。

父本：云烟85株式塔形，株高150~170cm，节距5~5.8cm，茎围7~8.03cm，叶数24~25片，腰叶长椭圆形。田间生长整齐，腋芽生长势强。高抗黑胫病，中抗南方根结线虫病，感爪哇根结线虫病，耐赤星病和普通花叶病。亩产量150~200kg。原烟化学成分协调，评吸香气质好，香气量尚足，劲头适中，刺激性微有，余味尚舒适，燃烧性强，灰色灰白。耐肥性强，容易烘烤。

2. 选育和试验过程

2005年，在烟草研究所通过人工杂交配制多个杂交种组合；2006年在西昌进行了多个F$_1$代杂交种的品种比较筛选；2007年进一步进行品种比较试验；2008年，对表现好的品系进行了中试试验，并对该品系的配套生产技术进行了初步研究；并对该品系的配套生产技术进行了初步研究；2009—2010年参加全国区试，同时在四川省开展生产示范试验；2011—2012年参加全国生产试验，同时在四川省进行生产试种。主要选育过程见表3-6。

表3-6 选育与试验过程

年份	选育经过
2005	配制杂交组合
2006	组合筛选
2007	品种比较试验
2008	小区试验
2009	全国区试、小区试验、配套试验
2010	全国区试、小区试验、配套试验
2011	全国区试、生产示范
2012	全国区试、生产示范

（二）选育结果分析

1. 主要植物学和农艺学性状

通过2009—2012年试验结果表明：QL-3田间长势强，生长整齐一致，主要性状变异系数小、遗传稳定。株式塔形，叶形椭圆，叶尖渐尖，叶缘波浪状，叶面略皱，叶色绿，主脉略粗，茎叶角度中等；花序集中，花色粉红色；移栽至中心花开放60d左右，大田生育期115~120d。QL-3平均打顶株高、叶数、茎围和节距与对照品种相近，腰叶长宽均略大于对照（表3-7）。

表 3-7　烤烟新品系 QL-3 主要植物学和农艺性状比较

| 年度 | 试验 | 品种 | 株型 | 叶形 | 株高 (cm) | 叶数 (片) | 茎围 (cm) | 节距 (cm) | 腰叶大小 | | 大田生育期(d) |
									叶长 (cm)	叶宽 (cm)	
2009	品种比较	QL-3	塔形	长椭圆	114.90	19.93	9.95	5.29	71.65	29.52	126.70
		K326	塔形	长椭圆	102.07	21.87	9.72	4.02	67.84	27.55	126.70
2010	区域试验	QL-3	塔形	长椭圆	117.68	19.46	9.50	5.64	83.83	30.85	117.70
		K326	塔形	长椭圆	100.11	21.14	9.45	4.07	70.41	25.33	119.00
	品种示范	QL-3	塔形	长椭圆	118.00	19.10	10.70	5.20	88.00	31.00	114.00
		云烟85	桶形	长椭圆	120.00	19.00	9.90	5.30	73.00	27.00	120.00
2011	生产试验	QL-3	塔形	长椭圆	109.06	20.30	8.69	4.98	66.07	28.55	127.40
		K326	塔形	长椭圆	103.78	22.28	8.91	4.23	64.52	25.03	128.40
2012	品种示范	QL-3	塔形	长椭圆	115.00	19.30	10.60	5.30	88.20	31.30	115.00
		云烟85	桶形	长椭圆	120.00	19.10	9.80	5.50	73.10	27.50	119.00
	平均				111.86	20.15	9.72	4.95	74.66	28.36	121.39

2. 重要经济性状

（1）烟叶产量。从 2009—2012 年的试验表明：QL-3 平均亩产量 164.9kg、比对照品种 K326 每亩增产 6.44kg，每亩比云烟 85 增产 5.04kg（表 3-8）。

表 3-8　2009—2012 年多地试验烟叶产量比较　　　　　　　　　（kg/亩）

| 年度 | 试验 | 地点 | QL-3 | 对照品种 | | 比对照增减 |
				K326	云烟85	
2009	区域试验	四省 11 地	168.75	153.28	—	15.47
	品种比较	四川凉山	167.00	—	163.80	3.20
2010	区域试验	四省 11 地	156.94	142.60	—	14.34
	品种比较	四川凉山	175.00	—	170.00	5.00
2011	生产试验	四省 11 地	150.90	154.94	—	-4.04
2012	示范试验	四川凉山	170.85	158.88	163.92	11.97 6.93
	2009—2012 年平均		164.91	152.43	165.91	

（2）原烟均价。2009—2011 年多地试验原烟均价可以看出，QL-3 比对照品种 K326 高 0.40 元/kg，比云烟 85 高 0.91 元/kg（表 3-9）。

表 3-9　2009—2012 年多地试验原烟均价比较　　（单位：元/kg）

| 年度 | 试验 | 地点 | QL-3 | 对照品种 | | 比对照增减 |
				K326	云烟 85	
2009	区域试验	四省 11 地	13.15	12.13	—	1.02
	品种比较	四川凉山	16.00	—	15.80	0.20
2010	区域试验	四省 11 地	13.99	13.32	—	0.67
	品种比较	四川凉山	15.80	—	13.50	2.30
2011	生产试验	四省 11 地	13.18	12.96	—	0.22
2012	示范试验	四川凉山	18.53	18.86	18.29	−0.33 0.24
	2009—2012 年平均		15.11	14.32	15.86	

（3）上等烟比率。2009—2012 年多地试验上等烟比率可以看出，QL-3 平均上等烟比率为 37.71%，比对照品种 K326 高出 2.0%，比云烟 85 上等烟比率高 4.4%（表 3-10）。

表 3-10　2009—2012 年多地试验上等烟比率比较

| 年度 | 试验 | 地点 | QL-3 | 对照品种 | | 比对照增减 |
				K326	云烟 85	
2009	区域试验	四省 11 地	29.34%	24.22%	—	5.12%
	品种比较	四川凉山	41%	—	43.1%	−2.1%
2010	区域试验	四省 11 地	34.51%	31.06%	—	3.45%
	品种比较	四川凉山	55%	—	40%	15%
2011	生产试验	四省 11 地	22.49%	22.73%	—	−0.24%
2012	示范试验	四川凉山	43.91%	44.27%	43.52%	−0.36% 0.39%
	2009—2012 年平均		37.71%	30.57%	42.21%	

（4）上中等烟比率。2009—2012 年多地试验上中等烟比率可以看出，QL-3 平均为 72.92%，比对照品种 K326 高出 1.34%，比云烟 85 品种上中等烟比率高 8.72%（表 3-11）。

表 3-11　2009—2012 年多地试验上中等烟比率比较

| 年度 | 试验 | 地点 | QL-3 | 对照品种 | | 比对照增减 |
				K326	云烟 85	
2009	区域试验	四省 11 地	77.35%	70.43%	—	6.92%
	品种比较	四川凉山	45%	—	45.4%	−0.4%
2010	区域试验	四省 11 地	80.45%	77.44%	—	3.01%
	品种比较	四川凉山	95%	—	83%	12%

（续表）

年度	试验	地点	QL-3	对照品种		比对照增减
				K326	云烟85	
2011	生产试验	四省11地	66.79%	66.86%	—	-0.07%
	2009—2011年平均		72.92%	71.58%	64.20%	

（5）经济效益。2009—2012年多地试验经济可以看出，多年多点试验结果表明：QL-3平均产值为2 501.65元/亩，比对照品种K326高出305.77元/亩，比云烟85低130.58元/亩。QL-3比对照品种具有较高的产值优势（表3-12）。

表3-12　2009—2012年多地试验烟叶经济效益比较　　（单位：元/亩）

年度	试验	地点	QL-3	对照品种		比对照增减
				K326	云烟85	
2009	区域试验	四省11地	2 241.22	1 875.78	—	365.44
	品种比较	四川凉山	2 722.00	—	2 588.00	134.00
2010	区域试验	四省11地	2 191.83	1 904.90	—	286.93
	品种比较	四川凉山	2 765.00	—	2 295.00	470
2011	生产试验	四省11地	1 990.54	1 992.49	—	-1.95
2012	示范试验	四川凉山	3 099.32	3 010.34	3 013.68	88.98 85.64
	2009—2012年平均		2 501.65	2 195.88	2 632.23	

3. 烟叶质量

（1）烟叶外观质量。从郑州院对2009—2011年区试样品的外观质量鉴定结果来看，参试品种的初烤烟叶颜色均以金黄色为主，正黄色为辅，部分微带青烟叶，对照品种K326的深黄色烟叶比例稍多，颜色相对较深，而QL-3原烟橘黄（金黄和深黄），成熟度好，色泽鲜亮，油分有，身份适中，烟叶外观质量总体优于对照品种（表3-13）。

表3-13　2009—2011年原烟外观质量比较

因素指标	档次	2009年		2010年		2011年	
		品种		品种		品种	
		QL-3	K326	QL-3	K326	QL-3	K326
颜色	金黄	79.09	67.27	65.00	79.00	50.00	60.00
	正黄	5.45	12.73	6.00	2.00	3.75	0.00
	深黄	5.45	10.91	8.50	8.00	27.50	25.00
	淡黄	0.00	0.00	0.00	3.00	0.00	0.00
	微带青	7.27	9.09	4.00	7.00	12.50	5.00
	杂色	2.73	0.00	9.50	1.00	3.75	10.00

（续表）

| 因素指标 | 档次 | 2009 年 | | 2010 年 | | 2011 年 | |
| | | 品种 | | 品种 | | 品种 | |
		QL-3	K326	QL-3	K326	QL-3	K326
成熟度	成熟	87.27	81.36	78.00	89.00	70.63	81.25
	尚熟	12.73	18.64	22.00	11.00	29.38	18.75
	欠熟	0.00	0.00	0.00	0.00	0.00	0.00
叶片结构	疏松	92.73	89.55	91.00	94.50	78.75	80.00
	尚疏松	7.27	10.45	9.00	5.50	21.25	20.00
身份	稍厚	0.00	0.00	0.00	65.00	2.50	15.00
	中等	85.91	68.64	77.50	35.00	90.00	82.50
	稍薄	14.09	31.36	22.50	0.00	7.50	2.50
油分	多	6.36	2.73	1.00	0.00	0.00	0.00
	有	85.00	71.82	80.00	77.00	83.75	85.00
	稍有	8.64	25.45	19.00	23.00	16.25	15.00
色度	浓	0.00	0.00	0.00	0.00	0.00	0.00
	强	21.36	20.00	18.00	13.00	8.75	5.00
	中	75.91	75.45	75.00	87.00	82.50	90.00
	弱	2.73	4.55	7.00	0.00	8.75	5.00
烤后烟叶平均长度		64.64	56.45	65.21	63.53	60.96	60.51

（2）烟叶化学成分。2009—2011 年中部烟叶化学成分分析来看，与云烟 85 相比，QL-3 的化学成分含量适宜、比例协调，QL-3 的总糖、还原糖、氯和总氮含量高于对照云烟 85，烟碱、钾含量低于云烟 85；与 K326 相比，QL-3 的烟碱、还原糖、总糖、氯、淀粉和总氮含量略低于 K326，钾离子含量略高于对照 K326，差异不大，QL-3 化学成分含量较适宜，协调性较好（表 3-14）。

表 3-14 烤烟新品系 QL-3 烟叶（C_3F）化学成分分析表

年度	试验	品种	总植物碱（%）	总氮（%）	还原糖（%）	总糖（%）	钾（%）	氯（%）	淀粉（%）
2009	区域试验	QL-3	2.85	2.29	23.26	28.96	1.66	0.24	3.89
		K326	2.87	2.31	23.23	28.35	1.63	0.24	3.59
	凉山试验	QL-3	2.17	1.86	22.34	27.29	3.08	0.15	—
		云烟 85	2.88	1.95	21.69	26.81	2.77	0.15	—
2010	区域试验	QL-3	2.35	2.02	22.28	27.69	1.88	0.32	4.13
		K326	2.65	2.12	22.35	25.96	1.74	0.36	3.82

（续表）

年度	试验	品种	总植物碱（%）	总氮（%）	还原糖（%）	总糖（%）	钾（%）	氯（%）	淀粉（%）
2011	生产试验	QL-3	2.46	1.93	21.14	26.09	1.72	0.30	3.96
		K326	2.65	1.88	23.76	28.19	1.85	0.32	4.08
	平均值	QL-3	2.45	2.02	22.25	27.50	2.08	0.25	2.99
		K326	2.72	2.10	23.11	27.50	1.74	0.30	3.83
		云烟85	2.88	1.95	21.69	26.81	2.77	0.15	—

（3）烟叶感官评价质量。2009—2011 年郑州院的鉴定结果来看，QL-3 的香气质与对照 K326 相当，杂气较少，劲头与对照 K326 相近，QL-3 的余味相对较好，感官质量档次略高于对照品种 K326（表 3-15）。

表 3-15　2009—2011 年原烟感官评价质量比较

项目	档次	2009 年		2010 年	
		品种		品种	
		QL-3	K326	QL-3	K326
香气质	中偏上	1	0	1	2
	中等	9	9	8	9
	中偏下	1	2	2	0
香气量	尚足	2	2	1	2
	有	9	9	10	9
浓度	较浓	0	0	0	0
	中等	11	11	11	11
杂气	有	11	8	5	7
	略重	0	0	6	4
劲头	中等	11	8	11	11
	较大	0	3	0	0
刺激性	有	9	8	9	9
	略大	2	3	2	2
余味	尚适	8	9	9	8
	欠适	3	2	2	3
燃烧性	强	11	11	11	11
	较强	0	0	0	0
灰色	灰白	11	11	11	11

（续表）

项目	档次	2009 年		2010 年	
		品种		品种	
		QL-3	K326	QL-3	K326
质量档次	中偏上	3	2	2	4
	中等	6	7	7	4
	中偏下	2	1	2	3
	较差	0	1	0	0

2011 年西南区生产试验工业评价为 QL-3 上部叶和中部叶各项指标均略低于 K326，但差异不显著（表 3-16）。

表 3-16 2011 年工业评吸结果

品种	叶位	质量评价分值						劲头	质量排序
		香气质	香气量	浓度	杂气	刺激性	余味		
QL-3	上部	5.83	6.03	6.63	5.53	5.93	5.83	6.43	3.00
	中部	6.20	6.43	6.40	5.87	6.10	6.00	6.13	3.00
K326	上部	6.50	6.77	6.83	6.40	5.67	6.20	6.83	1.00
	中部	6.70	6.77	6.57	6.53	6.07	6.33	6.30	1.00

4. 抗病性

（1）人工诱发鉴定结果。2009—2011 年四家承担病害抗性鉴定任务的科研单位，采用人工接种诱发鉴定的方式对黑胫病、青枯病、根结线虫病三种烟草根茎类病害和叶斑类病害赤星病及 TMV、CMV、PVY 三种病毒病，共七种烟草主要病害进行了抗性鉴定；现将 QL-3 在 2009—2011 年鉴定结果汇总如表 3-17 所示。

黑胫病：QL-3 的黑胫病的抗性略差，为中感黑胫病。

青枯病：QL-3 对青枯病的抗性与对照相当，均为中抗青枯病。

根结线虫病：从云南院的鉴定结果来看，QL-3 对根结线虫病抗性略差于对照品种 K326，为中感根结线虫病。

赤星病：将云南院与青州所的鉴定结果对照分析，QL-3 对赤星病的抗性为中感。

TMV：QL-3 均感 TMV，与对照品种 K326 相当。

CMV：QL-3 为感 CMV。

PVY：QL-3 对 PVY 的抗性略高于对照 K326。

综合来看，QL-3 中抗青枯病和赤星病，中感黑胫病、根结线虫病和 PVY，感 TMV 和 CMV；综合抗病力略差于对照品种 K326。

表 3-17　2009—2011 年西南烟区生产试验抗病性鉴定汇总表

项目	黑胫病			青枯病	根结线虫	赤星病			TMV			CMV	PVY
鉴定单位	青州所	云南院	总评	贵州所	云南院	青州所	云南院	总评	青州所	云南院	总评	青州所	牡丹江所
QL-3	MS	MR	MS-	MR-	MS	MS	MS	MR-	MS	S	S	S	MS
K326	MR	MR	MR	MR+	MR-	MS	MS	MR	MS	S	S-	MS	MS-

注：I：免疫；R：抗病；MR：中抗；MS 中感；S：感病；HS：高感

（2）田间自然发病观察结果。凉山烟区长期植烟，历年黑胫病、根黑腐病发生较为严重，但 QL-3 在冕宁、会理和会东三个示范县表现出较好的抗病性。特别是在气候斑点病的发生上表现尤为突出（表 3-18）。

表 3-18　2012 年 QL-3 大田示范病害调查表

处理	黑胫病		根黑腐病		气候斑点病		TMV	
	发病率（%）	病情指数	发病率（%）	病情指数	发病率（%）	病情指数	发病率（%）	病情指数
QL3	3.12	4.27	2.46	3.10	3.14	0.47	11.29	7.14
K326	3.25	4.30	4.50	3.57	79.10	38.1	25.33	21.42

（三）川烟 1 号最佳施肥技术

从多点正交试验结果来看，亩施氮量 9kg，氮磷钾比例 1：1：2，株距 55cm，的产量产值最高，可以兼顾产量与质量的提高，实现最大产值，并且施氮肥 9kg 与施氮肥 7kg 之间没有显著差异，但显著高于施氮肥 5kg；不同氮磷钾比列之间没有显著差异，不同密度之间存在显著差异，株距 55cm 与株距 50cm 之间存在显著差异。通过试验论证，在对烤烟川烟 1 号施肥时，推荐亩施氮肥 9kg，氮磷钾比例 1：1：2，株距 55cm，可以兼顾产量与质量的提高，实现最大产值（表 3-19、表 3-20）。

表 3-19　试验设计

处理	施氮量	氮磷钾比例	株距
T1	5kg	1：1：2	株距 45cm
T2	5kg	1：2：3	株距 50cm
T3	5kg	1：2：5	株距 55cm
T4	7kg	1：1：2	株距 50cm
T5	7kg	1：2：3	株距 55cm
T6	7kg	1：2：5	株距 45cm
T7	9kg	1：1：2	株距 55cm

（续表）

处理	施氮量	氮磷钾比例	株距
T8	9kg	1∶2∶3	株距 45cm
T9	9kg	1∶2∶5	株距 50cm

表 3-20　2010 年 QL-3 在不同施肥量和株距下产质量比较

处理	产量（kg/hm²）	上等烟比例（%）	上中等烟比例（%）	均价（元/kg）	产值（元/hm²）
T1	2 280	28.27	58.27	14.50	33 060
T2	2 460	30.93	70.93	14.50	35 670
T3	2 520	28.80	58.80	14.83	37 380
T4	2 610	28.80	58.80	15.00	39 150
T5	2 580	32.00	77.00	15.17	39 130
T6	2 610	29.87	64.87	15.17	39 585
T7	2 820	29.87	64.87	15.33	43 240
T8	2 580	32.00	77.00	15.50	39 990
T9	2 550	44.80	89.80	14.70	37 485

（四）栽培调制技术要点

川烟 1 号适宜西南烟区，尤其是四川周边地区种植。该品系较耐肥水，一般中等肥力地块可亩施纯氮 7~9kg。氮磷钾配比 1∶1∶（2~3），基追肥比例 6∶4，较为合适。栽植密度 1 100~1 200 株/亩，视田间长相和营养状况于现蕾或中心花开放时打顶，单株有留叶数 20 片左右。

成熟期叶片自下而上分层落黄明显，注意下部叶适熟、中部叶成熟、上部叶充分成熟采收，可采用上部 4~6 片叶充分成熟后一次性采收烘烤。采用三段式烘烤工艺进行烘烤，可适当调高变黄期和定色期的湿球温度，适当延长变筋稳温时间。一般在 38℃/36.5℃变黄稳温约 20h，烟叶达到 70%~80%成黄、片软；在 42℃/38℃时稳温约 16h，烟叶达到 90%~100%成黄；在 48℃/39℃时稳温约 20h，烟叶达到黄片黄筋、干片 1/3；在 54℃/40℃时稳温约 12h，烟叶干片；在 68℃/42℃时稳温，直到烟叶干筋。

（五）繁种技术要点

选择肥料中等偏上的地块，繁种田周围尽量不要有烟草种植，防止互传病虫害及自然杂交。行株距（110~120）cm×50cm，施肥量比常规良繁田高 20%左右。按 1∶3 比例种植父母本，由于两亲本花期基本一致，可同时播种种植。

盛花期集中进行授粉。晴天时上午 9—12 时为最佳授粉时间，遇到阴雨天，授粉要套袋，天晴时去掉。授粉结束后，保留顶端及以下的 3~4 个花杈，种子成熟过程中进行 2~3 次防虫，每株留 80~100 个蒴果。

种子收获时注意避免混杂，根据种子的成熟情况分批、逐果采收。要及时摊晾阴干，防止霉变，确保种子的活力和质量。

（六）小结

烤烟新品种川烟 1 号是根据四川省凉山州生态特点，在保证和提高原有种植品种产量和质量的前提下，以提高主要病害抗性、适当提高产量和适应性强为主攻目标。从 2005 年开始，配制多个不同杂种一代（F₁），通过多年筛选、试验、验证选育而成的优质、丰产、抗病、适应性强的烤烟新品种。

川烟 1 号田间生长整齐一致，遗传性状稳定。株式腰鼓，叶形椭圆，叶色绿，主脉适中，茎叶角度中，花色粉红色。田间长势强，移栽至中心花开放 60d 左右，大田生育期 120d 左右。打顶后平均株高近 120cm，可采叶 19 片，茎围 10.6cm，节距 5.2cm；平均腰叶长 88cm，宽 31cm。

平均亩产量 164.9kg、亩产值 2 501.65 元、均价 15.11 元/kg、上中等烟比例 72.92%，均不同程度高于对照品种 K326 和云烟。主要经济指标综合表现优于对照品种 K326 和云烟 85。

川烟 1 号对黑胫病、TMV、赤星病、气候斑的抗耐性均优于对照云烟 85。

川烟 1 号原烟橘黄（金黄和深黄），成熟度好，色泽鲜亮，身份适中，烟叶外观品质总体优于或相当于对照品种云烟 85。烟叶化学成分含量适宜、比例协调，与对照品种云烟 85 相比，糖含量略高，烟碱、总氮含量略低。感官质量评吸鉴定，川烟 1 号略高于云烟 85，与 K326 的质量档次相当。

该品种较耐肥水、产质量较高、对主要病害抗性好，适应性强，凉山及周边烟区均可种植。生育期与云烟 85 基本一致。中等肥力地块需肥量一般亩施纯氮 8~9kg，氮磷钾配比 1：1：（2~3），栽植密度 1 100~1 200 株/亩。该品种成熟时分层落黄好，耐成熟，易烘烤，可按常规三段式烘烤工艺烘烤。

三、特色品种适生区域的选择与布局优化研究

（一）不同生态区域特色烤烟品种适应性评价研究

1. 材料与方法

供试品种为红花大金元，由州公司统一供种。

（1）试验设计。试验采用同一栽培方式，于 2009 年在冕宁、西昌、会东开展。

试验育苗、整地、起垄、移栽、田间管理、采收烘烤等环节均严格按照凉山烤烟生产技术规范所规定的烟叶成熟采收、科学烘烤（三段五步式烘烤工艺）严格操作。各项农事操作及时一致，同一管理措施在同一天内完成。采收与烘烤时应对不同处理分别编号，每个小区的烟株全部采收烘烤并做好标记单独存放。

（2）调查项目及内容。于打顶后 15d 调查各个处理烟株的农艺性状：株高、有效叶片数、茎围、节距、最大叶长、最大叶宽等。

采烤期间单采单烤，单独存放，单独分级，烘烤完毕分别取各个处理的 B2F、C3F、X2F 三个等级的烟样 3kg，用于外观质量评价、化学成分分析及感官质量评吸。

统计各个处理的产量和产值，上中等烟比例。

2. 结果分析

（1）不同生态区域红大主要农艺性状。从表 3-21 中可以看出，腰叶长、腰叶宽、株高、有效叶数的数据西昌处理值最大，会东处理的数据排在第二位，但与西昌处理数据相差不大。顶叶长、顶叶宽、节距的数据均为会东处理最大，茎围数据会东处理与西昌处理并列第一。

表 3-21 不同区域红大农艺性状调查

处理	腰叶长（cm）	腰叶宽（cm）	顶叶长（cm）	顶叶宽（cm）	株高（cm）	有效叶数（片）	茎围（cm）	节距（cm）
冕宁	76.5	29.2	60.9	16.0	109.7	18.4	11.2	5.0
西昌	77.3	30.2	63.3	16.7	118.2	19.1	11.5	5.2
会东	76.9	28.6	65.2	17.7	117.5	18.8	11.5	5.3

（2）不同区域烤烟产量产值比较。产量、上中等烟比例数据西昌处理值排在第一位，会东处理位于第二位。上等烟比例冕宁处理排在第一位，其次是西昌处理。均价、产值数据会东处理明显大于其他两个地点数据，说明会东产区红大具有较高的经济价值（表 3-22）。

表 3-22 不同区域红大产量产值统计

处理	产量（kg/hm²）	上等烟比例（%）	上中等烟比例（%）	均价（元/kg）	产值（元/hm²）
冕宁	2 420	45.33	85.67	14.80	35 821
西昌	2 560	44.33	91.60	14.93	38 261
会东	2 440	40.43	86.33	16.07	39 201

（3）不同区域红大烟叶化学成分比较。由表 3-23 可知，冕宁地区红大烟叶糖分含量最高，但烟碱、总氮含量偏低，西昌地区红大烟碱含量相对较高，但钾含量较低，会东红大糖碱比氮碱比较为适宜，但两糖差较高，综合而言，以会东地区红大烟叶化学成分含量较为协调。

表 3-23 不同区域红大中部烟叶化学成分

区域	还原糖	总糖	总碱	总氮	钾	氯
冕宁	27.30	32.90	1.29	1.44	2.72	0.16
西昌	24.00	31.00	2.53	1.96	1.50	0.04
会东	24.60	32.20	2.04	1.62	2.24	0.05

（续表）

糖碱比	氮碱比	钾氯比	两糖差	两糖比	糖氮比
21. 16	1. 12	17. 00	5. 60	0. 83	18. 96
9. 49	0. 77	37. 50	7. 00	0. 77	12. 24
12. 06	0. 79	44. 80	7. 60	0. 76	15. 19

（4）不同区域红大评吸质量比较。会东区域红大评吸数据中，香气质、香气量好于其他两个地点红大评吸结果。刺激性与冕宁地区红大数据持平，杂气略大于冕宁区域数据。冕宁红大属中偏清香型，西昌红大属于中间香型，会东红大属于清香型，劲头三个地区红大均为适中，浓度上会东红大属于中等，其他两个区域属于中等+浓度。质量档次上会东红大为较好-，得分上会东红大为 76.2 分，高于其他两个区域红大（表 3-24）。

表 3-24 不同区域红大中部烟叶评吸质量

区域	香气质	香气量	余味	杂气	刺激性	得分
冕宁	11. 30	16. 00	19. 30	13. 20	9. 00	74. 80
西昌	11. 00	16. 00	19. 00	12. 83	8. 83	73. 70
会东	11. 75	16. 08	19. 83	13. 50	9. 00	76. 20

区域	香型	劲头	浓度	质量档次
冕宁	中偏清	适中	中等+	中等+
西昌	中间	适中	中等+	中等+
会东	清香	适中	中等	较好-

3. 小结

综合农艺性状、产量产值、化学成分及评吸数据，会东区域红大具有较好的农艺性状，较高的经济性状，化学成分协调，评吸得分最高，且质量档次好于冕宁及西昌区域红大。综上所述，会东烟区较适宜种植红大。

（二）凉山州烤烟品种布局

根据以上研究结果进行了凉山清香型质量风格烟叶生产的适宜区域和次适宜区域的划分，明确了清香型优质烟叶开发的重点区域，引导种植布局合理调整。

品种布局要求：以红大、云烟 85、云烟 87 为主，以云烟 97、K326、为辅，积极进行 QL 系列及津巴布韦等新品种区域示范。

红大适宜种植的海拔高度为 1 800~2 000m，土壤类型选择棕壤和紫色土。云烟 85 适宜种植在山原红壤和水稻土上。

云烟 87 适宜种植在海拔高度为 1 600~2 000m 的区域，土壤类型选择山原红壤和黄红壤。

通过项目研究，凉山州产区烤烟布局逐步趋于合理，品种特色得到充分发挥。典型
"清甜香"品种烤烟种植面积逐年增加（表3-25）。

表3-25 2009—2011年凉山州各县主栽品种汇总

年份	县别	云85	云87	红大
2009	德昌	26 997.0	24 666.0	1 315.0
	会东	62 190.0	—	103 560.0
	会理	76 512.2	65 360.1	96 287.2
	冕宁	26 124.0	31 010.0	4 966.0
	宁南	27 001.7	25 507.0	—
	普格	27 500.0	14 100.0	15 400.0
	西昌	17 029.0	15 424.0	7 466.0
	盐源	39 644.0	39 677.0	11 900.0
	越西	33 456.1	7 781.5	5 479.8
	合计	336 454.0	223 525.6	246 374.0
2010	德昌	46 219.0	31 436.0	13 702.0
	会东	36 440.0	—	92 360.0
	会理	56 580.0	55 415.0	84 950.3
	冕宁	13 151.0	31 625.0	5 000.0
	宁南	7 349.2	8 535.0	21 429.0
	普格	24 100.0	15 235.0	14 275.0
	西昌	7 700.0	12 210.0	9 850.0
	盐源	31 850.0	26 206.0	14 624.0
	越西	15 873.4	9 057.2	17 269.4
	合计	239 262.3	189 718.8	273 459.5
2011	德昌	60 512.5	35 809.0	7 914.0
	会东	64 913.0	—	110 874.0
	会理	69 026.7	66 973.0	100 000.0
	冕宁	8 842.0	31 905.0	13 325.0
	宁南	26 712.0	21 500.0	18 334.0
	普格	30 700.0	13 335.0	16 884.0
	西昌	11 456.0	16 987.0	5 232.0
	盐源	31 010.0	39 920.0	15 713.0
	越西	11 742.0	22 223.0	13 324.0
	合计	314 914.6	248 651.7	301 599.9

第二节　特色烟叶施肥技术研究

一、不同施氮量对烟叶质量特色的影响

(一) 材料与方法

1. 材料

试验于2011年在凉山州烟草公司技术推广中心试验地进行，供试土壤为黄壤土，地块平坦，土壤肥力均等，前茬作物为玉米，土壤基本理化性状为pH值为6.13，有机质17.44g/kg，碱解氮134.22mg/kg，速效磷37.45mg/kg，速效钾96.36mg/kg。

供试烤烟品种为红花大金元，由凉山州烟草公司统一供苗，采用漂浮育苗。

2. 方法

(1) 试验设计。本试验采用田间小区试验，随机区组排列，4个处理，3次重复，共12个小区，小区面积72m²，植烟4行，行长15m。具体试验设计如下：

T1：施氮量0kg/hm²；T2：施氮量45kg/hm²；T3：施氮量75kg/hm²；T4：施氮量105kg/hm²。

每个小区保证氮磷钾比例一致，均为N：P_2O_5：K_2O=1：1：3，为保持各处理养分总量一致，每个处理的氮磷钾不足的养分用硝磷铵、过磷酸钙、硫酸钾、硝酸钾等补齐。除试验因素外，移栽、施肥等其他管理措施严格按照《凉山州优质烤烟生产技术规程》进行。

(2) 调查与记载项目。

①农艺性状调查：农艺性状调查比较，按照行业标准YC/T 142—1998烟草农艺性状调查方法，叶面积比较按叶长×叶宽×0.634 5计算，根系体积采用排水法测定。

②产质统计：供试品种在田间移栽成活后，按处理和重复每个小区随机选取30株有代表性的生长整齐植株定株挂牌，烟叶进入成熟期后，按处理和重复单独采收，单独编竿，单独烘烤，烘烤技术采用密集式烤房、三段五步式烘烤工艺，烤后原烟单独存放，按照国标42级制进行分级标准单独分级计产、计质，分别统计烟叶产量、均价、上等烟比例、上中等烟比例和产值。

烤后原烟按处理分别提取上部叶 (B2F)、中部叶 (C3F)、下部叶 (X2F) 三个部位等级的烟叶样品各2kg，供烟叶化学成分化验分析、感官质量评吸和致香物质成分鉴定。

③烟叶化学成分化验分析：烟叶化学成分主要进行烟叶总糖、还原糖、总氮、总植物碱、钾、氯等6项常规化学成分指标分析。总糖和还原糖采用铁氰化钾比色法进行测定；总氮、总植物碱、钾、氯分别按照YC/T 33—1996，YC/T 34—1996，YC/T 35—1996，YC/T 173—2003，YC/T 153—2001进行测定，并运用推算法计算糖碱比 (还原糖/总植物碱)、两糖差 (总糖—还原糖)、氮碱比 (总氮/总植物碱)、钾氯比 (钾/

氮)。

④感官质量评吸鉴定:原烟样品按处理进行单料烟的香气质、香气量、杂气、刺激性、余味等指标的评定。评吸鉴定工作由农业部烟草产品质量监督检验测试中心依据农业部备案方法 NY/YCT 008—2002、YC/T 138—1998 进行。

(二) 结果与分析

1. 农艺性状比较

从表 3-26 可以看出,有效叶片数随着施氮量的增加呈现先增多又降低的趋势,T4处理的有效叶片数最多,显著高于 T1 处理;单叶重、株高、茎围、最大叶长、最大叶宽等随着施氮量的增加呈现逐渐变大的趋势,但是各处理之间差异不显著。

表 3-26 不同施氮量对农艺性状的影响

处理	有效叶数(片)	单叶重(g)	株高(cm)	茎围(cm)	最大叶长(cm)	最大叶宽(cm)	最大叶面积(cm)	顶叶长(cm)	顶叶宽(cm)
T1	15.5b	7.2	78.6	9.7	59.8	25.4	963.8	44.6	14.8
T2	17.1ab	7.8	97.8	10.6	68.6	26.7	1 166.5	48.3	16.7
T3	20.2a	8.13	101.7	11.4	77.7	28.2	1 390.3	50.5	18.3
T4	21.3a	8.36	106.6	11.9	80.4	29.4	1 499.8	51.2	19.2

2. 经济性状比较

从表 3-27 可以看出,施氮可以显著提高上等烟比例、上中等烟比例、均价,T3 处理的上等烟比例、上中等烟比例、均价最高;T3、T4 处理的产量、产值显著高于 T1、T2 处理,综合分析来看,T3 处理可以获得较好的产量与质量。

表 3-27 不同施氮量对经济效益的影响

处理	上等烟比例(%)	上中等烟比例(%)	均价(元/kg)	产量(kg/hm²)	产值(元/hm²)
T1	12.7b	47.3b	9.7b	122.7b	1 190.1b
T2	19.8ab	68.4ab	10.6a	146.7b	1 555.2b
T3	28.7a	86.8a	11.9a	180.6a	2 149.1a
T4	23.5a	74.5ab	11.2a	195.8a	2 192.9a

3. 化学成分比较

从表 3-28、表 3-29 可以看出,不同施氮量对红花大金元烟叶化学成分的影响不同。还原糖、总糖随着施氮量的增加呈现先升高后降低的趋势,T2 处理的还原糖含量较高,但是方差分析结果之间没有显著差异;总碱、总氮含量变化随着施氮量的增加呈现先降低又升高然后再降低的趋势,T1 处理的总碱含量最高,可能因为 T1 处理的烟株叶片数较少、株高较低有关;钾含量是随着氮素的增加呈现先升高又降低的趋势,可能因为氮素含量在较低水平时有利于钾素的吸收与利用,当氮素含量较高时可能对钾素有一定的限制作用；施氮量对烟叶氯含量没有明显影响。T2 处理的糖碱比高于 T1 处理，与 T3 处理、T4 处理的糖碱比没有显著差异；糖氮比是 T2 处理、T3 处理、T4 处理高于 T1 处理；施氮量对氮碱比、钾氯比、两糖差、两糖比没有明显影响，都在较适宜的范围内。

表 3-28 不同施氮量对烟叶化学成分的影响

处理	还原糖（%）	总糖（%）	总碱（%）	总氮（%）	钾（%）	氯（%）
T1	23.47	29.87	2.14	2.43	1.77	0.19
T2	27.56	33.15	1.47	1.74	2.15	0.21
T3	26.34	32.78	1.77	1.63	1.96	0.22
T4	25.96	32.43	1.92	1.58	1.84	0.19

表 3-29 不同施氮量对烟叶化学成分派生值的影响

处理	糖碱比	氮碱比	钾氯比	两糖差	两糖比	糖氮比
T1	10.97	1.14	9.32	6.40	0.79	9.66
T2	18.75	1.18	10.24	5.59	0.83	15.84
T3	14.88	0.92	8.91	6.44	0.80	16.16
T4	13.52	0.82	9.68	6.47	0.80	16.43

4. 感官质量比较

从表 3-30 可以看出，香气质、香气量随着施氮量的增加呈现先升高又降低的趋势；余味随着施氮量的增加得分逐渐增加；施氮量对杂气、刺激性、燃烧性、灰分没有明显影响；总分是随着施氮量的增加呈现先升高又降低的趋势，T1 处理的得分最低，香吃味较淡，T3 处理的得分最高，而且清香型香气突出，T4 处理趋向于浓香型质量特色，说明随着施氮量增加影响烟叶吃味，最终影响烟叶质量特色。

表 3-30 不同施氮量对烟叶评吸质量的影响

处理	香气质（15）	香气量（20）	余味（25）	杂气（18）	刺激性（12）	燃烧性（5）	灰分（5）	得分（100）
T1	11.07	15.64	18.74	12.23	8.56	2.9	2.9	72.04
T2	11.32	15.89	19.12	12.87	8.23	3.0	2.9	73.33
T3	11.31	16.17	19.53	13.06	8.67	3.0	3.0	74.74
T4	11.19	16.17	19.52	12.06	8.27	2.9	2.9	73.01

(三) 小结

清甜香烤烟适宜施氮量研究试验中，氮肥施用量为 $0 \sim 105 kg/hm^2$，凉山烟区主栽品种红花大金元随着施氮量的增加，烟叶还原糖、总糖、钾含量、评吸得分是先升高后降低。其中，施氮量在 $75 kg/hm^2$ 时，评吸得分较高，烟叶清甜香质量特色较突出；低于 $75 kg/hm^2$ 时，烟叶吃味平淡，质量较差；高于 $75 kg/hm^2$ 时，烟叶趋于浓香型质量特色。

综合分析结果表明，凉山烟区红花大金元的适宜施氮量是 $75 kg/hm^2$。

二、特色烟叶水氮耦合效应研究

(一) 材料与方法

1. 材料

试验于 2009 年在四川凉山州烟草公司烟科所进行。试验地土壤质地为红黄壤土，土层深厚，肥力均匀适中，地势平坦，有灌溉条件，前作绿肥光叶紫花苕。基础肥力，有机质 1.373%，pH 值为 4.81，全氮 0.086 3%，碱解氮 70.39mk/kg，速效磷 12.80mg/kg，速效钾 51.92mg/kg。供试品种云烟 85，5 月 10 日移栽。种植行距 120cm，株距 50cm。试验过程中，除施肥和灌水因素外，其他栽培管理措施同一般大田。

2. 方法

(1) 试验设计。本试验采用裂区试验设计，在塑料防雨棚内进行。主区为灌水，设三个处理，即 A：模拟当地常年自然降雨灌溉（CK）、B：灌水量 $30 m^3$/亩（旺长期 $20 m^3$，分两次灌溉，每次 $10 m^3$；圆顶期 $10 m^3$）、C：灌水量 $60 m^3$/亩（团棵后期灌水 $10 m^3$；旺长期 $30 m^3$，分两次灌溉，每次 $15 m^3$；成熟期 $20 m^3$，其中圆顶期 $10 m^3$，采烤阶段 $10 m^3$）。副区为氮用量处理，设 N 用量 6kg/亩、7kg/亩、8kg/亩三个水平，P_2O_5 和 K_2O 用量分别为 7kg/亩和 21kg/亩。共 9 个处理组合，27 个小区，每小区栽烟 20 株，小区面积 $12.5 m^2$（2.5m×5m），各小区间用塑料布隔离，塑料布埋深 60cm，以防水分和养分侧渗。完全随机排列，重复三次。灌水处理的灌水方法为沟灌。

肥源和施肥方法：氮肥用硝酸铵和含硝态氮 50% 的烟草专用复合肥（9∶9∶27），磷肥用钙镁磷肥，钾肥用硫酸钾和硝酸钾，三种肥料按要求进行配比使氮磷钾比例为 1∶2∶3。其中氮肥和钾肥的 70% 作基肥窝肥，与土壤混合均匀移栽时施用，20% 作追肥，于移栽后第 25 天在烟株一侧对水追施；磷肥全部作基肥施用。

(2) 测定项目。

①施肥前用 5 点取样法取试验地耕层（0~20cm）土壤测定基础肥力。

②分别于移栽前、移栽后 1 周、3 周、5 周、7 周、9 周、11 周、13 周、15 周和采收结束测定烟田 0~10cm、10~20cm、20~30cm、30~40cm、40~50cm、50~60cm 土层土壤含水量以及碱解氮、速效磷和速效钾含量。

(3) 分别在移栽后第 30 天、第 50 天、第 70 天、第 90 天取每小区有代表性烟株 1

株，冲根后拍照，称取其鲜重，并在105℃下杀青，60℃烘干，测定根、茎、叶（打顶后分上、中、下部位）干物质积累量，根、茎、叶样品单独烘干粉碎，过60目筛备测矿质养分含量。

（4）烟苗移栽后每15天测定一次烟株的株高、茎围、单株叶面积、叶片长×宽，每小区选5株，定点观测，分别记载。

（5）统计各处理烟叶的单叶重、产量、产值、均价、上等烟比例等经济性状。

（6）取各处理X2F、C3F和B2F烟叶各0.5kg，分析烤后烟叶的常规化学成分、矿质养分含量和致香物质含量。

（二）结果与分析

1. 水氮耦合对株高的影响

各个生育期株高随灌水量增大而增大，团棵期，各施氮处理株高随氮肥施用量的增加而增大，随灌水量的增加株高明显增加。灌水对旺长期烤烟的生长发育产生了显著的影响，即使是施氮6kg/亩的处理在水分充足的条件下烟株长势亦比施氮8kg/亩但水分不充足的处理旺，合理的施氮量使烟田土壤养分浓度趋于合理促进了烤烟生长发育。圆顶期各处理株高随氮肥施用量和灌水量的增加而增大，但差距不明显见表3-31。

表3-31 水氮耦合对烤烟株高的影响

处理	团棵期（cm）	旺长期（cm）	圆顶期（cm）
A6	18.19	40.40	104.00
A7	20.42	43.80	119.00
A8	20.95	43.90	121.50
B6	20.38	42.20	105.15
B7	21.45	45.23	121.11
B8	20.36	42.53	126.50
C6	21.15	50.00	102.25
C7	21.36	51.73	121.50
C8	21.72	50.87	129.65

说明，在同一施氮不同灌水量条件下，株高增长速度在旺长期前C处理>B处理>A处理，而在旺长期以后至圆顶期B处理>A处理>C处理，符合"干长根湿长苗"的植物生长规律；同时，也可以得出，烟株对适宜的水肥条件比较敏感，随着不同生育期灌水量增加，烟株增长速度并不呈现正相关，而是呈下降趋势。在同一灌水不同施N条件下，各施氮处理以7kg/亩为最佳。因此得出，烟株的生长不是灌水量或施N量越大越好，而是有临界值，适宜的水肥提高水肥有效耦合，才能满足烟株生长要求。

2. 水氮耦合对茎围的影响

从试验结果可以看出，茎围受灌水和施氮的影响，其变化规律性与株高一致，均随灌水和施肥量的增加而变大。团棵期 C8 茎围最大，但与 B8 差异不显著。旺长期和圆顶期茎围均以 C8 最大，但圆顶期 C8 与 C7 和 B8 差异不显著。旺长期灌水与施氮互作 C8 茎围最大，A6 茎围最小，其他处理组合差异不明显；不同灌水量与施氮的互作效应不同（表 3-32）。

表 3-32 水氮耦合对烤烟茎围的影响

处理	团棵期（cm）	旺长期（cm）	圆顶期（cm）
A6	1.22	7.07	7.61
A7	1.30	7.37	8.08
A8	1.32	7.91	7.57
B6	1.45	7.84	9.09
B7	1.50	8.00	9.15
B8	1.58	8.03	9.30
C6	1.43	8.20	9.00
C7	1.42	8.67	10.00
C8	1.59	9.00	10.00

3. 水氮耦合对烟田土壤水分含量和利用率的影响

水分产值效率随灌水量的增加而增大，不同水氮耦合效应之间存在一定差异。灌水处理随氮肥用量增大，水分产值率不断增大，水分利用率的高低决定于烟株耗水量和烟叶产量，降低耗水量或增加产量均可提高水分利用率（图 3-1 和图 3-2）。

在生育后期灌水处理结束后，虽然表层土壤的含水量差距很小，但深层土壤含水量仍然是灌水多的处理含水量大，随着耕层深度加大，差距越大。说明灌水处理提高了旺长后期和采烤阶段的土壤贮水量，保证了后期烟叶的充分成熟。

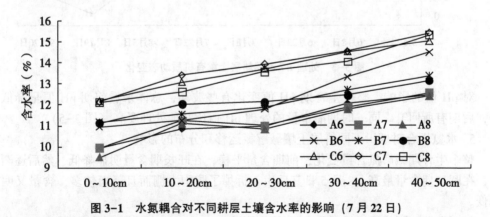

图 3-1 水氮耦合对不同耕层土壤含水率的影响（7 月 22 日）

灌水和施氮均能不同程度提高土壤水分利用效率，表明增施氮肥是提高水分利用率的有效方法。水分产值效率随灌水量的增加而增大，不同水氮耦合效应之间存在一定差异。灌水处理随氮肥用量增大，水分产值率不断增大。水分利用率的高低决定于烟株耗水量和烟叶产量，降低耗水量或者增加产量均可提高水分利用效率。

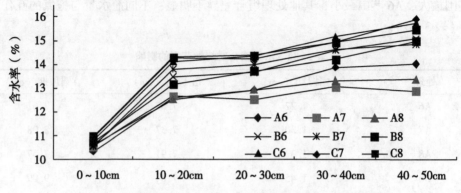

图 3-2　水氮耦合对不同耕层土壤含水量的影响（8 月 18 日）

4. 水氮耦合对烟田不同耕层土壤有机质和 pH 值动态变化的影响

水氮耦合对不同耕层土壤有机质含量的动态影响，从整个生育期来看，各个耕层土壤有机质含量大体呈现逐步降低的趋势，而且以 20cm 左右耕层土壤有机质含量最高，其次是表层土壤，耕层越深含量越低。各个处理的变化趋势类似，但灌水量和施氮量对有机质变化的影响规律不太明显（图 3-3、图 3-4）。

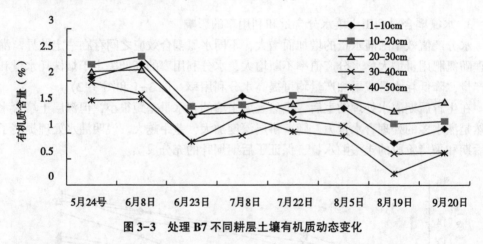

图 3-3　处理 B7 不同耕层土壤有机质动态变化

对 pH 值的影响，整个生育期 pH 值变化有些波动，总体来看前期 pH 值呈降低趋势，后期有所回升。同一时期灌水量的处理 pH 值比其他处理要高（图 3-5）。

5. 水氮耦合对烟田不同耕层土壤碱解氮运移和分布的影响

整个生育期碱解氮含量变化，前期含量平稳，在旺长期含量明显降低，然后逐渐上升，在圆顶期含量最高，8 月 5 日其后由于拆掉了防雨大棚而且降雨较多，含量又明显降低。

对团棵期不同耕层土壤碱解氮含量的影响，10~20cm 的含量最高，20~30cm 耕层的含量略低于 10~20cm 耕层，表层土壤的含量低于 10~30cm 耕层土壤的含量，30~

40cm 和 40~50cm 耕层碱解氮含量相当，低于其他处理。各个耕层随灌水量的增加碱解氮含量升高，即 C 处理大于 B 处理，B 处理大于 A 处理。在各个灌水处理内随着施氮量的增加，碱解氮含量升高（图 3-6）。

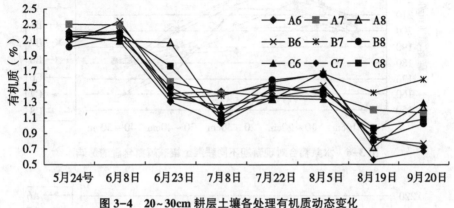

图 3-4 20~30cm 耕层土壤各处理有机质动态变化

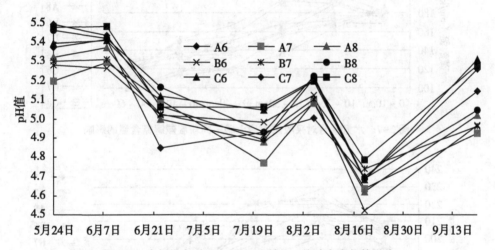

图 3-5 水氮耦合对 10~20cm 土壤 pH 值动态变化的影响

现蕾期到采收结束后，土壤碱解氮含量以 10~20cm 最高，0~10cm 耕层含量低于 10~20cm 耕层，其他耕层随耕层的加深含量呈递减趋势。采收结束后，各个耕层以施氮量最高的处理碱解氮含量最高，施 6kg 氮/亩的处理含量较低，而且 A6>B6>C6（图 3-7、图 3-8）。

6. 水氮耦合对烤烟干物质积累与分配的影响

灌水与施氮互作，纯氮 6kg/亩和 7kg/亩的处理，上部叶干物质积累随氮用量的增加而增大；施氮量达到 8kg/亩时，上部叶干物质重呈下降趋势。灌水量 60m³/亩与施氮 7kg/亩互作上部叶干物质重显著高于同一灌水量下其他处理组合。

由此可见，灌水量 60m³/亩与施氮 7kg/亩互作可对烤烟上部叶干物质积累产生显著影响，灌水促进了上部叶干物质积累，有助于后期开片，但施氮的促进作用比灌水更加显著。中部叶干物质积累随灌水和施氮量的增加而增多。不同水氮处理组合对根和茎的干物质积累影响不太显著。较大的灌水量不利于烟株根系、茎和下部叶的生长。

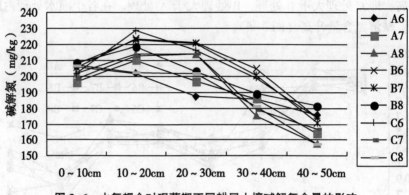

图 3-6 水氮耦合对现蕾期不同耕层土壤碱解氮含量的影响

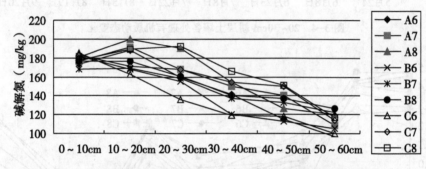

图 3-7 水氮耦合对采收结束后土壤不同耕层碱解氮含量的影响

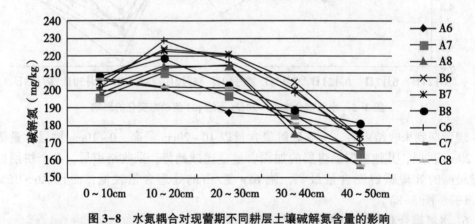

图 3-8 水氮耦合对现蕾期不同耕层土壤碱解氮含量的影响

　　干物质积累是反映植株生长发育动态的重要指标，在各种对干物质积累产生较大影响的因素中，氮素和水分显得尤其重要。如表 3-33 所示，各个处理组合各部位干物质重均表现，中部叶>茎>下部叶>根>上部叶的规律。灌水与施氮互作，纯氮 6kg 和 7kg/亩的处理，上部叶干物质积累随氮用量的增加而增大；施氮量达到 8kg/亩时，上部叶干物质重呈下降趋势。灌水量 60m³/亩与施氮 7kg/亩互作上部叶干物质重显著高于同一灌水量下其他处理组合。由此可见，灌水量 60m³/亩与施氮 7kg/亩互作可对烤烟上部叶干物质积累产生显著影响，灌水促进了上部叶干物质积累，有助于后期开片，但施氮的促进作用比灌水更加显著。中部叶干物质积累随灌水量和施氮量的增加而增多。不同水氮处理组合对根和茎的干物质积累影响不大。较大的灌水量不利于烟株根系、茎和下部叶的生长。

表 3-33 水氮耦合对烤烟旺长期干物质积累的影响

处理	干物质重（g）		
	全株叶重	根	茎
A6	38.56	13.26	17.08
A7	59.44	14.54	21.06
A8	64.92	14.62	18.25
B6	70.21	14.54	27.97
B7	83.37	18.27	27.52
B8	88.54	17.16	35.78
C6	81.53	15.34	26.32
C7	88.99	14.74	23.77
C8	101.47	17.06	33.125

7. 水氮耦合对烟田土壤氮肥利用率和氮肥贡献率的影响

总体来看，氮肥利用率随灌水量的增加而增大，灌水量小区各个处理氮肥利用率小于灌水量大的处理，随灌水量的增大，这一趋势表现的更明显。在 6~7kg/亩施氮范围内，各处理氮肥利用率随氮用量的增加而增大，但当氮肥施用量继续增加达到 8kg/亩时，氮肥利用率开始下降。说明灌水促进了烤烟对氮肥的吸收利用，灌水不足情况下，氮肥肥效难以充分发挥，造成利用率低。

氮肥对烟叶产量的贡献率随灌水量的增加而增大；同一灌水量与不同施氮量的互作效应不同，总体规律与氮肥利用率规律相似，在 6~7kg/亩施氮范围内，氮肥产量贡献率随氮肥施用量的增加而增大，但当氮肥施用量继续增加时，氮肥产量贡献率则开始下降。

8. 水氮耦合对烟田不同耕层土壤碱解氮运移和分布的影响

整个生育期碱解氮含量变化，前期含量平稳，在旺长期含量明显降低，然后逐渐上升，在圆顶期含量最高（图 3-9），8 月 5 日其后由于拆掉了防雨大棚而且降雨较多，含量又明显降低。对团棵期不同耕层土壤碱解氮含量的影响，10~20cm 的含量最高，20~30cm 耕层的含量略低于 10~20cm 耕层，表层土壤的含量低于 10~30cm 耕层土壤的含量，30~40cm 和 40~50cm 耕层碱解氮含量相当，低于其他处理（图 3-10）。各个耕层随灌水量的增加碱解氮含量升高，即 C 处理>B 处理>A 处理。在各个灌水处理内随着施氮量的增加，碱解氮含量升高。

现蕾期到采收结束后，土壤碱解氮含量以 10~20cm 最高，0~10cm 耕层含量低于 10~20cm 耕层，其他耕层随耕层的加深含量呈递减趋势。采收结束后，各个耕层同一灌水量以施氮量最高的处理碱解氮含量最高，施氮 6kg/亩的处理含量较低；同一施肥量，各耕层以灌水量低的处理碱解氮含量最高。说明在烤烟生产过程中，土壤氮残留量随处理的不同而不同，因此得出，水肥投入量并非与收入呈正相关，而是根据植物生长的需求合理进行操作，正确处理好饱与不饱和之间的关系，才能做到低投入高产出。

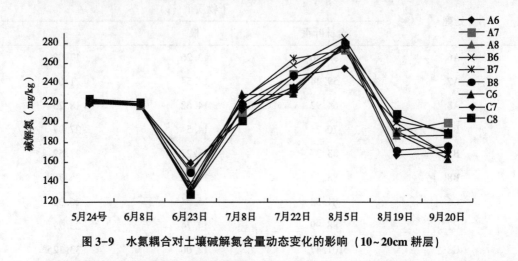

图 3-9　水氮耦合对土壤碱解氮含量动态变化的影响（10~20cm 耕层）

9. 水氮耦合对烤后烟叶品质的影响

烤后烟总氮含量随施氮量的增加而增大；A8 总氮含量最高，其次是 C8 和 B8；随灌水量的增加，烤后烟烟碱和总氮含量有所下降；总糖和还原糖有随施氮量增多而降低的趋势。烟碱含量随施氮量的增加而增大。随氮肥用量的增加，烤烟钾含量增大，灌水和施氮在一定程度上促进了烤烟对钾的吸收和利用，利于优质烟叶的形成（表 3-34）。

表 3-34　水氮耦合对烤后烟叶化学成分含量的影响

处理	烟碱（%）	总氮（%）	总糖（%）	还原糖（%）	钾（%）	氯（%）
A6	2.13	2.19	28.86	20.09	1.84	0.24
A7	2.46	2.23	24.43	17.21	2.06	0.24
A8	2.67	2.31	23.15	16.35	2.08	0.26
B6	2.22	2.03	27.91	18.41	1.97	0.19
B7	2.23	2.06	27.92	18.40	2.01	0.19
B8	2.58	2.13	27.34	18.96	2.04	0.19
C6	2.16	2.07	27.55	18.20	2.07	0.20
C7	2.19	2.09	28.92	19.49	2.09	0.18
C8	2.31	2.13	26.69	18.53	2.15	0.24

10. 水氮耦合对烤烟产量、产值的影响

图 3-10 所示，烤烟产量随施氮量增加和灌水量的增多而明显增大。灌水不足对烤烟的产量有很大的抑制作用，但是就试验来看，灌水量大和施氮量多的处理产量明显提高、烟叶较大、单叶重增加，对物理特性有一定影响。水氮耦合对产值的影响和对产量的影响不一致，在灌水量较大的条件下，施氮量 8kg/亩的产值不及 7kg/亩的产值高，说明水分供应充足时施 8kg/亩纯氮已经过饱和，在水分供应充足时应施纯氮 6~7kg/亩。

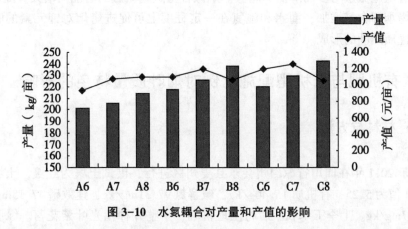

图 3-10 水氮耦合对产量和产值的影响

通过以上分析可知，灌水严重影响了烤烟的生长发育，肥料利用率的高低和土壤中养分浓度有关，浓度过低不利于作物对养分的吸收利用；只有在适当的浓度下，作物才会摄取较多的养分。水分不足影响了烤烟对养分的吸收利用，从而影响氮肥效益的发挥。在灌水条件下，氮肥水平对烤烟的生长有着积极的调控效应，适当增施氮肥促进了烤烟的生长。株高、茎围、单株叶面积均随灌水量和施氮量的增加而增大。旺长期烤烟各部位干物质重均随氮肥施用量和灌水量的增加而增大，中部叶和茎干物质表现得更明显。

不同水氮耦合水平，烤烟水氮运移、分布规律以及水氮利用状况不同。在施氮量 6kg/亩和 7kg/亩，随氮肥施用量的提高，产值上升，而过多施用氮肥，茎叶旺长，烤烟内含物质转化不充分，烟叶产值下降。在常年平均降水量基础上灌水 30~60m³ 与施氮 6~7kg/亩互作既可满足烤烟生长的需要，又可增强其对土壤水分的利用，提高水分产值率。

灌溉和施氮对烤烟的质量产生了重要影响。无论灌水多少，增施氮肥明显提高烟叶氮、烟碱、还原糖含量，但继续增加氮肥还原糖含量则降低。合理的水氮组合能协调烤烟各种化学成分含量，提高品质。综合各项指标，在常年平均降水量基础上补水 30m³ 与施氮 7kg/亩或补水 60m³ 与施氮 6kg/亩的处理，烤烟化学成分协调，品质好。随灌水量的增加，烤烟产量、产值增大，在 6~7kg/亩的施氮范围内，随氮肥施用量的增加产值增加，施氮量达到 8kg/亩产值降低。由此可见，烤烟施氮量存在一阈值，超过此值，烤烟产值将下降。

（三）小结

水氮耦合对烟田农艺性状、土壤水分、养分动态变化及烟叶品质具有明显的影响。在各个生育时期，株高和茎围均随灌水量增加而增大，其中，圆顶期株高随氮肥施用量和灌水量的增加而增大。水氮耦合对不同耕层土壤有机质含量呈现逐步降低的趋势，灌水 60m³/亩与施氮 7kg/亩互作可对烤烟上部叶干物质积累产生明显影响，促进上部叶干物质积累，有助于后期开片。氮肥对烟叶产量的贡献率随灌水量的增加而增大，总糖和还原糖具有随施氮量增多而降低的趋势。烟碱含量随施氮量的增加而增大。随氮肥用量的增加，烤烟钾含量增加，灌水和施氮在一定程度上可促进烤烟对钾元素的吸收和利用，利于优质烟叶的形成。

三、有机肥与无机肥配施比例对烟叶质量特色的影响

（一）材料与方法

1. 材料

试验于 2011 年在四川省凉山州会东县姜州区进行，供试土壤为红壤，土壤基本理化性状 pH 值为 5.25，有机质 15.40g/kg，碱解氮 97.31mg/kg，速效磷 47.15mg/kg，速效钾 97.07mg/kg。上季玉米收获后将土地耕翻、平整并种植光叶紫花苕。绿肥播种时间为 2010 年 9 月 12 日，于 2011 年 4 月 10 日整地时将全部绿肥翻压，翻压时光叶紫花苕地上部鲜草重约为 20 595kg/hm²，折合干物重 4 305kg/hm²。绿肥翻压后，于 4 月 23 日起垄施肥，5 月 10 日移栽。

供试烤烟品种为红花大金元，由凉山州烟草公司统一供苗，采用漂浮育苗。

2. 方法

（1）试验设计。试验采用田间小区试验，随机区组排列，6 个处理，3 次重复，共 18 个小区，各小区面积为 120m²。具体试验设计如下：

CK：烟草专用肥；

T1：菌剂腐熟的有机肥+烟草专用肥，用量为 7 500kg/hm²；

T2：光叶紫花苕+烟草专用肥；

T3：玉米秸秆+烟草专用肥，用量为 7 500kg/hm²。

对照氮肥用量为 75kg/hm²，各处理由烟草专用肥施入量均为 500kg/hm²。烟草专用复合肥和追肥分底肥和追肥，底肥 60%，追肥为 40%，追肥分别在团棵后进行，其他栽培措施严格按照《凉山州优质烤烟生产技术规程》进行。

（2）调查记载项目。

①农艺性状调查：农艺性状调查比较，按照行业标准 YC/T 142—1998 烟草农艺性状调查方法，叶面积比较按叶长×叶宽×0.634 5 计算，根系体积采用排水法测定。

②产质统计：供试品种在田间移栽成活后，按处理和重复每个小区随机选取 30 株有代表性的生长整齐植株定株挂牌，烟叶进入成熟期后，按处理和重复单独采收，单独编竿，单独烘烤，烘烤技术采用密集式烤房、三段五步式烘烤工艺，烤后原烟单独存

放，按照国标42级制进行分级标准单独分级计产、计质，分别统计烟叶产量、均价、上等烟比例、上中等烟比例和产值。

烤后原烟按处理分别提取上部叶（B2F）、中部叶（C3F）、下部叶（X2F）三个部位等级的烟叶样品各2kg，供烟叶化学成分化验分析、感官质量评吸和致香物质成分鉴定。

③烟叶化学成分化验分析：烟叶化学成分主要进行烟叶总糖、还原糖、总氮、总植物碱、钾、氯等6项常规化学成分指标分析。总糖和还原糖采用铁氰化钾比色法进行测定；总氮、总植物碱、钾、氯分别按照YC/T 33—1996，YC/T 34—1996，YC/T 35—1996，YC/T 173—2003，YC/T 153—2001进行测定，并运用推算法计算糖碱比（还原糖/总植物碱）、两糖差（总糖—还原糖）、氮碱比（总氮/总植物碱）、钾氯比（钾/氯）。

④感官质量评吸鉴定：原烟样品按处理进行单料烟的香气质、香气量、杂气、刺激性、余味等指标的评定。评吸鉴定工作由农业部烟草产品质量监督检验测试中心依据农业部备案方法NY/YCT 008-2002、YC/T 138—1998进行。

（二）结果与分析

1. 烟株株高和根系体积

从表3-35可以看出，增施有机肥的4处理团棵期、旺长期、打顶期和初采期的株高均高于CK，其中T1处理团棵期、旺长期、打顶期和初采期的株高最高，但方差分析结果差异不显著。团棵期的根系体积是T1最大，T2次之；旺长期的根系体积是T1最大，CK次之；打顶期的根系体积是T1最大，T2次之；初采期的根系体积是T1>T2>T3>CK。

表3-35　烟株株高和根系体积

处理	株高（cm）				根系体积（cm³/株）			
	团棵期	旺长期	打顶期	初采期	团棵期	旺长期	打顶期	初采期
T1	31.9	55.2	119.3	120.6	43.8	79.7	268.5	388.0
T2	28.9	52.5	118.3	113.7	34.8	60.0	189.0	356.5
T3	22.5	49.3	115.9	112.8	30.0	55.0	145.8	342.2
CK	25.6	48.3	113.8	109.7	34.2	64.8	145.7	313.4

2. 经济性状

从表3-36可以看出，菌剂腐熟的有机肥处理的产量及产值均优于对照，分别较对照提高10.86%和22.45%；光叶紫花苕处理的产值分别较对照提高8.90%和17.70%，玉米秸秆处理的产量及产值低于对照。菌剂腐熟的有机肥和光叶紫花苕处理的上等烟比例和均价均高于对照。

表 3-36　不同处理烤烟经济性状

处理	产量 (kg/hm²)	产值 (元/hm²)	上等烟比例 (%)	上中等烟比例 (%)	均价 (元/kg)
T1	2 556.90	26 463.92	29.13	79.78	10.35
T2	2 511.90	25 445.55	27.14	76.26	10.13
T3	2 257.45	22 597.07	15.50	79.40	10.01
CK	2 306.49	21 611.81	16.91	70.15	9.37

3. 化学成分

从表 3-37 可以看出，菌剂腐熟的有机肥和光叶紫花苕处理的含氮化合物烟碱和总氮含量都明显高于对照，总氮含量分别较对照提高 25.60% 和 17.30%；烟碱含量分别较对照提高 24.68% 和 29.20%。T3 处理含氮化合物烟碱和总氮含量都低于对照。从清甜香烤烟的关键化学指标的范围来看，只有 CK 的还原糖不在适宜范围之内，T1、T2 的烟碱含量均在适宜的范围之内。

表 3-37　不同处理烟叶化学成分

处理	总糖 (%)	还原糖 (%)	总氮 (%)	烟碱 (%)	氯 (%)	钾 (%)
T1	31.73	26.94	1.96	1.92	0.13	2.63
T2	31.45	26.51	1.83	1.99	0.12	2.91
T3	33.10	27.90	1.52	1.49	0.21	2.21
CK	30.25	22.94	1.56	1.54	0.17	1.98

从表 3-38 可以看出，T3 的糖碱比和糖氮比最大，比最低的 T2 高了 40.50%，这是与 T3 处理烟叶的含氮化合物量小有关；不同处理的烟叶氮碱比没有明显变化；钾氯比T3 最大，这是与 T3 处理烟叶含氯量比较高有关；两糖差 CK 最大，比最小的 T1 高出52.60%；四个处理的烟叶两糖比差别不大。从清甜香烤烟的关键化学指标的范围来看，只有 T3 的糖碱比不在适宜范围之内，氮碱比均在适宜的范围之内，T2、CK 糖氮比在适宜范围之内。

综合化学成分指标来看，T1 处理烟叶化学成分及其派生值更符合清甜香范围，其次是 T2 处理。

表 3-38　不同处理烟叶化学成分的派生值

处理	糖碱比	氮碱比	钾氯比	两糖差	两糖比	糖氮比
T1	14.03	1.0	20.08	4.79	0.85	13.74
T2	13.32	0.9	23.47	4.94	0.84	14.49

（续表）

处理	糖碱比	氮碱比	钾氯比	两糖差	两糖比	糖氮比
T3	18.72	1.0	10.42	5.20	0.84	18.36
CK	14.90	1.0	11.51	7.31	0.76	14.71

4. 感官质量

从表3-39可以看出，T1处理香气质好，香气量足，T2次之，两者都高于对照；T3处理低于对照。T1、T2和T3三个处理的余味和杂气得分都高于对照。综合来讲感官评析质量以施用菌剂腐熟的有机肥处理最好，其次为翻压绿肥处理，玉米秸秆处理感官评吸质量最差。

表3-39 不同处理烟叶的评吸质量

处理	香气质 （15）	香气量 （20）	余味 （25）	杂气 （18）	刺激性 （12）	燃烧性 （5）	灰分 （5）	得分 （100）
T1	12.5	16.5	19.5	13.5	8.6	3	3	76.6
T2	11.9	16.1	18.5	13	8.7	3	3	74.2
T3	10.1	15.1	19.2	13.5	8.8	3	3	72.7
CK	10.5	15.8	19	12.7	8.8	3	3	72.8

（三）小结

在烤烟生产中施用菌剂腐熟的有机肥和翻压光叶紫花苕均能有效地增加烟叶香气，包括香气质好，香气量足，综合提高烟叶感官评吸质量。施用菌剂腐熟的有机肥促进了烟株的生长发育，有效地增加产量和产值，有效地增加烟叶香气，包括气质好，香气量足，显著提高烟叶感官评吸质量，有机肥与化肥的配施，适宜的肥料配比是菌剂腐熟的有机肥 7 500kg/hm²，烟草专用肥施入的 N 量为 5.0kg/hm²。

四、红大专用复合肥研究与推广

红花大金元烤烟因其吃味醇正、香气质好等优点而受到卷烟企业的青睐。20 世纪八十年代，曾在国内广泛种植。但由于其存在易感黑胫病、病毒病、南方根结线虫病和赤星病，同时对肥料中的氮素敏感，不易准确掌握施氮量，导致烤烟产量低、烘烤难等问题，种植规模一度下滑。当时，红大施用的肥料是一种普通烟草专用肥，配方为：N：P_2O_5：K_2O = 12%：12%：24%，总养分为48%，该类型肥料的氮源主要是尿素，即缩二脲形态（$C_2H_5N_3O_2$）。施用该肥易造成烟草根系不发达，叶片薄，烤后烟叶颜色浅、香吃味平淡等问题。

近年来，随着我国"中式卷烟"概念的提出，红花大金元品种烤烟以它典型的清香型风格, 重新吸引了卷烟企业的目光。凉山烟区地处低纬度、高海拔, 生态条件十分适宜, 所产红大烟叶品质优良、风格突出。但是由于种植过程中所使用的普通型烟草专用肥已无法满足红大品种的需肥特性, 导致生产效益下降, 严重阻碍了红大种植规模的扩大。为进一步扩大凉山红大种植规模, 提高烟农种植效益, 深入挖掘红大品质特色, 项目组成功研制出了"红大专用复合肥", 获国家发明专利授权2项, 并在凉山烟区进行了大面积推广。

红大专用肥主要针对特色品种"红花大金元"品种易感黑胫病、相对于云烟85、云烟87、K326等品种烘烤难, 表筋黄片多, 产量、质量和效益低, 同时针对该品种对氮素敏感, 很难把握氮素营养调控的技术难题入手, 增加肥料自身缓冲能力, 增强烟株根系活力, 改善根际微环境, 在根际区域增加有益微生物, 拮抗土传侵染病害, 以充分彰显烟叶特色风格。

红花大金元烤烟用复合肥料由生物活性有机质1份、无机肥料15.4份和微量元素3.6份配制而成。其中生物活性有机质是从泥炭中提取的小碳链分子结构物质, 由C、H、O、N、S等元素组成, 它是一组芳香结构的、性质相似的酸性物质的混合物、是一种亲水性可逆胶体, 比重为1.33~1.45, 具有疏松的"海绵状"结构, 表面积为330~340m^2/g, 使其产生巨大的表面能, 构成了物理吸附的应力基础。生物活性有机物质所含的活性集团能与添加的微量元素发生螯合反应, 使微量元素转化成溶解度高、易被植物吸收的离子态, 因此具有固氮、解磷、解钾的功能。生物活性有机物质提取方法是: 泥炭用焦磷酸纳溶液(重量百分比浓度为15%)浸泡24h, 用40目网筛过滤前述溶液, 将收得的滤液加热蒸干水分后所剩物质即为本方法中的生物活性有机物质。无机肥料由含氮化合物、含磷化合物和含钾化合物以N:P:K=9:2:9.1(摩尔比)的比例配制而成: 含氮化合物为硝氨磷、硝酸钾中的至少一种; 含磷化合物为磷酸一铵; 含钾化合物为硝酸钾、硫酸钾、氯化钾中的至少一种; 含氮化合物中硝态氮占30%~50%, 以40%最优。微量元素为十水合四硼酸二钠($Na_2B_4O_7 \cdot 10H_2O$)、无水钾镁矾($K_2SO_4 \cdot 2MgSO_4$)、七水硫酸锌($ZnSO_4 \cdot 7H_2O$)和氯化钾配制而成, 其中B、Mg、Zn、KCl的重量比为1.8~2.2:3.6~4.0:1.8~2.2:0.9~1.1。红花大金元烤烟用复合肥料的制备方法为: 将生物活性有机物质加入无机肥料和微量元素料浆中, 在60~70℃反应, 料浆表面张力增大, 在浆槽中产生许多气泡, 在浆槽加入消泡剂, 破坏表面张力后进行喷浆造粒制得。进一步地, 每吨料浆钾消泡剂400~600ml, 优选为500ml; 消泡剂优选为菜籽油, 可提高烟叶品制、不污染土壤环境, 还有利于提高烟叶品质。红花大金元用复合肥料具有以下效果: (1)复合肥料中的生物活性有机物质与难溶性微量元素可以发生螯合反应, 生成溶解度好、易吸收的螯合物, 从而有利于根系吸收微量元素。复合肥料有较强的离子交换和吸附能力, 可以吸收存储钾离子, 使钾肥缓慢分解, 增加钾的释放量, 提高速效钾的含量; 经氧化降解的硝基腐殖酸, 可抑制尿酶活动, 减少氮素挥发、减少铵态氮的损失; 使迟效磷转化为速效磷。促进根系对氮、磷、钾及微量元素的吸收。(2)可补充土壤中的有机质, 改善土壤团粒结构, 打破土壤板结, 具有疏松土壤、增强保水、保肥、增肥、提高作物抗逆的能力; 调节土壤pH值和土壤水、肥、气、热状况, 提高土壤交换容量, 达到酸碱平衡, 提高土壤保水保肥能力; 促进土壤微生物的活动，使好气性的细菌、放线菌、纤维素分解菌的数量增加；加速有机质的分解转化，促进营养元素释放，便于作物吸收营养。使过黏、过砂或瘠薄土壤得到改良，使水、肥、气、热得到合理协调，提到土壤肥力。（3）生物活性物质是有机胶体，可直接胶结和吸附各种营养元素，具有长效、缓释、不挥发、不流失，可为植株提供整季营养。(4) 增强植物抗逆特性：能减少植物叶片气孔张开强度，减少页面蒸腾从而降低耗水量，使植物体内水分状况得到改善，保证作物在干旱条件下正常生长发育，增强抗旱性。红花大金元烟草用复合肥总养分含量为 N：7%~9%，P_2O_5：8%~10%，K_2O：26%~28%，施用于烟草植株后可防治烟株病害，增强抗涝性；激发烟株微观生物活性；缓释肥料，改善化肥及农药利用；提高营养吸收，促进烟株生产早生快发；加快被土壤固定、沉淀的矿质营养分解，长期使用可改善土壤微生物环境及土壤结构。

施用烟草用有机肥料后，可使烟株生长健旺，叶片宽大，烟叶易烘烤，香气量增加。且有机肥料能杀死有害病菌、寄生虫卵和杂草种子，施用后烟株生长健壮，叶片发育良好，上等烟比例、橘色烟比例均大幅提高，烤后烟叶色泽鲜亮、油润，原烟化学成分协调。施用红花大金元烤烟复合肥料后，烤烟植株生长良好，长势旺盛；产量增加9.78%，上中等比例烟叶提高4.9%，产值增加12.9%；烤后烟叶光泽鲜艳，油润，化学成分趋于协调，糖碱比、氮碱比、总烟碱均符合原烟化学成分质量评价标准。

现用红花大金元烤烟用复合肥料所生产的原烟叶和常规肥所生产的原烟叶常规化学成分进行对比，结果如表3-40。

从表3-40可以看出使用红花大金元专用肥后，烟草植株较对照生长良好，长势旺盛；产量较对照增加9.78%，上中等比例烟叶较对照提高4.9个百分点，产值较对照增加12.9%；烤后烟叶光泽鲜艳，油润，化学成分趋于协调，糖碱比、氮碱比、总烟碱均与中心值（原烟化学成分质量评价体系标准）非常接近。经过实验研究证明：红花大金元用复合肥料能改善土壤结构，促进烟株根系生长，促进叶片发育，提高烟叶质量，对特色优质烟叶生产可持续发展有积极作用。

表3-40 原烟叶常规化学分析成分对比

指标	红花大金元烤烟用复合肥料的样品	常规肥对照样品
烟碱（%）	2.09	2.20
总糖（%）	31.46	29.43
还原糖（%）	22.25	20.16
总氮（%）	1.76	1.71
总钾（%）	2.10	1.95
总氯（%）	0.20	0.17
两糖比	0.71	0.69
两糖比（下限）	0.80	0.80
钾氯比	10.50	12.30

（续表）

指标	红花大金元烤烟用复合肥料的样品	常规肥对照样品
糖碱比	10.66	9.16
糖碱比（中心值±允差）	11±2.5	11±2.5
氮碱比	0.84	0.78
氮碱比（中心值±允差）	0.85±0.15	0.85±0.15
总烟碱（%）（中心值±允差）	2.1±0.4	2.1±0.4

农田忽视有机肥料而长期施用无机化肥会造成土壤板结、有机质含量下降、养分供应不协调，土壤理化性状调节和土壤生物自我修复能力下降。同时大量作物秸秆的焚烧不仅浪费了良好的生物资源，还严重污染环境。农业部门目前非常重视农家肥的施用，大力推广种植绿肥、过腹还田、秸秆还田和厩肥还田改良土壤。但使用传统的未经充分发酵腐熟的有机肥，造成肥效滞后，植株后期徒长，贪青晚熟；另一方面，受有机肥中携带的病原物感染，植株病、虫为害加重。此外，厩肥、绿肥、秸秆施用后在腐熟过程中要消耗大量氧气，释放一些有机酸、丹宁，抑制作物生长。因此，现急需研发出新的工业化作物秸秆发酵方法以满足农业应用需求。

一种烟草用有机肥料及其制备方法要解决的技术问题是：提供一种烟草用有机肥料，它是由油枯和发酵基以 1:（0.0004~0.0006）的重量比发酵制得；所述发酵基成分为高、中、低温好养发酵有益菌剂，有益活菌数 4 亿~20 亿/g。其中，油枯也称菜油枯，是油菜籽榨油后的油渣。油枯含有机质 75%~86%，脂肪 12%~15%，蛋白质 30%~36%，氮 4%~5%，碳氮比低于 10:1，有机物质分解快、残留少。发酵基主要成分为高、中、低温好养发酵有益菌及常规辅料，有效养分≥6%，有机质≥35%，活菌数 4 亿~20 亿/g。且烟草用有机肥料为发酵基对油枯进行腐熟使发酵原料中的有机态 N、P 在微生物的作用下形成大量的腐殖质营养元素，能杀死有害病菌、寄生虫卵和杂草种子，消除恶臭，并具有升温快、腐熟彻底的特点。一种烟草用有机肥料及其制备方法要解决的第二个技术问题是提供上述烟草用有机肥料的制备方法，该方法具体为：将油枯粉碎至细度 1~3mm，加 $CaCO_3$ 将 pH 值调整到 6~7，加入油枯重量 0.04%~0.06% 的发酵基和油枯重量 40%~60% 的水搅匀，发酵后干燥即得。烟草用有机肥料的制备过程中油枯 pH 值调整到 6.5 时最佳。发酵基加入量为油枯的 0.05%。水的加入量为油枯的 0.48 倍。油枯在发酵过程中每隔 24h 需要翻抛一次，保证油枯通风透气，保持热量、水分、增殖的菌种分布均匀。发酵时间为 150~180h，优选为 168h。发酵成熟的油枯于 30~60℃进行干燥，可避免有益菌种被高温杀死，干燥后有机肥料含水量控制在 25%~35%；以 30% 最佳。该发明烟草用有机肥料的制备方法发酵时间短，成本低，制得的有机肥料游离氨基酸含量从 0.2% 提高到了 3.081%，其中 L-亮氨酸，L-天冬氨酸含量有大幅度的增加。应用于种植烟草土壤中，烟株生长健壮，叶片发育好，烤后烟叶色泽鲜亮、油润。

现对有机肥料的性质测定：对烟草用有机肥料发酵前后的油枯用氨基酸全自动分析

仪检测成分，具体见表3-41、表3-42。

表 3-41　未发酵油枯游离氨基酸含量

序号	保留时间	名称	纳摩尔数	校正因子	峰面积	峰高	含量（mg/100ml）
1	18.962	Asp	0.003 271	3.926 56e-007	1 249 394	32 472	0.435
2	20.759	Thr	0.000 714 4	4.962 66e-007	215 919	5 757	0.085
3	21.968	Ser	0.000 384 4	4.308 86e-007	133 832	4 724	0.040
4	23.476	Glu	0.001 163	4.712 93e-007	370 042	9 072	0.171
5	27.535	Gly	0.001 043	3.939 66e-007	396 984	9 887	0.078
6	28.554	Ala	0.002 554	4.645 19e-007	824 854	15 755	0.228
7	31.500	Cys	0	3.589 17e-007	0	0	未检出
8	32.822	Val	0.000 251 8	5.406 01e-007	69 877	2 819	0.030
9	34.707	Met	0	4.449 12e-007	0	0	未检出
10	36.920	Ile	0.000 141 9	5.249 4e-007	40 541	1 470	0.019
11	37.926	Leu	0.000 383 2	4.246 32e-007	135 382	4 217	0.050
12	39.851	Tyr	0.000 262	4.213 75e-007	93 282	4 323	0.047
13	41.568	PHe	0.000 820 8	3.668 5e-007	335 594	12 168	0.136
14	44.093	His	0.001 009	3.763 47e-007	402 311	12 891	0.157
15	46.340	Lys	0.000 731 5	4.088 44e-007	268 369	10 347	0.107
16	50.189	Arg	0.002 127	4.081 4e-007	781 566	16 743	0.370
17	79.957	Pro	0.000 700 2	8.514 13e-007	123 362	2 746	0.081
总计			0.015 56		5 441 309	145 391	2.034

1摩尔数=10^9纳摩尔数

表 3-42　发酵后油枯游离氨基酸含量

序号	保留时间	名称	纳摩尔数	校正因子	峰面积	峰高	含量（mg/100ml）
1	18.480	Asp	0.018 44	3.926 56e-007	4 696 445	110 961	2.454
2	20.355	Thr	0.006 372	4.962 66e-007	1 284 047	31 603	0.759
3	21.834	Ser	0.005 747	4.308 86e-007	1 333 686	27 181	0.604
4	23.488	Glu	0.036 06	4.712 93e-007	7 651 576	186 412	5.305
5	27.603	Gly	0.007 34	3.939 66e-007	1 863 048	46 143	0.551
6	28.647	Ala	0.041 08	4.645 19e-007	8 842 910	192 121	3.660
7	31.128	Cys	0.002 025	3.589 17e-007	564 153	13 400	0.245

（续表）

序号	保留时间	名称	纳摩尔数	校正因子	峰面积	峰高	含量（mg/100ml）
8	32.837	Val	0.030 06	5.406 01e-007	5 560 652	159 644	3.523
9	34.575	Met	0.003 074	4.449 12e-007	690 815	22 774	0.459
10	36.891	Ile	0.016 27	5.249 4e-007	3 098 750	92 663	2.134
11	37.889	Leu	0.030 52	4.246 32e-007	7 187 161	198 082	4.004
12	40.007	Tyr	0.008 775	4.213 75e-007	2 082 479	52 645	1.590
13	41.581	PHe	0.009 634	3.668 5e-007	2 626 178	90 058	1.592
14	44.191	His	0.004 014	3.763 47e-007	1 066 502	39 737	0.623
15	46.419	Lys	0.007 37	4.088 44e-007	1 802 752	75 076	1.078
16	50.261	Arg	0.005 826	4.081 4e-007	1 427 333	43 385	1.015
17	79.882	Pro	0.010 57	8.514 13e-007	1 241 971	31 461	1.217
总计			0.243 2		53 020 458	1 413 350	30.81

从表3-43和表3-44的数据可以得出发酵后油枯的以下数据：一是水解率：水解率=（发酵样品小肽和氨基酸的含量-未发酵样品小肽和氨基酸的含量）/总氨基酸含量=（12.93%-0.5%）/36.5%=34.05%。二是小肽含量：小肽含量=总含量-游离氨基酸含量=12.93%-3.08%=9.85% 。三是促进固体发酵酶解作用：发酵基在发酵过程中可以分泌胞外淀粉酶，可以利用不容易利用的碳源。结果表明：用氨基酸分析仪分析水提样品，游离氨基酸含量从0.2%提高到3.081%，其中L-谷氨酸，L-亮氨酸，L-天冬氨酸含量有大幅度的增加。小肽含量有大幅度提高，小肽和游离氨基酸总和达到12.93%，大大提高了油枯蛋白酶的水解性。将有机肥进行烤烟植株田间施用，用量设置三个水平，水平1为10kg/亩、水平2为20kg/亩、水平3为30kg/亩，对照为无机化肥，均在烤烟植株移栽前做底肥施用。

表3-43 施用不同用量油枯对烟叶经济性状的影响

处理	施用量	产量（kg/亩）	产值（元/亩）	均价（元/kg）	上等烟（%）	中等烟（%）	上中等烟（%）
油枯	1	163.11	1 127.00	6.91	8.21	66.79	75.00
	2	182.75	1 375.60	7.53	11.62	70.22	81.80
	3	167.70	1 288.30	7.68	17.71	61.42	78.90
对照		196.29	1 167.10	5.94	3.69	61.96	65.60

表 3-44 使用腐熟油枯原烟叶主要化学成分

处理	施肥量	烟碱(%)	±(%)	总糖(%)	±(%)	还原糖(%)	±(%)	总氮(%)	±(%)	钾(%)	±(%)	氯(%)	±(%)
饼肥	1	2.28	-22.71	23.30	-12.50	21.90	-10.84	1.88	-7.84	2.74	30.48	0.26	25.00
	2	2.44	-17.29	21.80	-18.20	20.50	-16.27	1.85	-9.31	2.63	25.24	0.21	20.00
	3	2.67	-9.49	23.50	-11.60	22.40	-8.72	1.77	-13.20	2.61	24.29	0.15	14.00
对照	—	2.95	0.00	26.60	0.00	24.50	0.00	2.04	0.00	2.10	0.00	0.01	0.00

从表 3-43 和表 3-44 可看出有机肥料产值高，有机肥对提高烟叶质量、增加烟农收入具有积极的促进作用。施用腐熟油枯后，原烟化学成分趋于协调，氯离子含量处于适宜范围，提高烟叶工业使用价值。烟碱含量降低，提高烟叶施用安全性。且种植烟草的土壤施用有机肥料后，能大大节约无机肥施用量，烟叶品质提高，烟农增收，促进烟叶生产可持续发展。第三方评价结果为：自两项专利配方研发成功以后，由凉山金叶化肥厂统一生产，供应全州，自使用红大专用肥后，改变了红大品种烘烤难的问题，烟叶品质进一步提高，产值增加，上中等烟比例增加，内在品种更趋合理，烟叶抗病性增强，减少面源污染。肥料利用率进一步提高，肥料由原来的 50kg/亩减少至 40kg/亩。省工降本效果明显。

五、施用生物有机肥对烟叶质量的影响

我国农业生产长期使用化肥，用量高达 97%。由于农作物对化肥的吸收仅为 20%～40%，其余 60%～80% 则残留在土壤中和流失于江河，使土壤养分及微生态平衡遭到破坏、有机质不断减少、农业生态环境污染、农产品品质不断下降，我国农产品出口也受到重金属含量偏高、农药残留超标的限制，严重制约了我国农业可持续发展。

目前全球对发展生态农业、绿色农业和有机农业，改善土壤结构和土壤微生态系统最根本的措施是使用生物有机肥。烟草专用生物有机复合肥在我国发展的历史不长，但专用肥的使用对改良烟田土壤和提高烟叶质量发挥了重要作用。近年来，随着我国烟叶生产的迅速发展，栽培技术不断革新，烟草种植制度的改变，烟草均衡营养、平衡施肥已成为优质特色烟叶生产的关键技术，新型优质高效专用肥开发已成为行业研究的热点，尤其是肥药双效生物有机肥的研制与应用，对于改良烟田土壤，稳定烟叶生产，促进烟草行业的可持续发展具有重要的意义。

肥药双效烟草专用生物有机肥富含烟草生长发育所需的各种营养元素和有机质，既具有无污染、无公害，肥效持久，壮苗抗病，改良土壤，提高产量，改善品质等诸多优点，又能克服大量使用化肥、农药带来的环境污染、生态破坏和土壤地力下降等弊端。主要特点有：

1. 改良土壤

肥药双效烟草专用生物有机肥中含有大量的腐殖酸和有机质，可活化土壤被固定、不利用的养分，提高土壤养分的有效性，促进土壤团粒结构形成，解决长期施用化肥造

成的土壤板结问题，改善土壤微生态环境，起到培肥地力和土壤修复的作用。

2. 提高肥力

肥药双效烟草专用生物有机肥中添加了高效的固氮、解磷、解钾细菌，有益微生物菌群持续不断活动，在高效固氮的同时，将土壤中积存的不能被吸收的磷和钾释放出来，降低烟草化肥施用量，提高烟草对肥料的利用率和烟田土壤肥力，还有助于减少施肥次数和肥料投入，降低劳动强度，实现烟叶生产节本高效。

3. 壮苗抗病

肥药双效烟草专用生物有机肥中添加了有益微生物菌，微生物组合的代谢产物能分泌出多种抗生素、植物生长激素和小多肽等代谢产物，不仅能促进烟苗早生快发，同时对多种真菌性病害、细菌性病害有防治作用，对病毒性病害具有诱导抗性，可改变土壤微生物区系，促进有益微生物的生长而抑制一些烟草植物病原菌，对烟草黑胫病、根腐病、赤星病、青枯病、根结线虫病等病害具有较好的预防效果，从另一方减少药剂的施用，提高烟叶生产的安全性。

4. 节水保湿

肥药双效烟草专用生物有机肥含有天然矿物土壤保水剂，天然矿物土壤保水剂可在植物根部土壤及其周围吸水形成水凝胶，大大提高土壤的田间持水量和保水保肥能力，为烟草生长创造良好的生存环境，根系可及时获得充足的水分和养分，从而降低土壤水流失量，减少浇水次数和浇水量，保证肥效的充分发挥。

5. 克服连作

肥药双效烟草专用生物有机肥中含有多种特效菌，不仅能抑制植物病原微生物的活动，起到防治烟草病害的作用，而且能刺激生长，促进根系发达，促进叶绿素、蛋白质和核酸的合成，显著提高烟草的抗逆性和克服烟草连作障碍。

6. 改善品质

肥药双效烟草专用生物有机肥克服了化肥养分单一、供肥不平衡的缺点，注重生物、有机、无机相结合的养分互动互补作用，实现了养分的均衡供用，施用后既可提高烟叶产量，也可有效改善烟叶品质，提高烟叶安全性，为卷烟工业提供适销对路的优质烟叶，有利于卷烟工业"原料保障上水平"。

（一）材料与方法

肥药双效烟草专用生物有机肥是改良烟田土壤，提高烟叶品质，增加烟农收入的绿色有机肥。国内应用还刚刚起步，应用方面的理论及数据尚少，为加快产品应用和新成果的转化，采用试验与示范同步的方式。

1. 试验地点

试验安排在凉山州西昌市佑君镇山嘴村1组蒋德仁家，选择前茬作物一致、土壤质地疏松、地块平整、土壤肥力中等、灌排方便、交通便利等有代表性的土壤进行布点。要求每个点的试验地由一户具有较好种植经验的烟农管理，同时要求采取测土配方施肥方案，每个品种根据其品种特性设置合理施肥方案。小区试验在条件允许的情况下，各品种样品与同品种烟叶一起烘烤（表3-45）。

表3-45 土壤基础肥力情况记载表

土壤肥力	有机质（%）	碱解氮（mg/kg）	速效磷（mg/kg）	速效钾（mg/kg）	pH 值
中等	18.3	26.1	50	59	6.95

2. 试验设计

试验共有 3 个因素，各因素有 3 个水平，具体如下：

亩施纯氮量：4kg/亩；5.5kg/亩；7kg/亩；

肥药双效烟草专用生物有机肥＋烟草专用肥用量：0%＋100%；20%＋80%；40%＋60%；

施肥方式包括：穴施；条施；沟施；N：P：K 比例为 1：1：3。

按照正交试验 L9（3⁴）的标准设计，共 9 个处理，以常规施肥处理做对照，每处理三次重复，共 33 个小区，每小区 4 行，小区长 10m，每个小区 44m²，四周设保护行，大约用 3 亩，采用随机区组排列（表 3-46 至表 3-49）

表3-46 试验设计

处理编号	亩施纯氮量（kg/亩）	生物有机肥+烟草专用肥	施肥方式
T1	4	0%+100%	穴施
T2	4	20%+80%	条施
T3	4	40%+60%	沟施
T4	5.5	0%+100%	条施
T5	5.5	20%+80%	沟施
T6	5.5	40%+60%	穴施
T7	7	0%+100%	沟施
T8	7	20%+80%	穴施
T9	7	40%+60%	条施

注：肥料用量百分比分别是指肥药双效烟草专用生物有机肥含氮量占总氮量的百分数、烟草专用肥含氮量占总氮量的百分数

表3-47 试验田间种植

重复Ⅰ	T4	T1	T7	T3	T2	T8	T5	T9	T6
重复Ⅱ	T3	T7	T5	T2	T6	T4	T1	CK	T8
重复Ⅲ	T5	T2	T6	T9	T8	T3	T4	T7	T1

表 3-48　各处理的施肥量 （kg/亩）

处理	生物肥有机肥	专用肥	过磷酸钙	硫酸钾
T1	0.0	44.5	0.0	0.0
T2	26.7	22.2	2.2	4.6
T3	53.3	26.7	4.4	7.5
T4	0.0	61.0	0.0	0.0
T5	36.7	48.9	3.0	6.3
T6	73.3	36.6	6.1	10.3
T7	0.0	77.8	0.0	0.0
T8	46.7	62.2	3.9	8.0
T9	93.3	46.7	7.8	13.0

表 3-49　各处理的施肥量 （g/株）

处理	生物肥有机肥	专用肥	过磷酸钙	硫酸钾
T1	0.0	40.5	0.0	0.0
T2	24.3	20.2	2.0	4.2
T3	48.5	24.3	4.0	6.8
T4	0.0	55.5	0.0	0.0
T5	33.4	44.5	2.3	5.7
T6	66.6	33.3	5.5	9.4
T7	0.0	70.7	0.0	0.0
T8	42.5	56.5	3.5	7.3
T9	84.5	42.5	7.1	11.8

注：为保持各处理养分总量一致，施用生物有机肥、烟草专用肥后不足的养分用硝磷铵、硝酸钾、过磷酸钙、硫酸钾等补齐。生物有机肥养分含量 3∶2∶3、烟草专用肥养分含量 9∶9∶27、过磷酸钙含磷量为 12%、硫酸钾含钾量为 50%

3. 田间管理

选定试验地点后，在移栽前 25 天使用旋耕机翻耕土地，移栽前 10~15d 完成起垄工作；移栽时行距、株距均按照当地优质烟叶生产技术方案执行；要求每个点的品种在同一天内完成移栽，移栽时浇足移栽水。

提苗肥：提苗肥分 3 次施用，稻田土每亩用 15kg 硝酸钾（山地烟每亩用 20kg）做提苗肥；第一次在烟苗还苗后进行，施用量 3kg/亩（山地烟 4kg/亩）；第二次在移栽后第 15 天进行，施用量 5kg/亩（山地烟 7kg/亩）；第三次在移栽后第 21 天进行，施用量 7kg/亩（山地烟 9kg/亩）；每次对清洁水 1 000 kg（400~500kg）浇施，作提苗肥。

试验育苗、整地、起垄、移栽、田间管理、采收烘烤等环节均严格按照当地烤烟生产技术规范所规定的烟叶成熟采收、科学烘烤（三段五步式烘烤工艺）严格操作；按照当地规范化生产的要求进行，各项农事操作必须及时一致，同一管理措施要在同一天内完成（表3-50、表3-51）。

表3-50 中耕除草情况

时间	田间操作
5月24日	第一次追施硝酸钾
6月4日	第二次追施硝酸钾
6月10日	第三次追施硝酸钾
7月10日	揭膜培土，结合中耕
7月11日	打顶抹杈
7月4日	中耕除草
7月20日	第二次抹杈

表3-51 统防统治情况

时间	药剂名称	防治目的	防治效果
5月24日	吗呱乙酸铜	防治花叶病	一般
5月30日	霜霉威	防治黑茎病	较好
6月15日	吡虫啉	防治烟蚜	较好
7月10日	粉锈宁	防治白粉病	一般
7月20日	灭牙签	防治烟蚜	较好

4. 调查分析项目

烟叶团棵期、成熟时调查各个处理烟株的农艺性状：株高、有效叶片数、茎围、节距、最大叶长、最大叶宽等，按照烟草行业颁布的农艺性状调查方法（烟草农艺性状调查方法，YC/T 142—1998）。

统一按国家42级分级标准分级，价格按当地收购价格统计。由烟草研究所统计烤后未经储藏的全部原烟（包括样品）的各个等级比例、重量、价格等。分别计算亩产量、等级指数、均价、产指、亩产值、上等烟比例、上中等烟比例等。

（二）结果与分析

1. 不同处理对烤烟主要生育期的影响

从表3-52可以看出，T8、T9到达团棵期的时间最早，比另外几个处理早2d，说明这两个处理发棵较早；T3、T4到达旺长期的时间较早，其中以T1处理最晚；现蕾期以T4-T7最晚，比另外几个处理晚5d，打顶期晚8d；T1、T2、T3于7月4日最先采烤，终烤期为 9 月 14 日，整个生育期为 118d，T4、T5、T6 始烤期为 7 月 9 日，终烤期为 9 月 15 日，生育天数为 119d，T7、T8、T9 的始烤期、终烤期都比较晚，生育期为121d，分别比 T1、T2、T3 多 3d，比 T4、T5、T6 多 2d。

表 3-52 不同处理烤烟生育时期

处理	育苗期 （月/日）	移栽期 （月/日）	团棵期 （月/日）	旺长期 （月/日）	现蕾期 （月/日）	打顶期 （月/日）	始烤期 （月/日）	终烤期 （月/日）	生育期 （d）
T1	1/28	5/18	5/30	6/26	7/4	7/10	7/4	9/14	118
T2	1/28	5/18	5/30	6/25	7/8	7/13	7/4	9/14	118
T3	1/28	5/18	5/30	6/15	7/4	7/10	7/4	9/14	118
T4	1/28	5/18	5/30	6/15	7/10	7/18	7/9	9/15	119
T5	1/28	5/18	5/30	6/20	7/10	7/18	7/9	9/15	119
T6	1/28	5/18	5/30	6/20	7/10	7/18	7/9	9/15	119
T7	1/28	5/18	5/30	6/20	7/10	7/18	7/11	9/17	121
T8	1/28	5/18	5/28	6/20	7/5	7/11	7/11	9/17	121
T9	1/28	5/18	5/18	6/20	7/5	7/12	7/11	9/17	121

2. 不同处理对烤烟主要农艺性状的影响

（1）团棵期 从表 3-53 可以看出，各处理达到团棵期的农艺性状有较大差异。T9、T7 的中部叶最大叶长较长、叶宽也较宽；T4 的株高最高，为 45.0cm，T8、T7 次之，T1、T3 最矮，其余处理之间变化不大；T6、T7、T8、T9 的叶片数均在 11 片以上，比另外几个处理多 1~2 片，综合表现说明 T8、T9 两个处理在团棵期表现较好，发棵较早，原因可能是肥料配比合理，最有利于烟株前期需肥，土壤养分供应与烟株的需求较为吻合。

表 3-53 不同处理团棵期农艺性状记载

处理	叶长（cm）	叶宽（cm）	株高（cm）	叶片数（片）
T1	39.8	17.1	37.0	9.4
T2	38.0	20.0	38.2	9.8
T3	37.6	20.8	38.0	10.0
T4	39.2	19.0	45.0	10.0
T5	38.2	19.4	39.4	10.2
T6	40.0	18.9	39.0	11.4
T7	42.0	21.0	43.6	11.0
T8	42.2	20.4	44.2	11.0
T9	41.2	21.6	39.8	11.2

（2）旺长期 从表3-54旺长期的农艺性状记载表可以看出，T8的中部叶最大叶长最长，为67.7cm，T1、T9次之，其余处理之间变化不明显；T8叶片的叶宽最大，其余处理之间变化不明显，T1、T3表现较差；从株高来看，T6最高，T3最矮，其余处理之间变化不明显；各处理的叶片数之间没有明显差异，均在18片以上。由以上分析可知，T8在现蕾期各项指标表现较好，都优于其他处理。

表 3-54 不同处理旺长期农艺性状记载

处理	最大叶长（cm）	最大叶宽（cm）	株高（cm）	叶数（片）
T1	65.4	32.8	69.6	18.00
T2	63.7	33.8	70.0	18.30
T3	63.9	32.8	67.0	18.00
T4	65.2	34.2	71.9	18.70
T5	65.6	34.9	71.1	19.00
T6	64.1	34.9	72.2	18.67
T7	64.6	34.3	70.5	18.70
T8	67.7	36.6	71.8	19.70
T9	66.8	35.7	71.3	19.30

（3）现蕾期 从3-55表现蕾期的农艺性状记载表可以看出，T9的中部叶最长，为74.1cm，T6、T8次之，其余处理之间变化不明显；T9叶片的叶宽最大，T5、T8次之，其余处理之间变化不明显，T2、T3表现较差；从株高来看，T9最高，T7最矮，其余处理之间变化不明显；各处理的叶片数之间没有明显差异，均在19片以上；茎围以T6、T9最大达到了11.1cm，T8次之；节距以T5最大为5.08cm，T3、T8次之，T2的节距和茎围均最小。由以上分析可知，T9在现蕾期各项指标表现较好，都优于其他处理，T8次之。

表 3-55 不同处理现蕾期农艺性状记载

处理	最大叶长（cm）	最大叶宽（cm）	株高（cm）	叶数（片）	茎围	节距
T1	66.0	31.2	112.8	20.0	9.70	4.22
T2	64.4	29.8	118.2	19.2	9.40	4.10
T3	62.6	29.9	116.4	19.8	9.54	4.80
T4	64.8	31.0	115.6	19.6	9.90	4.10
T5	68.4	35.4	116.0	19.8	10.00	5.08
T6	70.1	30.4	123.0	19.2	11.10	4.50
T7	67.8	33.1	108.4	20.4	9.80	4.70

（续表）

处理	最大叶长 （cm）	最大叶宽 （cm）	株高 （cm）	叶数 （片）	茎围	节距
T8	71.6	35.3	111.0	20.0	10.52	4.74
T9	74.1	36.6	125.0	20.8	11.10	4.14

（4）圆顶期　从表 3-56 可以看出，T9 的腰叶和顶叶叶面积均最大；从顶部叶的叶宽来看，T9 的叶片最宽，T8 次之，叶长和叶宽综合表现较好的有 T9 和 T8，说明此处理下的施肥量最有利于上部叶的开橘开片，土壤供应的养分能满足烟株后期生长发育的需求，促进烟叶的生长；由于各处理打顶时株高的差异，因此圆顶期的株高和叶片数变化不明显，但从中也能看出，T5、T6 的株高较矮，可能是由于肥料不足造成的，其余处理之间变化不明显；除 T7 外，其余各处理的叶片均在 20 片以上；节距较大的有 T4、T5，其次是 T8 和 T9；茎围表现较好有 T2、T7、T9 的，这可能与土壤养分的供应情况与养分需求之间的符合程度有关。因此，只有通过合理的肥料配比，满足烟株的养分需求，才能使烟株生长发育协调一致，为优质适产奠定基础。

表 3-56　不同处理圆顶期农艺性状记载

处理	腰叶（cm）		顶叶（cm）		株高 （cm）	有效 叶数	节距 （cm）	茎围 （cm）
	叶长	叶宽	叶长	叶宽				
T1	69.6	31.6	52.80	16.80	116.0	20.8	11.60	6.8
T2	69.0	31.4	54.20	18.38	110.0	20.0	11.26	7.4
T3	66.2	30.8	49.34	15.24	123.8	21.8	10.52	6.4
T4	67.0	32.2	61.72	20.82	110.0	21.0	12.60	5.4
T5	72.8	35.2	53.70	20.46	105.0	21.0	12.80	5.8
T6	74.0	32.0	56.40	18.80	112.0	22.0	11.00	5.6
T7	70.8	34.2	57.08	20.38	107.6	19.8	11.40	7.2
T8	74.8	36.0	68.40	21.20	103.6	22.1	11.80	6.8
T9	77.2	37.2	68.62	22.26	104.0	22.1	11.80	7.0

3. 不同处理抗病性记载表（发病率）比较

从不同处理抗病性记载表（发病率）记载表 3-57 可以看出，除 T2、T5、T8 外其余各处理均有黑胫病发生，其中发病较严重的有 T3；由于气候的原因所引起的病害有赤星病、气候性斑点病、角斑病等病害感病均不明显，感赤星病和气候性斑点病的处理有 T4、T8、T9，其中 T9 较严重，田间无青枯病和 PVY 的发生，卷叶病除 T5、T8 外其余各处理均有发生，其中较严重的有 T1、T4、T7，T4、T7 处理均有根黑腐病发生；在 T3、T4、T7 三个处理中发现有花叶病发生。综合不同处理的抗病性（发病率）来看，施用烟草专用肥多的处理病害发生严重，随着生物有机肥的比重的增加，植株的抗病性均有所增加，植株的发病率降低。

表3-57 不同处理抗病性记载表（发病率）记载

处理	黑胫病	赤星病	青枯病	气候性斑点病	卷叶病	角斑病	根黑腐病	花叶病	PVY
T1	1	0	0	0	3	0	0	0	0
T2	0	0	0	0	1	0	0	0	0
T3	2	0	0	1	2	0	0	1	0
T4	1	1	0	1	3	0	2	3	0
T5	0	0	0	0	0	0	0	0	0
T6	1	0	0	0	2	1	0	0	0
T7	1	0	0	0	3	0	3	2	0
T8	0	1	0	2	1	1	0	0	0
T9	1	2	0	2	0	0	0	0	0

4. 不同处理对烤烟产量产值的影响

从表3-58可知，产量的变化比较明显，T9>T7>T8>T6>T4>T5>T3>T2>T1，其中T8、T9的产量较高，T1、T2的产量较低，说明产量随着施氮量的增加而有所增加，同时处理随着生物有机肥比例的增加产量也有所增加；上中等烟比例和均价变化基本一致，上中等烟比例和均价均以T8的最高，分别为92%、15.53元/kg，T9的上等烟比例最高到达了51.33%，其次是T8为49.67%；T1的产量最低仅1 920 kg，T4的上等烟比例最低仅36.33%，T4的上中等烟比例和均价最低仅分别为71.50%和14.03元/kg；上等烟比例较高的有T8、T6、T3，上中等烟比例较高的有T9、T3、T7，均价较高的有T9、T3、T6；产值最高的是T9达到了40 568.7元/hm²，T8次之为39 446.2元/hm²，产值最低的是T1为27 072元/hm²。

试验结果统计表明T8的上等烟比例、上中等烟比例、均价表现都最好，产量和产值表现第二，综合表现第一；T9的产量和产值表现最好，上等烟比例、均价和产值在各处理中表现第二，综合表现第二；T7的产量、上等烟比例、上中等烟比例和均价均在各处理中综合表现第三。试验通过产量产值统计表明，只有真正做到适产才能达到优质，烟农才能获得最大效益。

结果分析表明：产量与施氮量、施肥比例存在显著差异，施肥方式之间没有差异；上等烟比例、上中等烟比例和产值与施氮量、施肥比例存在显著差异。综合分析在施氮量7 kg和生物有机肥与烟草专用肥施肥比例40%：60%的条件下采用条施组合的上等烟比例、上中等烟比例、均价表现都最好，其次是施氮量7 kg和生物有机肥与烟草专用肥施肥比例40%：60%的条件下采用穴施的组合。

表 3-58　不同处理对产量产值的影响统计

处理	产量 （kg/hm²）	上等烟比例 （%）	上中等烟 比例（%）	均价 （元/kg）	产值 （元/hm²）
T1	1 920	38.10	78.67	14.10	27 072.0
T2	2 010	42.67	80.67	13.93	27 999.3
T3	2 280	45.33	85.67	14.43	32 900.4
T4	2 360	36.33	71.50	14.03	33 110.8
T5	2 290	37.00	73.33	14.13	32 357.7
T6	2 400	47.33	80.33	14.33	34 392.0
T7	2 560	43.33	85.33	14.20	36 352.0
T8	2 540	49.67	92.00	15.53	39 446.2
T9	2 710	51.33	88.67	14.97	40 568.7

5. 不同处理对烟叶化学成分的影响

从表 3-59 可以看出，不同处理对烟叶化学成分含量影响较大。随着生物有机肥用量的增加烟叶还原糖、总糖含量不同程度的提高；在施氮量 4kg/亩和 7kg/亩的水平下，随着生物有机肥用量的增加，烟碱含量有降低的趋势，而在施氮量 5.5kg/亩的情况下，生物有机肥用量增加可提高烟碱含量；在施氮量 4kg/亩情况下，生物有机肥用量增加可提高糖碱比，而在施氮量 5.5kg/亩的情况下，生物有机肥用量增加可降低糖碱比；在施氮量 4kg/亩情况下，生物有机肥用量增加可提高糖氮比。

表 3-59　不同处理部叶化学成分含量

处理	还原糖 （%）	总糖 （%）	烟碱 （%）	总氮 （%）	钾 （%）	氯 （%）	糖碱比	糖氮比
T1 中部叶	28.4	39.2	1.65	1.66	2.67	0.24	17.2	17.1
T2 中部叶	30.0	39.9	0.88	1.37	2.63	0.31	34.1	21.9
T3 中部叶	29.5	41.1	1.53	1.60	2.50	0.28	19.3	18.4
T4 中部叶	30.7	41.7	1.27	1.52	2.42	0.40	24.2	20.2
T5 中部叶	28.6	38.0	1.55	1.54	2.47	0.39	18.5	18.6
T6 中部叶	31.2	39.3	1.51	1.49	2.47	0.28	20.7	20.9
T7 中部叶	31.2	39.7	1.53	1.58	2.87	0.26	20.4	19.7
T8 中部叶	29.4	39.6	1.40	1.58	2.71	0.27	21.0	18.6
T9 中部叶	30.1	40.2	1.44	1.59	2.73	0.28	20.9	18.9

6. 不同处理对烟叶评吸质量的影响

从表 3-60 可以看出，T3 处理评吸浓度要高于其他处理，在施氮量中、低水平下，增施生物有机肥未提高烤烟评吸质量，而在施氮量高水平下，增施生物有机肥可提高烤烟评吸质量。

表 3-60　不同处理烟叶化学成分含量

处理	香型	劲头	浓度	香气质 (15)	香气量 (20)	余味 (25)	杂气 (18)	刺激性 (12)	燃烧性 (5)	灰色 (5)	得分 (100)	质量档次
T1	清偏中	适中	中等	11.38	15.88	20.50	12.88	8.88	3.00	3.00	75.5	较好⁻
T2	清偏中	适中	中等	11.00	15.50	19.50	12.50	8.75	3.00	3.00	73.3	中等⁺
T3	清偏中	适中	中等+	11.13	15.75	20.00	12.63	8.75	3.00	3.00	74.3	中等⁺
T4	清偏中	适中	中等	11.38	15.88	20.13	12.75	8.88	3.00	3.00	75.0	较好⁻
T5	清偏中	适中	中等	11.13	15.50	19.50	12.25	8.63	3.00	3.00	73.0	中等⁺
T6	清偏中	适中	中等	11.13	15.63	19.88	12.75	8.75	3.00	2.88	74.0	中等⁺
T7	清偏中	适中	中等	11.00	15.63	19.63	12.38	8.63	3.00	2.88	73.1	中等⁺
T8	清偏中	适中	中等	11.00	15.63	20.00	12.63	8.75	3.00	2.88	73.8	中等⁺
T9	清偏中	适中	中等	11.25	15.88	20.25	12.63	8.75	3.00	2.88	74.6	中等⁺

（三）小结

1. 农艺性状

通过不同的施氮量、无机肥与有机肥施肥比例以及施肥方式进行了研究，结果表明：T8、T9 到达团棵期的时间最早，说明发棵较早；同时 T8、T9 在各生育期各项指标表现较好，都优于其他处理。T9 顶叶的叶长和叶宽综合表现较好，说明此处理下的施肥量最有利于上部叶的开橘开片，土壤供应的养分能满足烟株后期生长发育的需求，促进烟叶的生长；同时也表明有机肥多的处理植株比较矮小，原因可能是肥效挥发慢，表现出肥力不足，也可能与土壤养分的供应情况与养分需求之间的符合程度有关。因此，只有通过合理的肥料配比，满足烟株的养分需求，才能使烟株生长发育协调一致，为优质适产奠定基础。

2. 产量产值

试验结果统计表明 T9 的产量、上等烟比例、均价和产值在各处理中表现最好，综合表现第一；T8 的上等烟比例、上中等烟比例、均价和产值均表现都较好，综合表现第二；T7 的产量、上等烟比例、上中等烟比例和均价均在各处理中综合表现第三。试验通过产量产值统计表明，只有真正做到适产才能达到优质，烟农才能获得最大效益。

通过对各处理组合的产量、产值进行分析得出：产量与施氮量、不同生物有机肥和烟草专用肥比例存在显著差异，与施肥方式没有差异，因此"施氮量 7kg+生物有机肥和烟草专用肥比例为 40%：60%+条施"组合的产量最高、上等烟比例、均价和产值均最高。因此建议云烟 87 的施氮量为 7kg，在配合生物有机肥的同时应该配以烟草专用肥且以 40%：60%，将会取得较理想的经济效益。

3. 抗病性分析

从不同处理的抗病性可以看出，T1、T4、T7 三个处理。发病较严重，其次是 T3、T6、T9，发病最轻的是 T2、T5、T8。综合不同处理的抗病性（发病率）来看，施用烟草专用肥多的处理病害发生严重，随着生物有机肥的比重的增加，植株的抗病性均有所增加，植株的发病率降低。说明肥药双效生物有机肥具有对烟草黑胫病、根腐病、赤星病、青枯病等病害具有较好的预防效果，减少药剂的施用，能从根本上提高烟叶生产的安全性。

4. 内在品质

从烟叶成分分析结果和评吸结果来看，生物有机肥对烟叶品质的影响随着施氮量的改变而有所改变，因此，在确定生物有机肥使用量的同时应该综合考虑二者的最佳比例。

5. 综合分析

肥药双效烟草专用生物有机肥是改良烟田土壤，提高烟叶品质，增加烟农收入的绿色有机肥。要使肥药双效烟草专用生物有机肥充分发挥其肥效和药效潜力，配合其他综合栽培管理措施也许效果会更理想。试验由于遇到今年的反常气候也导致肥药双效烟草专用生物有机肥的肥效和药效潜力不能正常发挥，对试验产生了一定的影响。由于不同烤烟品种之间其施肥技术和田间管理也存在一定的差异。

六、不同绿肥翻压对烟叶产质量的影响研究

（一）材料与方法

1. 供试材料

供试绿肥种类为苦荞和光叶紫花苕，所用烟草品种为云烟 97。

2. 方法

（1）试验设计。试验于 2010 年在四川省凉山州普格县文坪乡二村进行，土壤类型为沙壤土，海拔 1 950 m，位于东经 102°31.742′，北纬 27°22.346′，土壤肥力中等。烤烟品种均为云烟 85。基肥使用烤烟专用复合肥 40kg/亩，油枯 10kg/亩，过磷酸钙 15kg/亩。追肥使用硝酸钾 10kg/亩，硝铵锌 3kg/亩。

绿肥种植设置三个处理：T1，空白处理；T2，1 200kg/亩苦荞（从苦荞播种到翻压的整个生育期）；T3，1 200kg/亩光叶紫花苕（从光叶紫花苕播种到翻压的整个生育期）。各处理半亩地，于前年 10 月播种，于次年 3 月下旬翻压。

（2）测定项目及方法。

①绿肥含水率以及养分含量的测定：将鲜样杀青后烘干，采用重铬酸钾容量法—外加热法测定光叶紫花苕的总碳，采用浓硫酸—双氧水消化法测定总氮含量；采取干灰化法测定磷、钾以及其他矿质营养元素。

②烟株农艺性状调查：分别于移栽后 30d、60d、90d 选择长势均匀一致的烟株测量株高，叶长，叶宽，茎围，节距和叶数。

烤后样常规化学成分分析：总氮、总糖、还原糖、钾、氯、烟碱等。

（二）结果与分析

1. 两种绿肥含水率及养分含量

表3-61显示的是光叶紫花苕和苦荞鲜叶含水率和养分的对比分析。结果显示：光叶紫花苕鲜草含水率为81.6%；干样中全碳含量为35.6%，全氮含量为1.13%，C/N为31.5；全磷含量为0.24%，全钾含量为1.24%，钙含量为0.87%，钠含量为0.05%，镁含量为1.29%，铁含量为87.8mg/kg，硼含量为24.7mg/kg，铜含量为32.8mg/kg，锰含量为89.5mg/kg，锌含量为70.9mg/kg。

而苦荞的鲜草含水率为86.4%；干样中全碳含量为32.6%，全氮含量为0.88%，C/N为36.3；全磷含量为0.36%，全钾含量为0.41%，钙含量为0.06%，钠含量为0.04%镁含量为0.21%，铁含量为110mg/kg，硼含量为9.66mg/kg，铜含量为5.83mg/kg，锰含量为17.5mg/kg，锌含量为38.9mg/kg。

表 3-61　两种绿肥含水率及养分含量对比分析

指标	苕子	苦荞
含水率（%）	81.60	86.40
全碳（%）	35.60	32.60
全氮（%）	1.13	0.88
C/N	31.50	36.30
全磷（%）	0.24	0.36
全钾（%）	1.24	0.41
钙（%）	0.87	0.06
钠（%）	0.05	0.04
镁（%）	1.29	0.21
铁（mg/kg）	87.80	110.00
硼（mg/kg）	24.70	9.66
铜（mg/kg）	32.80	5.83
锰（mg/kg）	89.50	17.50
锌（mg/kg）	70.90	38.90

不同绿肥的营养含量不同，但绿肥腐解过程可以带入土壤大量的矿质营养，供烟株生长发育需要。影响绿肥分解速度的因素有翻压时田间的土壤墒情、不同的翻压方式及土壤温度等，其中最关键的因素是绿肥翻压时的C/N比值，若绿肥的C/N比值较小，则绿肥翻压后较易分解；若绿肥的C/N比值较大，则绿肥翻压后不易分解。一般来说，豆科绿肥和十字花科绿肥的C/N比值较小，绿肥翻压后较容易分解，禾本科绿肥由于C/N比值较大，翻压后不易迅速分解。从上述测定结果可看出，光叶紫花苕较苦荞易于分解，在干样的养分含量测定中，光叶紫花苕除全磷及铁含量较低外，其他成分均高

于苦荞。

2. 烟株农艺性状对比

（1）株高。由图 3-11 可知，所有处理的烟株株高都是持续增长的，这说明所有处理的烟株生长发育正常。在移栽后 30d 时与 60d 时，都是 T3 的株高最高，在 90d 时他、T2 与 T3 的株高基本相同。

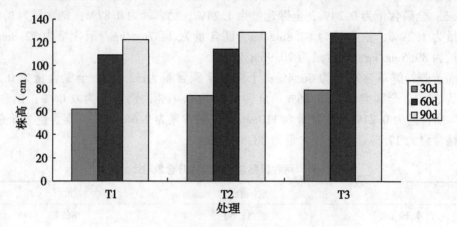

图 3-11 两种绿肥对烟株株高的影响

（2）茎围。图 3-12 说明，各个处理的烟株茎围之间的差异性。在移栽后各个时期茎围均是 T3>T2>T1，且各个处理茎围均不断变大。

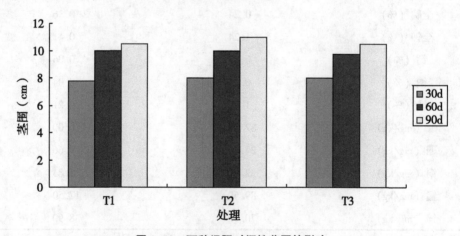

图 3-12 两种绿肥对烟株茎围的影响

（3）叶长。结果表明各个处理烟株的最大的叶长都随着生长发育的进行持续增加。在移栽后 30d 时，最大叶长三者差距较小，在 60d 与 90d 时 T2 最大，且在 60d 后三者最大叶长均变化极小，说明此时叶长已稳定（图 3-13）。

（4）叶宽。图 3-14 说明，T1 的最大叶宽在不同时期均比 T2，T3 大，T3 的最大叶宽最小且变化不明显，显示出施以绿肥后最大叶宽变小。

（5）有效叶数。由图 3-15 可知，有效叶数以 T1 最小，T2、T3 相差不大，三者在

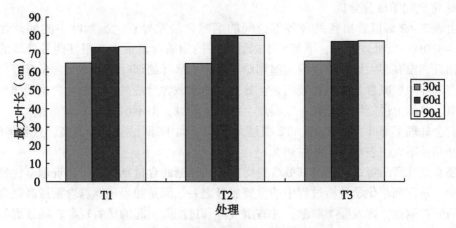

图 3-13 两种绿肥对烟叶最大叶长的影响

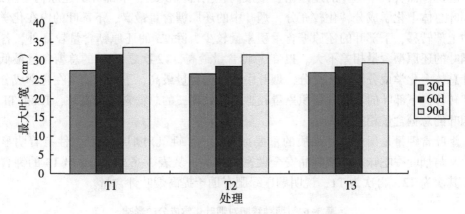

图 3-14 两种绿肥对烟叶最大叶宽的影响

移栽 60 天后有效叶数基本不再变化。

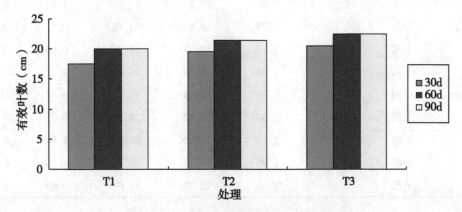

图 3-15 两种绿肥对烟叶有效叶数的影响

3. 常规化学成分分析

由表3-62可以看出各处理各部位间的烟碱含量差异较大，烟叶中的烟碱含量为1.9%~4.0%，就处理而言，下部叶中以处理一的烟碱含量最大，跟其他各处理的烟碱含量相近，没有多大的差异，说明施用绿肥对于下部叶的烟叶中的烟碱含量有着抑制作用；中部叶中烟碱含量的差异较明显，处理二的烟碱含量最高；上部叶含量规律与下部叶相似。总体上说施用绿肥在一定程度上降低了烟碱，但不明显。

三个处理下部叶含氮量T3、T2明显大于T1，而中部叶则以T1为高，且整体较低，上部叶相差不大，表现为T3>T2>T1。

随着烟叶商品等级的提高其糖含量增加，还原糖的含量则认为是体现烟草优良品质的指标，是在烟草化学分析过程中的重要成分之一。但是如果还原糖含量过高就会引起烟气的酸性刺激，挥发醛类刺激，并有烟气醇和过度而引起的压香现象，导致商品等级的降低。烟叶还原糖与品种的相关性表现为与总糖和品种相关性较为一致。

就部位而言，中部叶的还原糖含量最高，上部叶次之，下部叶的还原糖含量最低。中部叶总体上化学成分转化较充分，烟叶中的还原糖含量最高，下部叶的内在化学成分向中上部转移，下部叶的还原糖含量积累量较少，除T3的还原糖含量较高外，各处理的烟叶的还原糖含量相差不大。T1的总糖含量最高，T2次之，T3的总糖含量最低。中部叶总体上化学成分转化较充分，烟叶中的总糖含量最高，下部叶的内在化学成分向中上部转移，下部叶的总糖含量积累量较少，除处理三的总糖含量较高外，T2和T1处理的烟叶的总糖含量相差不大。

烟叶含钾量是衡量烟叶品质的重要指标之一。钾既对烟叶的可燃性有着明显的作用，又与烟叶香吃味及卷烟制品安全性密切相关。从表3-62可以看出T3的钾含量最高，其次为T2，再次为T1，说明翻压绿肥有助于提高烟叶钾含量。

表3-62　两种绿肥对烟叶化学成分的影响

处理	部位	烟碱（%）	总氮（%）	还原糖（%）	总糖（%）	K（%）	Cl（%）
	下部	2.22	1.62	15.27	17.81	1.59	0.69
T1	中部	2.92	1.73	19.59	24.42	0.73	0.44
	上部	3.95	2.44	19.27	24.33	0.66	0.72
	下部	2.01	2.46	17.75	19.00	1.68	0.90
T2	中部	3.34	1.08	17.94	24.91	0.64	0.44
	上部	3.84	2.03	20.03	26.73	0.73	0.59
	下部	1.96	2.49	24.06	30.51	1.84	0.49
T3	中部	2.84	1.32	23.09	28.79	1.16	0.31
	上部	3.48	1.88	20.27	24.87	0.68	0.49

（三）小结

从对两种绿肥的成分分析可以看出，光叶紫花苕的各元素成分大于苦荞，但相差并不十分明显，从后期的农艺性状和化学成分可以看出，翻压光叶紫花苕的效果略优于翻压苦荞，但这也可能是因为苦荞的分解速度慢所导致，需要进行多年的验证试验去研究。

七、富钾绿肥籽粒苋对烤烟产质量的影响

（一）材料与方法

1. 供试材料

试验于 2010 年在四川省西昌市凉山烟草科学研究所试验田进行。供试土壤为黄红壤，质地为壤质黏土，其养分含量状况见表 3-63，前茬作物为荞麦，当地轮作制度是烤烟-玉米-荞麦-烤烟。供试绿肥为 K12 富钾基因型籽粒苋（养分状况见表 3-64），无机肥为硝酸铵（含 N 34%）、钙镁磷肥（含 P_2O_5 15%）、硫酸钾（K_2O 50%）。供试烤烟品种为云烟 85。

表 3-63　供试土壤养分状况

有机质 (g/kg)	全量养分 (g/kg)		速效养分 (mg/kg)			缓效养分 (mg/kg)	微量元素有效量 (mg/kg)							
	N	P	K	N	P	K	K	Fe	Mn	Cu	Zn	B	Cl	Mo
16.9	0.884	0.540	22.6	83.5	23.6	99.2	176	38.0	5.67	2.35	2.43	0.24	17.4	0.21

表 3-64　供试籽粒苋养分含量状况

水分（%）	干样（%）			C/N
	N	P_2O_5	K_2O	
83.93	2.674	1.270	4.114	12.6

2. 方法

（1）试验设计　在等量氮磷钾配比的条件下，设 3 个处理，表 3-65。采用大田试验，随机区组设计，每个处理重复 3 次。小区面积为 33m²(6.0m ×5.5m)，行株距 1.2m ×0.5m。于 5 月 2 日移栽，大田采用常规管理，单株留叶 22 片，叶片按成熟度要求采收，烘烤按三段式工艺进行，分级按 GB 2635—1992《烤烟》进行，并分别统计各小区烟叶的产量、产值以及不同等级烟叶比例。

表 3-65　试验设计

处理	绿肥品种	配比	基肥/（kg/hm²)				追肥/（kg/hm²)	
			绿肥	硝酸铵	钙镁磷肥	硫酸钾	硝酸铵	硫酸钾
T1	籽粒苋	30%有机态氮	6 911.6	116.4	1 226.0	324.5	87.3	178.2
T2	籽粒苋	50%有机态氮	11 519.4	58.2	1 163.3	263.6	87.3	178.2

（续表）

处理	绿肥品种	配比	基肥/（kg/hm²）				追肥/（kg/hm²）	
			绿肥	硝酸铵	钙镁磷肥	硫酸钾	硝酸铵	硫酸钾
T3	籽粒苋	70%有机态氮	16 127.1	0.0	1 100.6	202.5	87.3	178.2
CK	无	100%无机态氮	0	203.9	1 320.0	415.8	87.3	178.2

（2）肥料施用　施肥总量按照大田施纯 N 90kg/hm²、P_2O_5 180kg/hm²，K_2O 270kg/hm²；基肥占 N 总量70%，为全部绿肥、钙镁磷肥和部分硝酸铵和硫酸钾，其中绿肥在盛花期收割后，经过堆沤充分腐熟于 4 月 10 日结合起垄穴底深施覆浅土，化肥于移栽时采用环施入土，避免与有机肥接触；追肥全部为硝酸铵和硫酸钾，占 N 总量的30%，于 5 月 17 日和 27 日分两次分别按照 N 总量的20%、10%对水施入。具体施肥量见表3-65。实现等氮、磷、钾的方法是：以绿肥中氮含量为标准，计算出各处理绿肥的养分总量。按照总肥量70%作基肥的原则计算出基肥总量，扣除有机肥养分量后，不足者分别用硝酸铵、钙镁磷肥、硫酸钾补足。

（3）调查记载项目　于移栽后 35d、50d、65d、80d、95d、110d，随机采取对角线或蛇形取样法取样（前期 10 株，后期 3 株），挖取完整的根系，洗净后分别将根、茎、叶 105℃杀青（30min），60℃烘干至恒重并称干重，测定干物质含量。烟叶成熟后，分小区和部位采收烘烤，分级测产，计算产值。

（二）结果与分析

1. 籽粒苋与化肥不同配比对烤烟生育期的影响

由表3-66可见，籽粒苋和化肥配施可明显促进烟株早生快发，但是成熟期延迟，推迟了烟叶落黄，生育期总体延长 3~10d。与 CK 相比绿肥和化肥配施烟株团棵期、旺长期、打顶期分别提前 3~4d、2~6d、3~6d，下、中、上部叶落黄延迟 2~6d、2~6d、3~10d。从配施各处理来看，处理 T1 有机肥氮所占比例最小，对烟株生育前期生长发育的促进作用最大，与 CK 相比提前 6d 打顶，T2 次之为4d；随着有机肥氮比例的增加，烟株生育期越长，烟叶的成熟落黄越迟，特别是上部叶最明显，处理 T3 延迟落黄10d，而处理 T2 和处理 T1 分别推迟 5d、2d。

表3-66　不同处理对烤烟生育期的影响

处理	移栽期（月/日）	团棵期（月/日）	旺长期（月/日）	打顶期（月/日）	下部叶落黄（月/日）	中部叶落黄（月/日）	上部叶落黄（月/日）	大田生育期（d）
T1	5/2（0）	6/4（33）	6/16（45）	6/30（59）	7/19（78）	7/30（89）	8/10（100）	115
T2	5/2（0）	6/5（34）	6/17（46）	7/2（61）	7/20（79）	7/31（90）	8/12（102）	117
T3	5/2（0）	6/5（34）	6/20（49）	7/9（68）	7/23（82）	8/3（93）	8/17（107）	122

（续表）

处理	移栽期 （月/日）	团棵期 （月/日）	旺长期 （月/日）	打顶期 （月/日）	下部 叶落黄 （月/日）	中部 叶落黄 （月/日）	上部 叶落黄 （月/日）	大田 生育期 （d）
CK	5/2 （0）	6/8 （37）	6/22 （51）	7/6 （65）	7/17 （76）	7/28 （87）	8/7 （97）	112

注：日期后的数字，表示移栽后的天数

2. 籽粒苋与化肥配施对烤烟干物质积累的影响

（1）干物质积累量和积累强度。由表3-67可见，籽粒苋与化肥配施可明显促进烤烟各部位干物质积累，且各部位和各处理间存在着不同的差异，其中叶部差异在1%水平上达到极显著。从不同处理干物质积累量看，T1>T2>T3>CK，其干物质平均增长量分别是CK的1.36、1.22、1.14倍，平均积累强度是CK的1.32、1.16、1.03倍。从各部位干物质积累量增幅看，茎>叶>根，以CK为对照，茎、叶、根各部位干物质增长量分别平均提高为28.4%、22.4%、21.4%，积累强度分别提高20.7%、15.3%、14.8%。可见，富钾绿肥籽粒苋和化肥配合施用对烟株干物质积累有明显的促进作用，能提高其烟株各部位干物质积累强度，特别是茎和叶；籽粒苋和化肥不同配比对烟株干物质积累影响不同，表现在干物质积累量和积累强度随着绿肥有机肥氮比例的增加而降低，以籽粒苋N占30%处理效果最好。

表3-67 不同处理对烤烟干物质积累的影响

处理	根			茎			叶		
	积累量 （g/株）	增长量 （g/株）	积累强度 （g/d）	积累量 （g/株）	增长量 （g/株）	积累强 度（g/d）	积累量 （g/株）	增长量 （g/株）	积累强 度（g/d）
T1	55.7aA	53.0aA	0.82aA	124.3aA	120.6aA	1.86aA	192.7aA	168.4aA	2.59aA
T2	50.3abAB	47.9abAB	0.74bB	109.8bB	106.5bB	1.64bB	172.3bB	150.2bB	2.31bB
T3	47.5bcBC	45.2bcBC	0.69cC	103.5cC	100.2cC	1.54bB	160.5cC	139.7cC	2.15cC
CK	42.5cC	40.1cC	0.62dD	88.6cC	85.0cC	1.31cC	145.8dD	124.8dD	1.92dD

注：表中大写字母不同表示差异达到0.01显著水平，小写字母不同表示差异达到0.05显著水平，以下图表同

（2）干物质积累率。干物质积累率是干物质积累程度的反映，各时期干物质积累率可以反映整个生育期干物质积累进程。从图3-16可见，富钾绿肥籽粒苋与化肥配施使各部位积累率下降，降幅以生育中期最大，生育前期和后期小，特别是50~65d、65~80d，平均较CK低11.5%、9.8%，且降幅为根≥茎>叶，T1<T2<T3；整个干物质积累仍然呈现出S型的曲线，表现出"慢-快-慢"的规律，从移栽50d后积累率明显提高，移栽80d后积累率增幅显著降低，60%以上的干物质在移栽后50~80d积累。

从不同部位看，富钾绿肥籽粒苋与化肥配施对根和茎积累率变化规律相近无明显差异，而叶部干物质积累率曲线与前两者存在明显差异。移栽65d以前，各部位积累率平均增幅叶>茎≥根，特别是移栽后50~65d，叶部干物质积累率平均增幅是茎和根部的

1.56 倍；移栽 65d 以后各部位积累率增幅表现出相反的趋势，即根≥茎>叶，特别是移栽后 65~80d，根和茎部干物质积累率平均增幅是叶部的 2.33 倍。

从富钾绿肥籽粒苋与化肥配施不同配比看，随着有机肥氮比例的升高，干物质积累率越低；以 CK 为对比，各时期内干物质积累率增幅以移栽 65d 为分界点，总体上表现出先低后高的趋势且随着有机肥氮比例增高而趋明显，不同部位略有异同。移栽后 50~65d，T1、T2、T3 处理干物质积累率平均增幅分别比 CK 低 3.8%、5.8%、6.9%，而移栽后 80~95d，T1、T2、T3 处理干物质积累率平均增幅分别比 CK 高 4.2%、6.9%、9.3%。

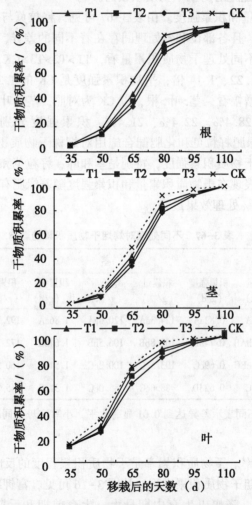

图 3-16　不同处理烤烟干物质积累率的影响

（3）干物质积累强度动态变化。干物质积累强度是干物质积累速度的反映。由图 3-17 可见，以 CK 对照，除叶部 T3 处理外，籽粒苋和化肥配施均能提高烟株各部位积累强度。整体上，根和茎在移栽后 80d 左右干物质积累强度达到最高，而叶在移栽后 65d 左右干物质积累达到最高。在移栽 35d 左右，不同配施比例对干物质积累强度影响不明显；移栽 50d 左右，T1 和 CK 对照积累强度最高，T2 和 T3 次之；移栽 50d 后，不同处理间积累强度发生明显变化，配施处理干物质积累强度明显的提升，提升幅度随有机肥氮比例的提高而降低，即 T1>T2>T3；达到最高积累强度以后，各处理干物质积累强度明显降低，其中以对照 CK 处理降低幅度最大，其次为有机肥氮 T3 处理。

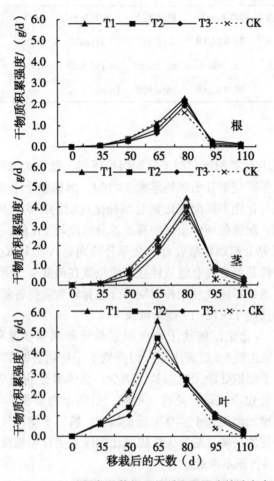

图 3-17　不同部位烤烟干物质积累强度的动态变化

3. 粒苋与化肥不同配比对烤烟产量和产值的影响

如表 3-68 所示，在 1%显著水平上，绿肥籽粒苋与化肥配施各处理对烤烟产量、上等烟比例、产值和均价的影响呈极显著的差异，但是随着有机肥氮比例的提高表现出不同的影响。绿肥籽粒苋与化肥配施能显著促进烤烟产量的提高，平均增产 266kg/hm²；随着有机肥氮比例的升高，增产幅度表现出不同程度的降低，其中，T1 的增产幅度是 T3 的 6.5 倍。低有机肥氮配施处理 T1 能提高上等烟比例，中高有机肥氮处理上等烟比例略有下降。中上等烟比例表现出同样趋势，并且达到 5%显著水平，其中 T1 中上等烟比例较 CK 提高 5 个百分点，而 T3 处理较 CK 降低 13 个百分点。不同配施比例对烤烟产值影响在 5%水平上显著，产值高低依次是 T1>T2>CK>T3，可见高有机肥氮配比显著降低了烤烟产值。绿肥籽粒苋与化肥不同配施比例下，烤烟均价间存在极显著差异，低有机肥氮处理 T1 显著提高了烤烟均价，而中高有机肥氮处理显著降低均价，二者均价比例为 1.49∶1。

表 3-68　各处理烤烟产量和产值

处理	产量		上等烟比例（%）	中上等烟比例（%）	产值		均价	
	（kg/hm²）	增幅(%)			（元/hm²）	增幅（%）	（元/kg）	增幅（%）
T1	2 376.5 aA	27.8	40.6%aA	81.5%aA	25 761aA	51.9	10.8 aA	18.8
T2	2 061.5 bB	20.8	36.8%bAB	71.9%cC	17 811.4bB	5.0	8.6 cC	-5.3
T3	1 940.3 cC	4.3	32.5%cB	63.3%dD	14 144.8dD	-16.6	7.3 dD	-20.3
CK	1 860.0d D	—	38.9% abB	76.4%bB	16 963.2 cC	—	9.1 bB	—

（三）小结

1. 富钾绿肥籽粒苋与化肥配施有利于前期烟株还苗，低有机态氮处理能适时落黄，高有机态氮处理推迟了各部位烟叶的成熟落黄 3~10d，烟株整个生育期按照 T1<T2<T3 逐渐延长。绿肥籽粒苋与化肥不同配施比例对烟株生育期的影响结果与王军 2006 年相关研究结果相近。前期，配施处理中土壤中有效养分浓度较 CK 低，利于烟株还苗和烟根早期发育；后期无机养分被烟株吸收外其余部分特别是 N 肥和 K 肥通过各种途径损失，养分较贫瘠，而籽粒苋养分具有缓效性且施肥位置在最底层，所以养分到中后期才逐渐被烟株吸收利用，造成不同处理烟株后期养分差异较大致使各部位烟叶的成熟落黄推迟，烟株整个生育期按照 T1<T2<T3 逐渐延长。

2. 富钾绿肥籽粒苋与化肥配施使干物质积累总量和积累强度分别提高 24.0% 和 16.9%，特别是叶部差异达到 5% 显著水平，但降低了干物质各时期积累率，降幅根≥茎>叶，T1<T2<T3。由于配施处理无机态氮比例少，总体养分利用率高，养分损失小，虽延长了生育期，但养分供应充足、持续、稳定，后期干物质积累特别是叶部显著增加，积累总量增加，其增加幅度大于生育期延长幅度，所以平均每日积累强度也随之提高。而积累率是积累进程的反映，随着无机肥氮比例越高生育期延长越显著，所以配施处理烤烟的进度较 CK 慢，积累率低。

3. 富钾绿肥籽粒苋与化肥配施平均提高了烟叶产量 17.6%，低有机态氮配比处理 T1 有利于改善外观品质，提高烟叶成熟度和上等烟比例，而高有机态氮 T3 处理烟叶品质降低。对产量和外观品质的影响结果与李德强 2006 年的研究结果略有不同。其研究表明，随着无机态氮供应的增加，烟株长势增强. 产量会提高；但均价、上等烟比例、糖钾含量会降低。而本试验中，由于西昌 2007 年 5—6 月降水量大，月平均降雨分别为 151.6mm 和 162.2mm，CK 处理无机养分损失严重，配施处理影响较小，烟叶干物质积累量显著高于对照，产量较高；而高温高湿的环境和有机物自身带入微生物，导致 T2 和 T3 处理出现了赤星病和根黑腐病，影响了烟株的生长和烟叶品质。表现出低有机肥氮 T1 有利于改善外观品质，提高烟叶成熟度和上等烟比例，而高有机肥氮 T3 处理烟叶品质低下的特点。

4. 本试验中，富钾绿肥籽粒苋 30% 有机肥氮与化肥配施，烟株适时落黄，干物质积累量和积累强度最大，产量、产值和均价最高，效果最佳。富钾绿肥籽粒苋与化肥配合施用对烟叶生产有促进作用,但应根据实际生态环境调整配施比例;如果采用绿肥压青,要通过各种方式减少发酵过程的不利因素,防止烟株烂根和病虫害。本试验中籽粒苋以30%有机肥氮配施效果最佳,结合凉山生产实际和气候特点,在大田生产上可在有条件地区于7月中下旬在烟田播种富钾籽粒苋,烤烟成熟采收后,待籽粒苋盛花期压青。若以当季利用率40%~50%计算,按照30%有机肥氮配施,云烟85中等肥力田应压青13 800~17 250 kg/hm^2。

第三节　不同灌溉模式对烟叶产量与质量的影响

凉山州地处川滇结合部,虽然过境水资源丰富,人均水资源量有9 014 m^3,为全国均值的3.3倍,但水资源时空分布极为不均,年际年内变化大,产业配置与水资源的地区分布不相适应,特别是烟叶生产用水,干旱和缺水发生频繁,影响范围大,损失严重。凉山州烟叶生产用水依靠地表水和地下水,烟区年均水资源总量达到487.35亿m^3,但由于降雨量时空、地域分布不均,85%降水量集中在7—10月,加之山高水低的立体地形条件,引、蓄、提水量尚不到7%,造成生产用水的时空、地域分布不足,工程性缺水极为严重,形成"水在江中流,人在崖上愁"。其原因:一是节水工程滞后。烟区分散、节水工程规模小、节水工程老化,渠道衬砌率低,烟区大部分干渠为土渠,渠道长,有的几乎为天然沟道,渠系垮塌损毁且淤积严重,灌溉与排水功能锐减。干支渠大部分均未衬砌,渗漏严重,输水损失大,渠系利用系数低,经水利部门2006年测算,烟区灌溉水利用率仅为35%;二是节水工程建设标准低。规划缺乏长远性,烟区渠系存在不合理的工程布置,渠道弯曲,施工技术简单,使得填料质量差,蒸发与渗漏极其严重,60%~70%以上的灌溉水因渗漏、蒸发和管理不善等原因没有被作物利用,水分生产率不足1kg/m^3。加之工程维护较差,大坝、溢洪道、放水设施等主要建筑物病险严重,不能正常蓄水,严重影响烟叶生产用水。

由于凉山烟区资源性缺水和工程性缺水,丰富的光、热资源等自然资源得不到充分利用,水资源成为制约凉山烟叶质量、产量的瓶颈因素。作为全国重要的战略性的优质烟叶生产基地,烟叶是全州重要的经济支柱产业,是农民快速致富、地方财政增收的重要来源,在水资源紧缺的条件下,实施节水灌溉技术是保证烟叶产业稳定持续发展的一项重要措施。节水灌溉的核心是要减少灌溉过程中水资源浪费,通过改变原有的灌溉习惯,应用先进节水灌溉技术措施,解决农业用水危机,提高水的利用率。

一、材料与方法

(一)材料

试验于2009年在四川凉山州烟草公司烟科所进行。试验地土壤质地为红黄壤土,土层深厚,肥力均匀适中,地势平坦,有灌溉条件,前作绿肥光叶紫花苕。基础肥力,有机质 1.25%，pH 值为 4.93，全氮 0.085%，碱解氮 65.9mg/kg，速效磷 13.80mg/kg，速效钾 63.2mg/kg。供试品种云烟 85，5 月 12 日移栽。种植行距穴灌、沟灌、喷灌、滴灌 120cm，株距 50cm。试验过程中，除灌水因素外，其他栽培管理措施同一般大田。

（二）方法

1. 试验设计

试验设 5 个处理：处理 1，对照（不灌溉）；处理 2，穴灌（团棵期、旺长期灌溉 2 次，每次每穴 2kg）；处理 3，沟灌（团棵期、旺长期灌溉 2 次，当地常规灌溉）；处理 4，喷灌（团棵期、旺长期灌溉 2 次，每次每处理灌水 $20m^3$）；处理 5，滴灌（团棵期、旺长期灌溉 2 次，每次每公顷灌水 $120m^3$）。每处理 $0.2hm^2$，不设重复。

2. 测定项目

本试验采用示范试验设计，经过 5 个处理之后，测定如下指标。

农艺性状的测量：分别在团棵期、旺长期和圆顶期测量烟株的株高，茎围；在耕层为 1~10cm，10~20cm，20~30cm，30~40cm，40~50cm 5 个不同深度测定有机质含量；在耕层为 10~20cm 和 20~30cm 深度进行 pH 值的测定；在团棵期、现蕾期和采后之后，选定耕层深度为 1~10cm，10~20cm，20~30cm，30~40cm，40~50cm 的土壤测定碱解氮运移；在旺长期，进行上部叶、中部叶、下部叶、全株叶重、根和茎 5 个部位干物质积累的测定；统计初烤烟叶经济性状；选取中橘三等级烟叶测定常规化学成分。

二、结果与分析

（一）不同节水灌溉模式对烟株农艺性状的影响

由表 3-69 分析可知，不同节水灌溉模式对烟叶田间农艺性状有一定影响，在烟叶生长的不同时期，穴灌、沟灌、喷灌、滴灌四种灌溉模式处理下烟株的茎围、株高均高于对照。四种灌溉模式减少烟株生长灌溉用水的情况下，均能有效增加烟株茎围和株高。相关性分析显示，喷灌和滴灌对烟叶农艺性状的影响与对照相比，均高于其他三个处理。四种节水灌溉模式对烟叶农艺形状的影响效果依次为：滴灌优于喷灌，优于沟灌，优于穴灌，优于对照。

表 3-69　节水灌溉对烟叶农艺性状的影响

处理	团棵期（cm）		旺长期（cm）		圆顶期（cm）	
	茎围	株高	茎围	株高	茎围	株高
常规	1.22	18.19	7.07	40.40	7.61	92.56
穴灌	1.30	20.42	7.37	41.80	7.57	105.15
沟灌	1.32	20.95	7.91	43.90	8.08	119.00
喷灌	1.50	21.45	8.01	45.23	9.15	121.11
滴灌	1.59	21.72	9.15	51.73	10.00	129.65

（二）不同节水灌溉模式对烟叶成熟期干物质积累的影响

由表3-70可以看出，四种节水灌溉对烟叶成熟期干物质积累量均有明显的影响，四种灌溉模式下烟株的上部叶、中部叶、下部叶、总叶重、根和茎的重量与对照相比，均有不同程度的增加，其增加程度依次为滴灌高于喷灌高于沟灌高于穴灌高于对照。

表3-70 节水灌溉对烟叶成熟期干物质积累的影响

处理	干物质重（g）					
	上部叶	中部叶	下部叶	总叶重	根	茎
对照	10.55	28.45	11.55	50.55	13.26	17.08
穴灌	11.46	30.49	13.48	55.43	14.54	18.25
沟灌	13.50	37.93	17.49	68.92	14.62	21.06
喷灌	14.70	47.71	19.11	81.52	15.34	26.32
滴灌	16.50	54.32	22.54	93.36	18.27	35.78

根据以上分析可知，穴灌、沟灌、喷灌、滴灌四种灌溉模式对烟叶的生理特征特性均有一定的影响，其作用效果依次为滴灌优于喷灌优于沟灌优于穴灌优于对照。研究结果表明，四种节水灌溉模式在减少烟株生长用水量的情况下，不仅能保证烟株的正常生产，还能有效改善烟叶的生理特征特性。

（三）不同节水灌溉模式对烟叶产量产值的影响

从图3-18可知，4种不同灌溉模式下烟叶的产量与产值较对照相比，均有不同程

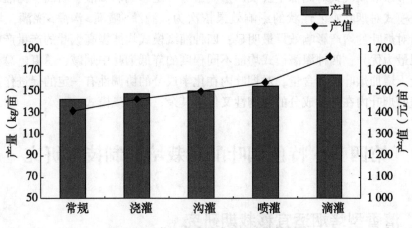

图3-18 节水灌溉对产量和产值的影响

度的增加。在烟叶产量上，穴灌、沟灌、喷灌和滴灌4种灌溉模式与对照相比，分别增加了3.50%、4.90%、8.39%和16.08；在烟叶产值上，穴灌、沟灌、喷灌和滴灌4种灌溉模式与对照相比，分别增加了3.90%、6.38%、9.36%和17.80%。4种灌溉模式之间相比，滴灌对烟叶的增产增值的影响效果最显著，在烟叶产量上滴灌与穴灌、沟灌和

喷灌相比，分别增加了 12.16%、10.67% 和 7.10%；在烟叶产值上滴灌与穴灌、沟灌和喷灌相比，分别增加了 13.38%、10.73% 和 7.72%。研究结果表明，4 种灌溉模式在减少烟株生长用水量的情况下，均能提高烟叶的产量产值，其中滴灌表现最为优异。

（四）不同节水灌溉模式对烟叶内在品质的影响

由表 3-71 可知，穴灌、沟灌、喷灌和滴灌四种灌溉模式均能不同程度地降低烟叶中烟碱、总氮、总糖和氯离子的含量，增加烟叶总钾含量，对烟叶内在化学成分的协调性有一定的促进作用。其中滴灌处理的烟叶内在化学成分的协调性又优于其余三种灌溉模式。

表 3-71　节水灌溉对烤后烟叶化学成分含量的影响（中桔三　C3F）

处理	烟碱（%）	总氮（%）	总糖（%）	还原糖（%）	钾（%）	氯（%）
对照	2.67	2.19	28.86	20.09	2.01	0.24
穴灌	2.46	2.23	24.43	19.21	2.06	0.24
沟灌	2.13	2.31	23.15	19.35	2.08	0.26
喷灌	2.22	2.03	27.91	20.41	2.07	0.19
滴灌	2.23	2.06	27.92	20.40	2.15	0.19

三、小结

不同节水灌溉模式对烟株生长及产量质量有一定影响。滴灌、喷灌、沟灌、穴灌等四种灌溉模式对烟叶农艺性状的影响效果依次为：滴灌>喷灌>沟灌>浇灌，均优于对照，滴灌对烟叶的增产影响效果最明显；四种灌溉模式均能提高烟叶的产量产值，其中滴灌表现最为优异；四种灌溉模式均能不同程度的降低烟叶中烟碱、总氮、总糖和氯离子的含量，增加烟叶总钾含量，对烟叶内在化学成分的协调性有一定的促进作用，其中滴灌处理的烟叶内在化学成分的协调性又优于其余三种灌溉模式。

第四节　特色烟叶配套栽培调制技术研究

一、清香型烤烟适宜移栽期研究

（一）材料与方法

1. 材料

试验于 2010 年在凉山州烟草公司技术推广中心试验地进行，供试土壤为黄壤土，地块平坦，土壤肥力均等，前茬作物紫光苕子，土壤基本理化性状为 pH 值 5.62，有机质 18.23g/kg，碱解氮 137.73mg/kg，速效磷 35.22 mg/kg，速效钾 93.24mg/kg。

供试烤烟品种为红花大金元，由凉山州烟草公司统一供苗，采用漂浮育苗。

2. 方法

（1）试验设计　试验采用田间小区试验，随机区组排列，共设 4 个处理，3 次重复，共 12 个试验小区，小区面积 72m^2。具体试验设计如下：

T1：4 月 10 日移栽；T2：4 月 20 日移栽；T3：4 月 30 日移栽；T4：5 月 10 日移栽；T5：5 月 20 日移栽。

每个处理保证氮磷钾比例一致，均为 N：P$_2$O$_5$：K$_2$O=1：1：3，除试验因素外，移栽、施肥等田间管理措施严格按照《凉山州优质烤烟生产技术规程》进行。

（2）农艺性状调查　农艺性状调查比较，按照行业标准 YC/T 142—1998 烟草农艺性状调查方法，叶面积比较按叶长×叶宽×0.6345 计算，根系体积采用排水法测定。

（3）产质统计　供试品种在田间移栽成活后，按处理和重复每个小区随机选取 30 株有代表性的生长整齐植株定株挂牌，烟叶进入成熟期后，按处理和重复单独采收，单独编竿，单独烘烤，烘烤技术采用密集式烤房、三段五步式烘烤工艺，烤后原烟单独存放，按照国标 42 级制进行分级标准单独分级计产、计质，分别统计烟叶产量、均价、上等烟比例、上中等烟比例和产值。

烤后原烟按处理分别提取上部叶（B2F）、中部叶（C3F）、下部叶（X2F）三个部位等级的烟叶样品各 2kg，供烟叶化学成分化验分析、感官质量评吸和致香物质成分鉴定。

（4）烟叶化学成分化验分析　烟叶化学成分主要进行烟叶总糖、还原糖、总氮、总植物碱、钾、氯等 6 项常规化学成分指标分析。总糖和还原糖采用铁氰化钾比色法进行测定；总氮、总植物碱、钾、氯分别按照 YC/T 33-1996，YC/T 34—1996，YC/T 35—1996，YC/T 173—2003，YC/T 153—2001 进行测定，并运用推算法计算糖碱比（还原糖/总植物碱）、两糖差（总糖—还原糖）、氮碱比（总氮/总植物碱）、钾氯比（钾/氯）。

（5）感官质量评吸鉴定　原烟样品按处理进行单料烟的香气质、香气量、杂气、刺激性、余味等指标的评定。评吸鉴定工作由农业部烟草产品质量监督检验测试中心依据农业部备案方法 NY/YCT 008—2002、YC/T 138—1998 进行。

（二）结果与分析

1. 农艺性状

不同移栽期烟株圆顶期农艺性状见表 3-72。从表 3-72 可以看出，有效叶片数随着移栽期的推迟呈现先增多又降低的趋势；株高、茎围、最大叶长、最大叶宽、最大叶面积、顶叶长、顶叶宽等随着移栽期的推迟没有明显差别。

表 3-72　不同移栽期对农艺性状的影响

处理	有效叶数（片）	株高（cm）	茎围（cm）	最大叶长（cm）	最大叶宽（cm）	最大叶面积（cm）	顶叶长（cm）	顶叶宽（cm）
T1	19.4	109.3	12.7	81.4	28.7	1 482.31	49.8	19.2

（续表）

处理	有效叶数（片）	株高（cm）	茎围（cm）	最大叶长（cm）	最大叶宽（cm）	最大叶面积（cm）	顶叶长（cm）	顶叶宽（cm）
T2	19.7	107.3	12.4	77.7	28.4	1 400.14	48.3	18.7
T3	20.1	110.3	12.6	78.9	27.5	1 376.71	48.7	18.5
T4	20.3	109.3	12.5	80.3	28.1	1 431.70	49.3	18.9
T5	18.7	101.6	11.4	76.5	27.1	1 315.41	46.7	17.8

2. 经济性状

不同移栽期烤后烟叶经济效益见表3-73。从表3-73可以看出，上等烟比例随着移栽期的推迟呈现先升高又降低的趋势，T3处理（4月30日）的上等烟比例较高，为30.1%；上中等烟比例、均价随着移栽期的变化没有明显差别；产量随着移栽期的变化呈现先升高又降低的趋势，T4处理（5月10日）产量较高，T5处理（5月20日）产量较低，但是方差分析结果差异不显著；产值随着移栽期的变化呈现先升高又降低的趋势，T4处理（5月10日）产值较高，为33 200.2元/hm²，但是方差分析结果差异不显著。

表3-73　不同移栽期对经济效益的影响

处理	上等烟比例（%）	上中等烟比例（%）	均价（kg/元）	产量（kg/hm²）	产值（元/hm²）
T1	24.8	76.5	11.6	2 634.4	30 559.3
T2	27.6	80.3	11.7	2 707.7	31 679.7
T3	30.1	79.2	11.8	2 785.9	32 873.1
T4	29.7	81.4	11.8	2 813.6	33 200.2
T5	23.7	74.8	11.6	2 499.3	28 991.4

3. 化学成分

不同移栽期对烟叶化学成分的影响结果见表3-74。从表3-74可以看出，还原糖、总糖的含量随着移栽期的推迟呈现先升高又降低的趋势，T3处理（4月30日）的含量较高，T2、T3、T4、T5的还原糖含量属于清甜香烤烟范围；总碱、总氮随移栽期的变化呈降低趋势，其中T2、T3、T4的总碱含量属于清甜香烤烟范围；钾随移栽期的推迟呈现逐渐升高的趋势；移栽期对氯没有明显影响。

表3-74　不同移栽期对烟叶化学成分的影响

处理	还原糖（%）	总糖（%）	总碱（%）	总氮（%）	钾（%）	氯（%）
T1	23.27	28.84	2.14	2.02	1.79	0.24
T2	24.04	31.26	1.92	1.87	1.92	0.31

（续表）

处理	还原糖（%）	总糖（%）	总碱（%）	总氮（%）	钾（%）	氯（%）
T3	26.13	32.03	1.99	1.91	2.04	0.27
T4	25.87	31.82	1.84	1.76	2.12	0.32
T5	25.36	30.78	1.68	1.71	2.14	0.29

不同移栽期对烟叶化学成分派生值的影响结果见表3-75。从表3-75可以看出，糖碱比、糖氮比随着移栽期的推迟呈现逐渐变大的趋势，其中T2、T3、T4、T5的糖碱比属于清甜香烤烟范围，T4、T5的糖氮比属于清甜香烤烟范围；氮碱比、钾氯比、两糖差、两糖比随着移栽期的变化没有明显变化。

表3-75 不同移栽期对烟叶化学成分派生值的影响

处理	糖碱比	氮碱比	钾氯比	两糖差	两糖比	糖氮比
T1	10.87	0.9	7.5	5.57	0.81	11.52
T2	12.52	1.0	6.2	7.22	0.77	12.86
T3	13.13	1.0	7.6	5.90	0.82	13.68
T4	14.06	1.0	6.6	5.95	0.81	14.70
T5	15.10	1.0	7.4	5.42	0.82	14.83

4. 感官质量

不同移栽期对烟叶评吸质量影响结果见表3-76。从表3-76可以看出，香气质、香气量、余味的得分随着移栽期的推迟呈现先增加又降低的趋势，T3处理（4月30日）、T4处理（5月10日）的得分较高；刺激性、燃烧性、灰分之间没有显著差异；总得分随移栽期的变化也呈现先升高又降低的趋势，T3处理（4月30日）总得分最高，但是与其他处理之间没有显著差异。

表3-76 不同移栽期对烟叶评吸质量的影响

处理	香气质（15）	香气量（20）	余味（25）	杂气（18）	刺激性（12）	燃烧性（5）	灰分（5）	得分（100）
T1	11.13	15.73	18.82	12.69	8.62	2.9	2.9	72.79
T2	11.21	15.85	18.97	12.64	8.46	3.0	2.9	73.03
T3	11.35	16.08	19.48	13.12	8.71	3.0	3.0	74.74
T4	11.39	16.24	19.56	12.97	8.53	2.9	2.9	74.49
T5	11.16	16.18	19.39	12.79	8.36	3.0	3.0	73.88

（三）小结

清甜香烤烟适宜移栽期研究试验中，凉山烟区在 4 月 10 日至 5 月 20 日移栽期间，随着移栽日期的推迟，烟叶还原糖、总糖含量、感官评吸得分呈现先升高又降低的趋势，总氮、总碱、钾呈逐渐升高。综合分析结果表明，凉山烟区的烤烟移栽期以 5 月 10 日前后移栽结束为宜，所产烟叶的清甜香质量特色比较突出。

二、清甜香烤烟适宜种植密度及留叶数研究

（一）材料与方法

1. 材料

试验于 2011 年在凉山州烟草公司技术推广中心试验地进行，供试土壤为黄壤土，地块平坦，土壤肥力均等，前茬作物为玉米，土壤基本理化性状为 pH 值 5.73，有机质 16.58 g/kg，碱解氮 132.36 mg/kg，速效磷 36.52mg/kg，速效钾 95.26mg/kg。

供试烤烟品种为红花大金元，由凉山州烟草公司统一供苗，采用漂浮育苗。

2. 方法

（1）试验设计　采用两因素完全随机区组设计，有种植密度与打顶留叶两个因素，种植密度设：22 500 株/hm^2（110cm×40cm）、18 000 株/hm^2（110cm×50cm）、15 000 株/hm^2（110cm×60cm）三个水平，打顶留叶数设 17 片/株、19 片/株、21 片/株、三个水平，共 9 个处理，每个处理重复 3 次，共 27 个小区，小区面积 1/10 亩，四周设保护行。具体试验设计如下：

T1：110cm×40cm，留叶数 17 片/株；T2：110cm×40cm，留叶数 19 片/株；T3：110cm×40cm，留叶数 21 片/株；T4：110cm×50cm，留叶数 17 片/株；T5：110cm×50cm，留叶数 19 片/株；T6：110cm×50cm，留叶数 21 片/株；T7：110cm×60cm，留叶数 17 片/株；T8：110cm×60cm，留叶数 19 片/株；T9：110cm×60cm，留叶数 21 片/株。

每个处理保证氮磷钾比例一致，均为 N：P$_2$O$_5$：K$_2$O=1：1：3，除试验因素外，移栽、施肥等田间管理措施严格按照《凉山州优质烤烟生产技术规程》进行。

（2）农艺性状调查　农艺性状调查比较，按照行业标准 YC/T 142—1998 烟草农艺性状调查方法，叶面积比较按叶长×叶宽×0.634 5 计算，根系体积采用排水法测定。

（3）产质统计　供试品种在田间移栽成活后，按处理和重复每个小区随机选取 30 株有代表性的生长整齐植株定株挂牌，烟叶进入成熟期后，按处理和重复单独采收，单独编竿，单独烘烤，烘烤技术采用密集式烤房、三段五步式烘烤工艺，烤后原烟单独存放，按照国标 42 级制进行分级标准单独分级计产、计质，分别统计烟叶产量、均价、上等烟比例、上中等烟比例和产值。

烤后原烟按处理分别提取上部叶（B2F）、中部叶（C3F）、下部叶（X2F）三个部位等级的烟叶样品各 2kg，供烟叶化学成分化验分析、感官质量评吸和致香物质成分鉴定。

（4）烟叶化学成分化验分析 烟叶化学成分主要进行烟叶总糖、还原糖、总氮、总植物碱、钾、氯等6项常规化学成分指标分析。总糖和还原糖采用铁氰化钾比色法进行测定；总氮、总植物碱、钾、氯分别按照 YC/T 33—1996，YC/T 34—1996，YC/T 35—1996，YC/T 173—2003，YC/T 153—2001 进行测定，并运用推算法计算糖碱比（还原糖/总植物碱）、两糖差（总糖—还原糖）、氮碱比（总氮/总植物碱）、钾氯比（钾/氯）。

（5）感官质量评吸鉴定 原烟样品按处理进行单料烟的香气质、香气量、杂气、刺激性、余味等指标的评定。评吸鉴定工作由农业部烟草产品质量监督检验测试中心依据农业部备案方法 NY/YCT 008—2002、YC/T 138—1998 进行。

（二）结果与分析

1. 农艺性状

从表3-77可以看出，单叶重是T7处理最大，T8处理次之；株高是T3、T6、T9处理较高，主要是因为打顶留叶数不同，留叶数越多，株高越高；茎围是T1、T4、T7处理较粗，呈现出随留叶数的增多而变小的趋势；最大叶长是T4、T5、T7处理较大；最大叶面积是T4、T5、T7处理较大。从农艺形状的综合分析来看，T4、T5、T7处理综合表现较好，均符合理想株型的标准。

表3-77 不同种植密度对烟叶农艺性状的影响

处理	有效叶数（片）	单叶重（g）	株高（cm）	茎围（cm）	最大叶长（cm）	最大叶宽（cm）	最大叶面积（cm）
T1	17	6.9	82.6	10.7	66.3	32.8	1 379.8
T2	19	5.9	91.5	9.6	62.8	29.5	1 175.5
T3	21	5.2	112.7	9.2	60.3	28.1	1 075.1
T4	17	8.2	80.8	10.8	68.7	32.4	1 412.3
T5	19	7.3	89.6	9.7	69.6	33.5	1 479.4
T6	21	6.9	112.3	9.2	67.5	30.7	1 314.8
T7	17	9.9	80.5	10.9	70.9	35.2	1 581.3
T8	19	8.5	90.6	9.8	66.9	32.6	1 383.8
T9	21	7.5	110.9	9.1	68.2	31.1	1 358.8

2. 经济性状

从表3-78可以看出，在相同种植密度条件下，上等烟比例、上中等烟比例随着留叶数的增多呈现出先升高又降低的趋势，其中T8处理的上等烟比例最高，T5处理的上中等烟比例最高；均价是T5处理最高，为12.4元/kg，T4处理次之，为12.1元/kg；产量是T1处理的最高，但是最终的经济效益是T5处理最高，为30 783.0元/hm²。

表3-78　不同种植密度对经济效益的影响

处理	上等烟比例（%）	上中等烟比例（%）	均价（kg/元）	产量（kg/ hm²）	产值（元/hm²）
T1	23.6	78.8	11.4b	2 647.5	30 181.5
T2	25.9	82.3	11.6b	2 530.5	29 353.8
T3	25.3	81.0	11.6b	2 452.5	28 449.0
T4	25.8	79.5	12.1ab	2 511.0	30 383.1
T5	26.4	86.7	12.4a	2 482.5	30 783.0
T6	23.7	80.9	11.9b	2 367.0	28 167.3
T7	24.7	79.3	11.7b	2 452.5	28 694.3
T8	27.2	83.6	11.8b	2 409.0	28 426.2
T9	25.9	76.8	11.8b	2 376.0	28 036.8

3. 化学成分

从表3-79、表3-80表可以看出，在打顶留叶数相同的条件下，烤后烟叶还原糖、总糖含量随着密度的增大呈现先升高又降低的趋势；烟叶总碱含量表现出随着留叶数的增多呈现出逐渐降低的趋势；在高密度条件下（110cm×40cm），总氮含量随着留叶数的增多呈现逐渐升高的趋势，而在中低密度条件（110cm×40cm、110cm×40cm）下，总氮含量随着留叶数的增多呈现逐渐降低的趋势；在中高密度条件下，烟叶钾含量随着留叶数的增多呈现先升高又降低的趋势，而在低密度条件下，烟叶钾含量随着留叶数的增多呈逐渐升高的趋势；不同处理对烟叶氯含量的没有明显影响。从清甜香烟叶关键指标范围看，T2、T5 的还原糖含量属于清甜香烟叶的范围，T2、T3、T5、T8、T9 的总碱范围比较接近清甜香烟叶的范围。

表3-79　不同种植密度对烟叶化学成分的影响

处理	还原糖（%）	总糖（%）	总碱（%）	总氮（%）	钾（%）	氯（%）
T1	23.56	30.75	2.12	1.69	2.26	0.28
T2	24.15	31.24	1.95	1.72	2.65	0.25
T3	23.67	30.47	1.74	1.77	2.41	0.32
T4	23.96	31.79	2.04	1.97	2.27	0.26
T5	24.74	32.62	1.80	1.73	3.12	0.34
T6	22.57	31.02	1.62	1.77	2.71	0.28
T7	22.7	29.59	2.17	1.90	2.54	0.27
T8	23.42	30.13	1.90	1.86	2.67	0.29
T9	22.68	29.26	1.72	1.79	2.71	0.30

表 3-80 不同种植密度对烟叶化学成分派生值的影响

表 3-80 不同种植密度对烟叶化学成分派生值的影响

处理	糖碱比	氮碱比	钾氯比	两糖差	两糖比	糖氮比
T1	11.13	0.8	8.1	7.2	0.8	13.96
T2	12.38	0.9	10.6	7.1	0.8	14.04
T3	13.61	1.0	7.5	6.8	0.8	13.39
T4	11.73	1.0	8.7	7.2	0.8	12.68
T5	13.74	1.0	9.2	7.9	0.8	14.30
T6	13.94	1.1	9.7	8.8	0.7	12.77
T7	10.46	0.9	9.4	7.2	0.8	11.97
T8	12.36	1.0	9.2	6.7	0.8	12.62
T9	13.18	1.0	9.0	6.6	0.8	12.66

各处理的化学成分的派生值也都在较适宜的范围内。综合分析来看，T5 处理的总糖、还原糖、钾含量较高，化学成分更协调。从清甜香烟叶关键指标范围看，只有 T1、T4 和 T7 的糖碱比含量不属于清甜香烟叶范围，T1 的氮碱比不属于清甜香烟叶范围，T2 和 T5 的糖氮比属于清甜香烟叶范围。

4. 感官质量

从表 3-81 可以看出，T3、T4、T5 处理的香气质、香气量得分较高，T5 处理的总得分最高，评吸结果为 T5 处理表现为清香型香气，香韵特征明显，香气质中上，香气量充足（+），吸味干净，余味舒适，劲头中，浓度稍浓，有回甜感，微有刺激，烟气流畅自然，综合表现最好。

不同处理对烟叶主要化学成分派生值的影响见表 3-81，可以看出，T3 的糖碱比和糖氮比最大，比最低的 T2 高了 40.50%，这是与 T3 处理烟叶的含氮化合物量小有关；四个处理的烟叶氮碱比差异不大；钾氯比 T3 最大，这是与 T3 处理烟叶含氯量比较高有关；两糖差 CK 最大，比最小的 T1 高出 52.60%；四个处理的烟叶两糖比差别不大。从清甜香烤烟的关键化学指标的范围来看，只有 T3 的糖碱比不在适宜范围之内，氮碱比均在适宜的范围之内，T2、CK 糖氮比在适宜范围之内。

表 3-81 不同种植密度对烟叶评吸质量的影响

处理	香气质 （15）	香气量 （20）	余味 （25）	杂气 （18）	刺激性 （12）	燃烧性 （5）	灰分 （5）	得分 （100）
T1	11.09	15.75	18.87	12.32	8.54	3.2	3.0	72.77
T2	11.34	16.03	19.08	12.45	8.93	3.1	2.9	73.83
T3	11.54	15.67	18.92	12.38	8.39	3.1	2.9	72.90
T4	11.68	16.25	19.23	12.44	8.32	3.0	3.0	73.92
T5	11.87	16.13	19.53	12.59	8.42	3.0	3.0	74.54

（续表）

处理	香气质 （15）	香气量 （20）	余味 （25）	杂气 （18）	刺激性 （12）	燃烧性 （5）	灰分 （5）	得分 （100）
T6	11.27	15.87	19.35	12.33	8.56	3.0	2.9	73.28
T7	11.12	15.67	19.19	12.97	8.27	3.0	2.9	73.12
T8	11.21	15.83	19.21	13.06	8.34	3.0	3.0	73.65
T9	11.15	15.9	19.32	12.86	8.43	2.9	2.9	73.46

（三）小结

在打顶留叶数相同的条件下，烤后烟叶还原糖、总糖含量随着密度的增大呈现先升高又降低的趋势；烟叶总碱含量表现出随着留叶数的增多呈现出逐渐降低的趋势。种植密度偏小，留叶数偏少，烤烟植株生长和烟片发育过旺、烤后原烟颜色不鲜亮，而且烟叶化学成分不协调、吸食质量的刺激性、杂气升高、清甜香质量特色丧失。

综合分析结果表明：红花大金元适宜种植密度为110cm×50cm、留叶数19~21片，个体与群体发育中等的栽培措施条件下，所产烟叶的香韵特征明显，香气量充足，吸味干净，烟气流畅自然，清甜香质量特色突出。

三、宽垄双行高效种植技术研究

（一）M型宽垄双行栽培模式研究

1.2009年度

（1）材料。试验于四川省凉山州会东县参鱼区新云乡官村进行，试验地海拔1 642m，试验户有较高的生产种植水平和生产经验、烘烤技术熟练，烘烤设施为密集烤房（气流下降式）。试验地土壤为紫色土，土壤质地疏松，肥力中等，灌排方便，前茬作物为小麦。种植品种为云烟85，由凉山州烟草公司统一提供。

（2）方法。

①试验设计：本试验共有3个因素，各个因素有3个水平。施肥量：亩施Ⅰ，35kg，Ⅱ，40kg，Ⅲ，45kg。起垄方式：a.平板烟，垄宽1.1m、垄高10cm；b.单垄单行，垄宽1.1m、垄高25cm；c.单垄双行，垄宽2.2m、垄高25cm。株距：i，50cm，ii，55cm，iii，60cm。

采用L9（3^4）正交设计，具体如表3-82所示。

表3-82　处理组合设计

处理	施肥（复合肥） （亩/kg）	起垄方式	株距（cm）
T1	Ⅰ	①	i

（续表）

处理	施肥（复合肥）（亩/kg）	起垄方式	株距（cm）
T2	I	②	ii
T3	I	③	iii
T4	II	①	ii
T5	II	③	iii
T6	II	②	i
T7	III	①	iii
T8	III	②	ii
T9	III	③	i

试验的育苗及大田管理、采收烘烤等相关环节均按照当地优质烟生产技术规范执行。

小区行长6.2m，4行区，小区面积27.3m²。随机排列，重复3次，试验田四周设置保护行，试验田占地面积为1.10亩。氮磷钾比例为1：（0.8~1）：（2~3），施肥技术按基地生产技术规范要求执行。复合肥氮、磷、钾含量为10：10：24；硝酸钾N含量为13.5%、K_2O含量为44.5%。

②试验管理。

a. 育苗方法：采用塑料大棚直播漂浮育苗，由凉山州烟草公司统一育苗供苗。

b. 移栽期：5月4日移栽。

c. 施肥量及施肥方法：I，基肥用量21kg/亩，每棵烟株用量0.015kg，追肥分两次施用，第一次在移栽后7d，每株用量0.007 3kg，第二次在移栽后14d，每棵用量为0.002 9kg；II，基肥用量24kg/亩，每棵烟株用量0.018kg，追肥分两次施用，第一次在移栽后7d，每株用量0.008 3kg，第二次在移栽后14d，每棵用量为0.003 4kg；III：基肥用量27kg/亩，每棵烟株用量0.020kg，追肥分两次施用，第一次在移栽后7d，每株用量0.008 4kg，第二次在移栽后14d，每棵用量为0.003 3kg。基肥全部条施，追肥浇施。

d. 田间管理：严格按试验技术规范及当地优质烟生产标准进行。

表3-83 中耕除草情况

时间	田间操作		
5月22日	中耕	培土	除草
6月10日	中耕	小培土	除草
7月14日	宽垄双行中间开宽15cm深10cm的小沟蓄水		

表 3-84　统防统治情况

日期	用药	防治病害	效果
5 月 8 日	太阳花	地下害虫	好
5 月 23 日	菌克毒克 1 000 倍喷雾	普通华叶病	不明显
6 月 17 日	新万生	气候斑	不明显
6 月 28 日	新万生+甲基托布津	气候斑	不明显
7 月 6 日	插竹签	蚜虫	明显

7 月 5—15 日于 20%烟株的第一中心花开放时进行打顶；7 月 12 日至 8 月 28 日分别进行 5 次人工抹杈。严格按照基地烤烟生产技术规范所规定的烟叶成熟采收、科学烘烤（三段五步式烘烤工艺）严格操作。各项农事操作及时一致，同一管理措施在同一天内完成。

③调查分析项目。

a. 烟株生长势调查：分别于团棵期（移栽后 25~30d）、现蕾期（移栽后 50~55d）调查烟株生长势，并测定最大叶长宽。

b. 农艺性状调查方法：于打顶后 15d 调查各个处理烟株的农艺性状：株高、有效叶片数、茎围、节距、最大叶长、最大叶宽等。按照烟草行业颁布的农艺性状调查方法（烟草农艺性状调查方法，YC/T 142—1998）。

c. 取样方法：采烤期间单采单烤，单独存放，单独分级，烘烤完毕分别取各个处理的 B2F、C3F、X2F 三个等级的烟样 3kg，用于外观质量评价、化学成分分析及感官质量评吸。

（3）结果分析。

①不同处理对团棵期农艺性状的影响：从大田长势来看，宽垄双行的烟株长势比另两个处理强，颜色更深，株高更高。从表 3-85 可以看出，宽垄双行的三个处理均比平板烟和单垄单行的株高高，叶片数也多 0.3~2.6 片，叶片长比另外两个出来长 1.11~9.66cm。主要因为宽垄双行具有保温蓄水的作用，促进烟株早生快发，宽垄双行的优势得到体现。

表 3-85　团棵期农艺性状

处理	株高（cm）	叶数（片）	叶长（cm）	叶宽（cm）
T1	18.64	10.2	34.11	17.24
T2	18.18	10.4	32.56	13.72
T3	18.76	10.5	35.24	16.76
T4	18.28	9.8	32.56	15.54
T5	14.32	9.0	25.58	11.48
T6	18.46	12.4	33.96	16.18

（续表）

处理	株高（cm）	叶数（片）	叶长（cm）	叶宽（cm）
T7	16.24	9.2	30.28	12.28
T8	16.46	9.1	31.76	14.36
T9	16.64	10.2	31.38	12.74

②不同处理对烤烟圆顶期主要农艺性状的影响：根据打顶前各处理烟株的长势打顶留叶，1周后对各处理烟株农艺性状调查，结果见表3-86。通过对表四不同农艺性状的统计分析可以看出，宽垄双行处理的叶长和叶宽较大，均比平板烟和单垄单行种植处理的长，说明宽垄双行的边行效应明显，由于每一行烟都是边行，通风透光条件好，烟株长势强。但是有效叶数、株高、茎围等变化不大，各处理的农艺性状差异不显著，主要原因是生育前期干旱，没有及时浇水，导致烟叶生长发育受阻，到生育后期仍然没表现出品种的特性，宽垄双行的优势没有发挥出来。因此，建议明年再更合理地安排试验，加强田间管理。

表3-86 圆顶期主要农艺性状调查

处理	下部叶（cm）		中部叶（cm）		上部叶（cm）		有效叶数	株高（cm）	茎围（cm）	节距（cm）
	叶长	叶宽	叶长	叶宽	叶长	叶宽				
T1	60.81	22.65	68.6	24.11	63.37	19.16	19.00	77.86	9.00	4.19
T2	52.65	18.64	64.48	22.21	63.65	18.86	18.6	65.21	8.2	3.65
T3	59.17	22.87	68.88	24.14	64.39	19.56	18.9	77.59	8.59	4.06
T4	55.53	21.27	69.13	23.99	63.99	19.05	19.7	78.73	9.00	3.91
T5	55.45	21.16	65.13	23.36	61.02	18.36	18.8	62.65	8.79	3.31
T6	59.21	22.06	70.57	24.25	64.34	19.45	22.7	71.81	9.22	3.83
T7	57.28	21.49	68.15	24.37	62.25	18.41	18.8	73.00	9.01	3.96
T8	50.01	17.87	63.21	21.91	62.23	18.49	18.7	63.83	8.19	3.53
T9	57.97	21.87	69.03	24.74	66.76	19.89	18.9	72.65	8.71	3.83

③不同处理对产量的影响：采用SNK多重范围检验法（α=0.05）结果比较如表3-87所示。

表3-87 各处理产量统计

处理	产量（kg/亩）		
	I	II	III
T1	156.85	143.42	139.75

（续表）

处理	产量（kg/亩）		
	I	II	III
T2	137.31	141.22	144.64
T3	169.32	166.38	166.63
T4	147.08	134.38	136.58
T5	127.29	149.53	124.12
T6	169.56	162.47	161.50
T7	135.84	141.22	149.04
T8	157.83	154.42	148.79
T9	151.97	165.65	164.43

从表 3-88 可以看出，宽垄双行的产量最高，为 2 471.31 kg/hm²，产量比单垄单行提高 13.86%，比平板烟提高 15.91%，并且有极显著差异。单垄单行烟的产量次之，为 2 170.40kg/hm²，平板烟的产量最低，为 2 132.13kg/hm²，这两个处理之间差异不显著。各处理的上等烟比例之间和均价之间都没有显著差异，但是宽垄双行处理的上中等烟比例最高为 80.26%，与另外两个处理之间存在极显著差异，分别比单垄单行处理和平板烟处理提高 8.92%、11.36%。最终的产值以宽垄双行处理的最高，为 23 304.45元/hm²，分别比单垄单行处理和平板烟处理提高 16.57% 和 19.19%，有极显著差异，单垄单行处理和平板烟处理的产值之间没有差异。单从起垄方式来看，宽垄双行处理的产量和产值最高，并且有极显著差异。

表 3-88 起垄方式对产量的影响统计

起垄方式	均值（kg/hm²）	上等烟比例（%）	上中等烟比例（%）	均价（元/kg）	产值（元/hm²）
宽垄双行	2 471.31a	26.31a	80.26a	9.43a	23 304.45a
单垄单行	2 170.40b	25.87a	73.69b	9.21a	19 989.38b
平板烟	2 132.13b	25.12a	72.07b	9.17a	19 551.63b

从表 3-89 可以看出，施肥量为 35kg/亩的产量最高，为 2 316.59 kg/hm²，而施肥量为 40kg 的处理产量最低为 2 207.85kg/hm²，比施 35kg/亩的处理产量低 4.93%，施肥量为 35kg/亩的处理与 45kg/亩的处理之间没有显著性差异，施肥量为 45kg/亩的处理与 40kg/亩的处理产量之间也没有差异，45kg/亩的处理产量略高，但是施肥量为 35kg/亩的处理与 40kg/亩的处理之间存在极显著差异。产值以施肥量 35kg/亩的处理最高，为 20 663.98元/hm²，45kg/亩的处理次之，为 20 514.53元/hm²，这两个处理之间没有差异，与施肥量为 40kg/亩的处理之间存在极显著差异。出现这种结果的可能原因是肥

料使用量梯度太小，无法体现肥料用量之间的差异，建议明年设计肥料梯度更大的试验。

表3-89 施肥量对产量的影响统计

施肥量	均值 （kg/hm²）	上等烟比例 （%）	上中等烟 比例（%）	均价 （元/kg）	产值 （元/hm²）
35kg	2 316.59a	26.02a	75.64a	8.92a	20 663.98a
45kg	2 249.40ab	25.85a	70.34b	9.12a	20 514.53a
40kg	2 207.85b	25.76a	69.75b	9.06a	20 003.12b

从表3-90可以看出，株距为50cm的处理产量最高，为2 367.48 kg/hm²，与株距为60cm的处理之间没有显著差异，比55cm处理的产量提高7.67%，有极显著差异，其次为株距60cm的产量为2 207.45 kg/hm²，株距为55cm的产量最低，为2 198.90 kg/hm²。株距为50cm的处理与株距为60cm的处理上等烟比例之间没有差异，但与株距为55cm的处理之间存在极显著差异。各处理上中等烟比例与均价之间没有差异，株距为50cm的处理的产值最高，为21 330.99元/hm²，与另外两个处理之间有极显著差异。

表3-90 株距对产量的影响统计

株距	均值 （kg/hm²）	上等烟比例（%）	上中等烟 比例（%）	均价 （元/kg）	产值 （元/hm²）
50cm	2 367.48a	26.47%a	76.73a	9.01a	21 330.99a
60cm	2 207.45a	26.52%a	75.45a	8.93a	19 712.53b
55cm	2 198.90b	23.85%b	74.89a	8.96a	19 702.14b

④不同处理对中部烟叶化学品质的影响：从表3-91可以看出，在烤后烟叶化学成分协调性上，T3、T6、T9表现较好，说明宽垄双行栽培模式下，有利于烟叶内含物的形成，并且烟叶化学成分及其派生值表现最好。

表3-91 不同处理对中部烟叶化学成分的影响

处理	总糖 （%）	还原糖 （%）	烟碱 （%）	总氮 （%）	氯 （%）	钾 （%）	糖碱比	氮碱比	钾氯比
T1	31.08	24.08	2.25	2.06	0.49	2.42	10.70	0.92	4.94
T2	31.75	23.78	2.25	2.03	0.49	2.46	10.57	0.90	5.02
T3	31.34	23.68	2.27	2.07	0.48	2.54	10.43	0.91	5.29
T4	31.45	24.36	2.28	2.10	0.49	2.49	10.68	0.92	5.08
T5	28.13	22.07	2.03	1.85	0.46	2.16	10.87	0.91	4.70
T6	31.48	25.44	2.31	2.07	0.48	2.64	11.01	0.90	5.50

（续表）

处理	总糖 （%）	还原糖 （%）	烟碱 （%）	总氮 （%）	氯 （%）	钾 （%）	糖碱比	氮碱比	钾氯比
T7	30.06	23.35	2.42	2.08	0.46	2.17	9.65	0.86	4.72
T8	27.81	21.17	2.08	1.87	0.41	2.14	10.18	0.90	5.22
T9	31.43	24.73	2.32	2.08	0.47	2.59	10.66	0.90	5.51

⑤不同处理对烟叶评吸质量的影响：从表3-92可以看出，在劲头、浓度、燃烧性和灰色上各处理差别不大。在香气质和香气量上，宽垄双行栽培模式下的烟叶表现明显好于其他处理。

表3-92 不同处理对中部烟叶评吸质量的影响

处理	劲头	浓度	香气质 （15）	香气量 （20）	余味 （25）	杂气 （18）	刺激性 （12）	燃烧性 （5）	灰色 （5）	得分 （100）
T1	适中	中等	11.42	15.59	20.08	13.33	8.83	3.00	3.00	73.3
T2	适中	中等+	11.67	15.83	20.08	13.58	8.83	3.00	3.00	72.7
T3	适中	中等	11.73	16.17	19.00	12.58	8.67	3.00	3.00	75.8
T4	适中	中等+	11.42	16.08	19.83	13.17	8.75	3.00	3.00	75.3
T5	适中	中等	11.42	15.67	19.67	13.08	8.75	3.00	3.00	74.6
T6	适中	中等+	11.92	15.78	18.83	12.58	8.50	3.00	3.00	76.3
T7	适中	中等	11.25	15.83	19.25	12.83	8.75	3.00	3.00	73.9
T8	适中	中等	11.25	15.83	18.80	12.84	8.86	3.00	3.00	73.7
T9	适中	中等	11.81	15.83	19.91	12.56	8.61	3.00	3.00	75.5

⑥不同处理对中部烟叶外观质量的影响：从表3-93可以看出，各处理对中部叶烤后原烟的外观质量影响不大。

表3-93 不同处理对烟叶外观质量的影响

处理	颜色	成熟度	叶片结构	身份	油分	色度
CK	橘黄	成熟	疏松	适中	多-	强+
T1	橘黄-	成熟	疏松	适中	多-	强+
T2	橘黄	成熟	疏松	适中	多-	强+
T3	橘黄	成熟	疏松	适中	多-	浓-
T4	橘黄	成熟	疏松	适中	多-	浓-
T5	橘黄	成熟	疏松	适中	多-	强+
T6	橘黄	成熟	疏松	适中	有+	强+

（4）小结。烟草的产量构成为：产量＝单叶重量×单株叶数×单位面积上的株数。宽垄双行50cm株距处理的亩株数最多，并且边际效应明显，每株都能很好地发挥品种的潜力，因此产量最高。从施肥量来看，亩施35kg的产量最高，45kg的次之，40kg的最低，出现此种情况的可能原因是施肥量的设计梯度太小，不足以体现肥料使用量之间的差异。另外一个重要的原因是前期干旱，雨水较少，加之没有及时浇水，导致烟株过于干旱，土壤中的肥效没有充分发挥，一方面造成土壤肥料的浪费，另一方面导致土壤养分供应不足，烟株所需的养分不能及时供应。

由于烟株生育前期干旱，未能及时浇水导致部分烟株失水过多，且未按照优质烟生产技术规程管理等原因，品种的潜力没有发挥出来，宽垄双行的蓄水的优势也没发挥，烟株矮小、叶片又小又薄，导致最终的烟叶产量不高，经济效益也不高。

一个导致产值不高的原因是8月24日第五次采烟时，下午温度较高，烟叶编竿后堆挤在一起，使鲜叶变坏，烘烤出炉后全是黑烟，没有任何经济价值，全是杂烟及级外的烟，最终导致上等烟、上中等烟比例不高，产值较低。因此，在以后的试验过程中，如果不是编烟后直接进烤房，编好的烟杆一定不能堆积，受热而损害，要散开放置。8月31日第六次采烟时下雨，烟叶是湿的，编好杆后直接送进了烤房点火烘烤，而且装烟密度过大，使烤房内的湿度过高，导致烟叶不能正常变黄，烘烤质量很差。烘烤后的烟叶堆积在一起，下部烟叶由于受潮而发霉，有的甚至腐烂，最终导致每个处理的产量都降低，上等烟、上中等烟比例也降低，产值下降，经济效益不高。

由于上述种种原因使宽垄双行的优势没有充分发挥，并且试验只进行了一年，并且只在一个地点进行，有待于进行多年多点试验才更有说服力。在以后的试验中选取有责任心有经验的烟农家进行，一定要按照当地优质烟生产技术规程进行管理，严格按照试验方案进行管理，单独烘烤，单独存放，单独分级，建议没采收完一个部位接着就分级取样，以免最后烟叶损坏。

2. 2010 年试验

（1）供试材料。试验地选在四川省凉山州会东县嘎吉乡茂吉村4社，海拔1 900m，GPS：E 102°48.439′，N 26°27.328′。试验户有较高的生产种植水平和生产经验、烘烤技术熟练，烘烤设施为密集烤房（气流下降式）。供试品种为红花大金元，由州公司统一供种。试验地土壤类型为黄壤，土壤质地疏松，地块平整，土壤肥力中等，灌排方便，交通便利，前茬作物为冬闲。

表3-94 试验地土壤基础肥力概况

土壤肥力	有机质含量（%）	碱解氮（mg/kg）	速效磷（mg/kg）	速效钾（mg/kg）	pH
中等	1.53	183.57	12.78	230.41	7.13

（2）方法。

①试验设计：本试验共有3个因素，各个因素有3个水平。

株距：50cm，55cm，60cm；垄体基部宽：140cm，150cm，160cm；行距：90cm，

100cm，110cm。

试验小区设计：设 4 行区，试验小区长 10m，每个小区 44m²。三次重复，共 9 个处理，27 个小区，采用随机区组排列，四周设保护行，大约需要 2 亩地。大行距为 220cm，试验中所指行距为宽垄双行上所栽的两行烟的行距。

采用 L9（3⁴）正交设计，具体如表 3-95、表 3-96 所示。

表 3-95　试验设计

处理编号	株距	垄基部宽度	行距	空白列
T1	50	140	90	
T2	50	150	100	
T3	50	160	110	
T4	55	140	100	
T5	55	150	110	
T6	55	160	90	
T7	60	140	110	
T8	60	150	90	
T9	60	160	100	

表 3-96　试验各处理田间分布

重复	处理								
I	T1	T3	T9	T4	T8	T7	T2	T6	T5
II	T3	T1	T5	T9	T7	T2	T8	T6	T4
III	T8	T3	T6	T1	T5	T9	T2	T4	T7

②田间施肥量：亩施纯氮 6kg，氮磷钾比例为 1：1：3，有机肥每亩 500kg，菜籽饼（油枯）每亩 20kg，硝酸钾 10kg/亩，烟草专用肥（8：9：27）45kg，磷酸氢钙 9kg，硫酸钾 2.3kg。专用肥 60% 基施，按每行用量于起垄时一次性施入垄底。硝酸钾做提苗肥第一次在移栽后 7d 施用 4kg/亩；第二次施用在上次施用后 7d，用量 6kg/亩。提苗肥施用方式为浇施。每株施肥量如表 3-97 至表 3-99 所示。

表 3-97　每株施肥量计算

处理	圈肥	油枯	专用肥	硝酸钾	磷酸氢钙	硫酸钾
T1、T2、T3	416.7	16.7	33.3	8.3	9.3	4.2
T4、T5、T6	454.5	18.2	36.4	9.1	10.2	4.5
T7、T8、T9	500.0	20.0	40.0	10.0	11.2	5.0

表 3-98 田间操作记载

时间	田间操作
5月11日	第一次追施硝酸钾
5月21日	第二次追施硝酸钾
6月16日	揭膜培土，结合中耕
7月1日	打顶抹杈
7月10日	第二次抹杈

表 3-99 统防统治情况记载

时间	药剂名称	防治目的	防治效果
5月7日	铲老虎	防治地下害虫	较好
5月20日	毒罢菌	防治花叶病	一般
5月30日	霜霉威	防治黑茎病	较好
6月13日	吡虫啉	防治烟蚜	较好
6月18日	粉锈宁	防治白粉病	一般
6月25日	灭牙签	防治烟蚜	较好
7月6日	粉锈宁	防治白粉病	一般

试验的育苗、起垄移栽及大田管理、采收烘烤等相关环节均按照当地优质烟生产技术规范执行。尤其宽垄双行的起垄要严格按照试验方案要求进行，起垄对试验结果的影响很大，避免人为操作造成试验的误差，以提高试验的准确度。

③调查分析项目：统计不同处理团棵期、现蕾期的农艺性状，记载各生育时期。烟叶成熟时调查各个处理烟株的农艺性状：株高、有效叶片数、茎围、节距、叶长、叶宽等。

烘烤完毕分别取各个处理的 B2F、C3F、X2F 三个等级的烟样 3 kg，用于进行化学成分分析和感官质量评吸。

统计各个处理的产量、产值并进行相关分析。

保留各个处理不同生育时期的影响资料或数码照片。

（3）结果与分析。

①双 M 种植模式对旺长期农艺性状的影响：从旺长期烟株的农艺性状可以看出，T9、T8、T2、T5 的中部叶最大叶长和最大叶宽均比其余各处理表现要好，叶面积表现也较好，其中 T9 表现最好；T8 的株高 35.85cm 最高比 T5 的植株 28.28cm 高 7.57cm，有效叶片数最多的是 T8，其次有 T9、T2，T5 的有效叶片数最少（表 3-100）。

表 3-100 双 M 种植模式旺长期农艺性状及方差分析记载

处理	中部叶		株高（cm）	有效叶数（片）
	叶长（cm）	叶宽（cm）		
T1	25.95	54.13	28.67	12.40
T2	27.62	58.48	33.53	13.43
T3	26.08	56.70	31.47	12.93
T4	24.83	56.87	33.47	13.27
T5	27.40	52.40	28.28	12.12
T6	25.55	56.87	31.38	13.33
T7	24.95	54.52	29.73	12.53
T8	28.70	61.85	35.85	13.90
T9	31.15	60.45	34.88	13.53

②双 M 种植模式对圆顶期农艺性状的影响：从表 3-101 双 M 种植模式圆顶期农艺性状记载表可以看出，中部叶叶面积较大的有 T9、T6，叶面积较小的有 T3、T4；有效叶数较多的有 T8、T9，其余各处理的有效叶数相差不大；顶叶的叶面积较大的有 T6、T9，叶面积较小的有 T4、T8，其中倒三叶长较长的有 T6、T9，较宽的有 T6、T9，茎围除 T1 外，其余各处理均相差不大，都达到了 10cm；节间距较长的有 T2、T9，节间距较短的有 T1、T8；株高较高的有 T9、T8，较矮的有 T4、T7。

表 3-101 双 M 种植模式圆顶期农艺性状及方差分析记载

处理	中部叶		有效叶数（片）	顶叶		茎围（cm）	节距（cm）	株高（cm）
	叶长（cm）	叶宽（cm）		倒三叶长（cm）	倒三叶宽（cm）			
T1	73.97	29.89	17.87	48.67	17.64	9.953	4.99	88.34
T2	77.93	31.50	18.00	52.82	17.12	10.25	5.25	91.77
T3	71.73	27.67	17.60	50.35	18.05	10.19	5.01	87.96
T4	72.80	27.57	17.67	48.84	16.64	10.18	5.15	86.88
T5	77.53	30.63	17.93	53.29	18.34	10.19	5.15	89.40
T6	78.57	31.43	17.67	56.28	18.89	10.23	5.04	88.06
T7	76.20	31.13	17.00	51.39	16.95	10.09	5.06	82.69
T8	78.40	31.40	19.07	50.35	16.76	10.63	4.71	94.95
T9	77.91	31.77	18.27	54.45	19.33	10.56	5.22	98.81

③双 M 种植模式对产量产值的影响：从表 3-102 可以看出，双 M 种植模式对产量的影响不同。具体表现为 T5 的产量最高，为 2 992 kg/hm²，其次较高的有 T1、T9，较低的是 T7；上等烟比例较高的有 T8、T2，较低的有 T1、T6，其余各处理均高于 20%；上中等烟比例较高的有 T1、T8，其余各处理差异不明显；均价较高的有 T8、T9，较低的有 T6；T5 有利于提高烟叶产量产值，T8 有利于提高上等烟比例和均价。

表 3-102　双 M 种植模式对产量的影响统计

处理	上等烟比例（%）	上中等烟比例（%）	均价（元/kg）	产量（kg/hm²）	产值（元/hm²）
T1	18.36	78.08	12.05	2 808	33 890
T2	26.78	75.86	12.29	2 499	30 770
T3	21.90	77.50	12.01	2 573	30 950
T4	21.93	77.63	12.27	2 423	29 625
T5	23.85	75.16	12.04	2 992	36 045
T6	19.21	68.77	11.52	2 296	26 503
T7	25.02	74.85	12.25	2 157	26 474
T8	27.28	78.06	12.62	2 603	32 772
T9	24.40	77.19	12.35	2 784	34 285

④双 M 种植模式对烟叶化学成分的影响：从表 3-103 可以看出，在含糖化合物和含氮化合物方面，T2 和 T8 表现较好，各处理的氯含量差异不大，钾含量方面，T2 和 T8 含量较高，在协调性方面，T2、T7、T8 表现较好。

表 3-103　不同处理对中部叶化学成分的影响统计

处理	还原糖（%）	总糖（%）	烟碱（%）	总氮（%）	氯（%）	钾（%）	糖碱比	氮碱比	钾氯比
T1	21.05	27.72	2.17	1.97	0.32	2.09	9.70	0.91	6.53
T2	24.24	31.36	2.28	2.20	0.40	2.56	10.63	0.96	6.40
T3	23.56	31.25	2.36	2.17	0.39	2.39	9.98	0.92	6.13
T4	23.66	31.66	2.34	2.13	0.40	2.41	10.11	0.91	6.03
T5	21.95	28.04	2.26	1.95	0.37	2.11	9.71	0.86	5.70
T6	23.23	29.97	2.51	2.18	0.37	2.12	9.25	0.87	5.73
T7	23.96	30.99	2.34	2.16	0.40	2.37	10.24	0.92	5.93
T8	25.32	31.39	2.40	2.34	0.39	2.59	10.55	0.98	6.64

（续表）

处理	还原糖 （%）	总糖 （%）	烟碱 （%）	总氮 （%）	氯 （%）	钾 （%）	糖碱比	氮碱比	钾氯比
T9	24.61	31.34	2.41	2.18	0.38	2.54	10.21	0.90	6.68

⑤不同处理对中部叶烟叶评吸质量的影响：从表 3-104 可以看出，在劲头、浓度、燃烧性、余味、杂气、刺激性和灰色方面，各处理的差异不大，在香气质和香气量方面，T2 和 T8 表现较好，综合得分方面，T2、T8 和 T9 表现较好。

表 3-104 不同处理对中部叶烟叶评吸质量的影响

	劲头	浓度	香气质 （15）	香气量 （20）	余味 （25）	杂气 （18）	刺激性 （12）	燃烧性 （5）	灰色 （5）	得分 （100）
T1	适中	中等	11.21	15.48	20.42	12.82	8.78	3.00	3.00	73.29
T2	适中	中等+	11.45	15.46	19.42	12.44	8.65	3.00	3.00	75.54
T3	适中	中等	11.20	15.71	19.92	12.57	8.65	3.00	3.00	74.29
T4	适中	中等	11.45	15.84	20.05	12.69	8.78	3.00	3.00	73.79
T5	适中	中等	11.20	15.46	19.42	12.19	8.53	3.00	3.00	73.04
T6	适中	中等+	11.20	15.59	19.80	12.69	8.65	3.00	3.00	74.04
T7	适中	中等	11.07	15.59	19.55	12.32	8.53	3.00	3.00	73.17
T8	适中	中等	11.46	15.59	19.80	12.57	8.65	3.00	3.00	75.04
T9	适中	中等	11.32	15.84	20.17	12.57	8.65	3.00	3.00	74.67

⑥不同处理对烟叶外观质量的影响：从表 3-105 可以看出，各处理中部烟叶外观质量差异不大。

表 3-105 不同处理对烟叶外观质量的影响

	颜色	成熟度	叶片结构	身份	油分	色度
T1	橘黄	成熟	疏松	适中	多-	强+
T2	橘黄	成熟	疏松	适中	多-	强+
T3	橘黄	成熟-	疏松	适中-	有+	强
T4	橘黄	成熟	疏松	适中	有+	强+
T5	橘黄	成熟	疏松	适中	多-	浓-
T6	橘黄	成熟	疏松	适中	有+	强+
T7	橘黄	成熟	疏松	适中	多-	强+
T8	橘黄	成熟	疏松	适中	多-	浓-
T9	橘黄	成熟	疏松	适中	有+	强+

（4）小结。

①农艺性状：T9、T8、T2、T5 的中部叶最大叶长和最大叶宽均比其余各处理表现要好，叶面积表现也较好，其中 T9 表现最好；圆顶期 T9、T6 的中部叶叶面积较大，T6、T9 的倒三叶长和宽表现最好，说明此种植模式下有利于烟株发育。

②产量产值：对产量产值进行正交设计的方差分析结果表明：株距 50cm，垄宽 150cm，行距 90cm 的产量产值较好，而且田间长势较好，叶面积较大，能充分发挥边行优势。在此种植模式下，田间操作不会伤害到叶片，就避免了由于田间操作带来的病害传播。在人工起垄的前提下，此垄型的用工较少，田间操作也方便，可以节省更多的地膜。

（二）M 型宽垄双行间作套种模式研究

1. 材料与方法

试验于 2011 年在凉山州烟草公司技术推广中心试验地进行，供试土壤为黄壤，地块平坦，土壤肥力均等，前茬作物为玉米，土壤基本理化性状为 pH 值 5.93，有机质 1.63 g/kg，碱解氮 129.86mg/kg，速效磷 35.52mg/kg，速效钾 93.63mg/kg。供试烤烟品种为云烟 85，由凉山州烟草公司统一供苗，采用漂浮育苗。

（1）试验设计：采用田间小区试验，随机排列，设 4 个处理，3 次重复，共 12 个试验小区，小区面积 72m^2。具体试验设计如下：

T1：M 型宽垄双行烤烟与豇豆间作；T2：M 型宽垄双行烤烟与大豆间作；T3：M 型宽垄双行烤烟与葱间作；CK：单垄单行单作；

（2）试验管理：

①起垄规格：宽垄双行垄高 25cm，宽 150～160cm，垄中间留一条深 10cm，宽 20cm 的集雨沟；单垄垄高 25cm，宽 70～80cm。种植规格为行距 110cm，株距 55cm。

②每个处理保证氮磷钾比例一致，均为 N：P$_2$O$_5$：K$_2$O = 1：1：3，除试验因素外，烤烟田间管理措施照常规优质烤烟生产技术进行。

（3）调查分析项目：

①垄体土壤微生物数量测定：于烤烟移栽前，旺长期、成熟期采取烟株根际土壤测定根际土壤细菌、真菌和放线菌的数量。

②垄体土壤容重测定：分别在烤烟生长的移栽期、团棵期、旺长期、现蕾期、成熟期采用 5 点取样法，对 15cm 深度土壤采集土样测定土壤容重。

③垄体土壤养分测定：分别在烤烟移栽期、团棵期、旺长期、现蕾期、成熟期采用 5 点取样法，对 15cm 深度土壤采集土样测定土壤有机质含量、碱解氮含量、速效磷含量、速效钾含量。

④烟田发病率调查：于烤烟圆顶期调查田间黑胫病、青枯病、根黑腐病、白粉病、赤星病、气候斑病等主要病害的发生情况，并计算发病率和病情指数。

发病率（%）=（发病株数/调查总株数）×100

病情指数 = ［∑（各级病株或叶数×该病级值）/（调查总株数或叶数×最高级值）］×100

烤后烟叶产量及成分分析：各小区鲜烟叶挂牌同炉烘烤，三段五步式烘烤工艺，单独分级、计产，原烟依据烤烟国标42级制分级，原烟等级以烟草公司收购定级为准。分别取各处理烤后烟叶中部叶（C3F）样品2kg，进行常规化学成分分析。

2. 结果与分析

（1）微生物。从图3-19中可以看出，从烤烟移栽前到采烤期，植烟土壤细菌数量呈现先增加后减少的趋势，从移栽前到旺长期植烟土壤根际细菌数量明显增加，旺长期到采烤期细菌数量逐渐减少，在旺长期和采烤期，各处理细菌数量为宽垄双行烤烟与大豆间作模式>宽垄双行烤烟与豇豆间作模式>单垄单作模式>宽垄双行烤烟与葱间作模式，在旺长期和采烤期，宽垄双行烤烟与葱间作模式的土壤细菌数量最少，说明烤烟与葱间作可明显降低土壤细菌的数量。

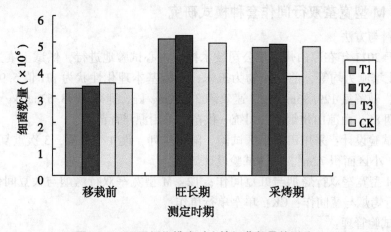

图3-19　不同间作模式对土壤细菌数量的影响

从图3-20中可以看出，从烤烟移栽前到采烤期，间作模式的植烟土壤真菌数量呈现先减少，后增加的趋势，单垄单作模式的植烟土壤真菌数量是先增加后减少的趋势。在旺长期和采烤期，宽垄双行烤烟与葱间作模式的土壤真菌数量最少，说明烤烟与葱间作可明显降低土壤真菌的数量。

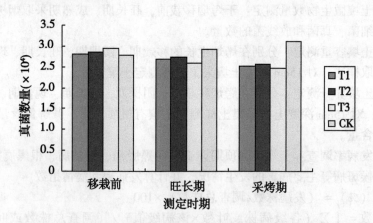

图3-20　不同间作模式对土壤真菌数量的影响

从图3-21中可以看出，从烤烟移栽前到采烤期，植烟土壤放线菌数量呈现先增加后减少的趋势，从移栽前到旺长期植烟土壤根际放线菌数量明显增加，旺长期到采烤期放线菌数量逐渐减少，在旺长期和采烤期，各处理放线菌数量为宽垄双行烤烟与葱间作模式>宽垄双行烤烟与大豆间作模式>宽垄双行烤烟与豇豆间作模式>单垄单作模式。

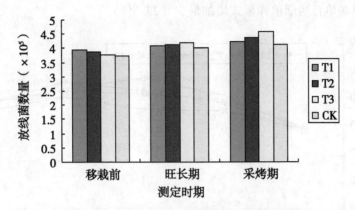

图 3-21 不同间作模式对土壤放线菌数量的影响

（2）土壤容重。从图 3-22 中可以看出，土壤容重变化趋势随降雨情况而变化，团棵期之前，随着降雨量的增加垄体土壤容重逐渐增加，单垄单行烤烟单作模式土壤容重增加最多（14.7%），团棵期之后随着降雨的减少，土壤容重也随之减小，从旺长期之后，随着降雨量的增加，土壤容重也随之增加，现蕾期之后土壤容重逐渐减小，在烤烟的成熟期，与移栽期比较，宽垄双行烤烟与大豆间作模式降低最多（11.6%），其次是宽垄双行烤烟与葱间作模式（11.5%），降低最少的是单垄单行烤烟单作模式（6.2%）。可见烤烟间作系统比单作系统更有效的降低土壤容重，增加土壤腐殖质含量，改善土壤物理性质。

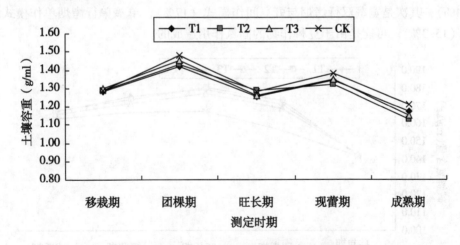

图 3-22 不同间作模式对土壤容重的影响

（3）土壤养分。从图 3-23 中可以看出，在烤烟生长过程中，土壤有机质呈现"低—高—低"的变化趋势，移栽到团棵期这段时间，土壤有机质略有增加，团棵期之后随着基肥肥效的发挥以及追肥的施入，土壤有机质含量逐渐升高，其中宽垄双行烤烟与豇豆间作模式和单垄单行烤烟单作模式在现蕾期达到最高值，宽垄双行烤烟与大豆间作模式和宽垄双行烤烟与葱间作模式在旺长期达到最高值，比较符合烤烟的需肥规律，在成熟期，与移栽期比较，宽垄双行烤烟与豇豆间作模式土壤有机质含量增加最多（38.3%），单垄单行烤烟单作模式增加最少（23.8%）。

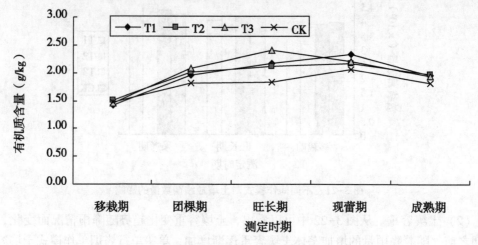

图3-23 不同间作模式对土壤有机质含量的影响

从图3-24中可以看出，不同种植模式土壤碱解氮含量的变化趋势差异较明显。移栽之后，各处理土壤碱解氮含量逐渐增加，在旺长期达到最大，旺长期之后缓慢降低。同时可以看出，在烤烟生长的过程中，单垄单行烤烟单作模式土壤碱解氮含量一直处在较低的状态下，间作模式下碱解氮含量显著高于单垄单行烤烟单作模式，在烤烟的成熟期，与移栽期比较，宽垄双行烤烟与大豆间作模式土壤碱解氮含量增加最多（18.4%），其次是宽垄双行烤烟与豇豆间作模式（17%），单垄单行烤烟单作模式增加最少（15.3%）。可能是由于豆科作物的固氮作用造成的。

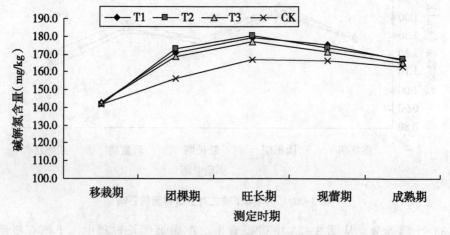

图3-24 不同间作模式对土壤碱解氮含量的影响

从图 3-25 中可以看出，在烤烟生长过程中，间作模式的土壤速效磷含量始终高于单垄单行单作种植模式，宽垄双行烤烟与大豆间作模式和宽垄双行烤烟与葱间作模式土壤速效磷含量在旺长期达到最大值，与烤烟需肥规律比较符合。烤烟成熟期，宽垄双行烤烟与大豆间作模式土壤速效磷含量增加最多（11.6%），其次是宽垄双行烤烟与豇豆间作模式（6.7%），单垄单行烤烟单作模式增加最少（1.9%）。

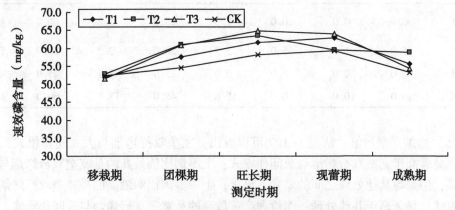

图 3-25　不同间作模式对土壤速效磷含量的影响

从图 3-26 中可以看出，在烤烟生长过程中，土壤速效钾含量呈现"低—高—低"的变化趋势，但是速效钾含量最大值出现的时间不同。间作模式下土壤速效钾最高值出现在旺长期，这与烤烟的需肥规律比较吻合，单垄单行单作模式下出现在现蕾期。烤烟成熟期，宽垄双行烤烟与豇豆间作模式土壤速效钾含量增加最多（39.7%），其次是宽垄双行烤烟与大豆间作模式（38.7%），单垄单行烤烟单作模式增加最少（5%）。

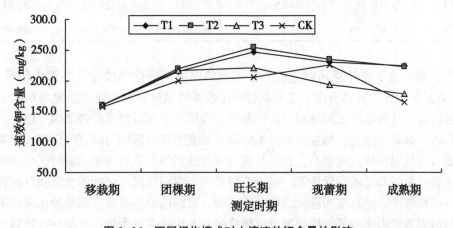

图 3-26　不同间作模式对土壤速效钾含量的影响

（4）发病率。不同种植模式圆顶期烟株黑胫病、根黑腐病、赤星病、气候斑病等主要病害的发生危害情况见表 3-106。可以看出，宽垄双行烤烟与葱间作模式烤烟发病最轻，单垄单行烤烟单作模式发病最重。可能的原因是葱的根系分泌一些物质，抑制了病原菌数量的增加。

表 3-106 烟株发病率

处理	黑胫病		根黑腐病		赤星病		气候斑	
	发病率 (%)	发病指数	发病率 (%)	发病指数	发病率 (%)	发病指数	发病率 (%)	发病指数
T1	0.0	0.0	10.0	7.8	25.0	2.8	60.0	10.0
T2	5.0	1.7	5.0	3.9	20.0	2.2	60.0	11.1
T3	0.0	0.0	0.0	0.0	15.0	1.7	45.0	6.1
CK	10.0	10.0	20.0	15.6	45.0	13.3	60.0	14.4

（5）烤烟产量产值。从表 3-107 可以看出，宽垄双行烤烟与大豆间作模式的产量最高，显著高于宽垄双行烤烟与葱间作模式；上等烟比例最高的是宽垄双行烤烟与葱间作模式，但是与其他处理之间的差异不显著；上中等烟比例最高的是宽垄双行烤烟与葱间作模式，显著高于其他处理；均价和产量最高的是宽垄双行烤烟与葱间作模式，但是与其他处理之间的差异不显著。

表 3-107 烤烟经济性状

处理	产量	上等烟比例（%）	上中等烟比例（%）	均价	产值
T1	2 529.2ab	30.28a	83.55b	11.94a	31 000a
T2	2 539.1a	29.98a	82.42c	11.53a	29 949a
T3	2 510.3b	30.65a	85.73a	12.31a	31 830a
CK	2 524.3ab	30.42a	82.91bc	11.60a	29 455a

（6）烟叶化学成分及其派生值。各处理的中部烟叶化学成分及其派生值见表 3-108。从表 3-108 中可以看出，宽垄双行间作模式的烟叶总糖与还原糖含量均比单垄单作处理的高，且各处理之间达到显著性差异，说明宽垄双行模式对烤烟烟叶糖分的积累是有利的。烟叶含氮化合物总碱和总氮的含量是宽垄双行烤烟与豇豆间作模式和宽垄双行烤烟与大豆间作模式比较高，尤其是宽垄双行烤烟与大豆间作模式最高，单垄单行种植模式烟叶总碱和总氮含量最低，宽垄双行烤烟与葱间作模式烟叶的总氮和总碱含量和单垄单行种植模式的总碱和总氮含量相差不大，可能的原因是在这两种种植模式下，豆科作物的固氮能力增加了土壤含氮量，烟株吸收利用过多氮所致，宽垄双行烤烟与大豆间作模式的烟叶总碱和总氮含量比含量最低的单垄单行种植模式分别高出 20.20% 和 10.84%。烟叶钾含量是宽垄双行烤烟与葱间作模式烟叶最高，其次是宽垄双行烤烟与豇豆间作模式，单垄单行种植模式的烟叶钾含量最低，宽垄双行烤烟与大豆间作模式烟叶含钾量不是很高，原因是在土壤氮素含量较高时可能对钾素的吸收有一定的限制作

用；各处理的烟叶氯含量差别不大。宽垄双行烤烟与葱间作模式烟叶的糖碱比最大，其次是单垄单行种植模式，宽垄双行烤烟与豇豆间作模式和宽垄双行烤烟与大豆间作模式的烟叶糖碱比相对较低，这是宽垄双行烤烟与豇豆间作模式和宽垄双行烤烟与大豆间作模式烟叶烟碱含量过高所致。宽垄双行烤烟与葱间作模式和单垄单行烤烟单作模式烟叶糖氮比显著高于宽垄双行烤烟与豇豆间作模式和宽垄双行烤烟与大豆间作模式烟叶的糖氮比，这是宽垄双行烤烟与豇豆间作模式和宽垄双行烤烟与大豆间作模式的烟叶含氮量较高造成的；各处理的烟叶氮碱比和两糖比之间无明显差异。

表 3-108　烟叶化学成分及其派生值

处理	还原糖（%）	总糖（%）	总碱（%）	总氮（%）	钾（%）	氯（%）
T1	26.03b	33.32b	2.18b	2.15b	1.31b	0.23b
T2	27.17a	34.61a	2.44a	2.25a	1.15c	0.23b
T3	26.04b	32.77c	2.12c	2.09c	1.44a	0.21c
CK	25.04c	29.58d	2.08d	2.03d	1.12d	0.26a

糖碱比	氮碱比	钾氯比	糖氮比	两糖比	两糖差
11.94c	0.99a	5.71b	12.11b	0.78a	7.29a
11.14d	0.92a	5c	12.08b	0.79a	7.44a
12.28a	0.99a	6.85a	12.46a	0.79a	6.73b
12.06b	0.98a	4.31d	12.33a	0.85a	4.54c

3. 小结

试验表明：宽垄双行不同间作模式对土壤理化性状以及烤烟的生长发育影响不同，其中烤烟与葱间作调节烟田环境，利于烤烟健壮生长的效果最明显。

烤烟间作模式能够增加烟田土壤有机质、碱解氮、速效钾、速效磷的含量，降低土壤容重，改善土壤理化性状；同时研究发现，烤烟间作模式能够协调烟田土壤微生物环境，增加有益菌数量，抑制病原菌数量，有效降低烤烟田间病害的发生率。宽垄双行不同间作模式提高了烟叶产量，上中等烟比例以及均价，其中效果最明显的是烤烟与葱间作模式。

宽垄双行不同间作模式增加了烤后烟叶还原糖、总糖含量，烤烟与豆科作物间作会增加烟叶总碱和总氮含量，烤烟与葱间作模式显著增加烟叶钾含量，协调糖碱比、糖氮比、钾氯比、氮碱比等派生值，有利于烟叶内在质量的提高。

（三）M 型宽垄双行不同行距与种植密度研究

1. 材料与方法

试验安排在凉山烟科所（技术推广中心），前茬作物玉米，土壤质地疏松、地块平整、土壤肥力中等、灌排方便、交通便利等有代表性的土壤进行布点。当地主栽品种云烟 87，由州公司统一供种（表 3-109）。

表 3–109 试验田的土壤基本理化性状

取样深度 （cm）	pH 值	有机质 （g/kg）	碱解氮 （mg/kg）	速效磷 （mg/kg）	速效钾 （mg/kg）
20	6.25	1.68	135.19	36.67	97.88

（1）试验设计。试验设种植行距和种植密度两个因素。行距采用等行距（110～110cm），不等行距（100～120cm），不等行距（120～100cm）三个设置，（注：前面的数值代表垄上行距，后面的数值代表垄间行距）；密度采用 900 株/亩、1 100株/亩和 1 300 株/亩三个设置，试验共 9 个处理，三次重复，共 27 个小区，加上保护行，占地 3.0～3.5 亩，小区试验在条件允许的情况下，各处理单独烘烤。除试验因素外，其他管理措施严格按照《凉山州 2011 年优质烤烟生产技术规程》进行。采用随机区组设计。各处理具体如下：

T1：等行距（110～110cm）+900 株/亩；

T2：等行距（110～110cm）+1 100 株/亩；

T3：等行距（110～110cm）+1 300 株/亩；

T4：不等行距（100～120cm）+900 株/亩；

T5：不等行距（100～120cm）+1 100 株/亩；

T6：不等行距（100～120cm）+1 300 株/亩；

T7：不等行距（120～100cm）+900 株/亩；

T8：不等行距（120～100cm）+1 100 株/亩；

T9：不等行距（120～100cm）+1 300 株/亩；

宽垄双行（双 M）垄体基部宽要求 140～160cm，大行距为 220cm。

各小区田间排列如表 3–110 至表 3–113 所示。

表 3–110 试验处理布局

重复Ⅰ	T1	T8	T2	T7	T3	T6	T5	T4	T9
	保护行								
重复Ⅱ	T9	T4	T7	T2	T5	T3	T6	T1	T8
	保护行								
重复Ⅲ	T7	T5	T4	T8	T1	T9	T3	T2	T6
	保护行								

表 3–111 每株施肥情况 （克/株）

圈肥	油枯	专用肥	硝酸钾	磷酸氢钙	硫酸钾
416.7	16.7	33.3	8.3	9.3	4.2

表 3-112 田间操作记载

时间	田间操作
5月11日	第一次追施硝酸钾
5月21日	第二次追施硝酸钾
6月20日	揭膜培土,结合中耕
7月10日	打顶抹杈
7月17日	中耕除草

表 3-113 统防统治情况

时间	药剂名称	防治目的	防治效果
5月16日	毒罢菌	防治花叶病	一般
5月29日	霜霉威	防治黑胫病	较好
6月13日	吡虫啉	防治烟蚜	较好
6月25日	粉锈宁	防治白粉病	一般
7月8日	灭牙签	防治烟蚜	较好

(2) 田间管理。选定试验地点后,在移栽前25d使用旋耕机翻耕土地,移栽前10~15d完成起垄工作。

要求每个点的品种在同一天内完成移栽,移栽时浇足移栽水,然后及时盖膜。

按照当地常规施肥方式。专用肥60%做基肥,按每行用量于起垄时一次性施入垄底。硝酸钾做提苗肥,第一次在移栽后7d施用4kg/亩;第二次施用在上次施用后7d,用量6kg/亩。提苗肥施用方式为浇施。

基肥:按1.2m的行距拉线,开一条深5~10cm、宽20cm左右的施肥沟,将全部专用基肥、活性肥、10kg的专用追肥混匀,撒施于施肥沟内及其两侧。

提苗肥:在移栽后5~7d,每亩用5kg提苗肥,对清洁水1 000 kg(8~10担),作安蔸肥水。

追肥:于移栽后18~25d,在两株烟正中间打15~20cm深的穴,将10kg的专用追肥对250~300kg水进行穴施,施后覆土。

试验育苗、整地、起垄、移栽、田间管理、采收烘烤等环节均严格按照基地烤烟生产技术规范所规定的烟叶成熟采收、科学烘烤(三段五步式烘烤工艺)严格操作;按照当地规范化生产的要求进行,根据工业企业和青州烟草研究所现场指导进行操作;各项农事操作必须及时一致,同一管理措施要在同一天内完成,并根据青州烟草研究所指导进行适度灌溉。

(3) 调查分析项目。调查记载项目和观察记载标准统一规定、统一规格,在全生育期及时观察记载,注意调查处理的性状表现及优缺点,以利于对处理进行准确评价。严格按照烟草农艺性状调查方法(YC/T 142—1998)。

农艺性状调查：于团棵期、旺长期和圆顶期（打顶后 15d）调查各个处理烟株的农艺性状，包括株高、有效叶片数、茎围、叶长、叶宽等。

记载各种病害发生日期、发病率、病情指数。

在旺长期调查田间主要病害的发生情况，计算发病率和病情指数。发病率的计算方法：发病率（%）=（发病株数/调查总株数）×100

病情指数的计算方法：

病情指数 = ［∑（各级病株或叶数×该病级值）］／（调查总株数或叶数×最高级值）×100

按小区记载烟叶产量、产值、均价、等级比例。

采烤期间单采单烤，单独挂牌，单独存放，单独分级，单独计产，单独统计烟叶产量、产值、上等烟比例、上中等烟比例、均价等，每个品种烟叶调制结束后依据采收次数分批保存，每次出炕后及时进行分级和记产工作，统计完毕之后，把同一品种的烟叶放在一起，即三个重复混合在一起，以备取样。

所有烟叶全部调制结束后，选取 X2F（自下而上，下部叶具体为 5~8 叶位）、C3F（9~13 叶位中部叶）和 B2F（15~18 叶位上部叶）烟叶样品各 3kg，共取样 21 份，寄送青州烟草研究所，用于烟叶外观质量评价、物理特性测定、化学成分和香味物质分析、评吸等，样品包装以及水分含量按国标规定执行。

2. 结果与分析

（1）农艺性状比较。

①团棵期农艺性状：从表 3-114 可以看出，不同处理团棵期农艺性状有差异。从株高上看，T8 表现最好，其次是 T7、T5、T2，T6 表现最差；T2 和 T7 叶数最多，T9 的叶数最少，达到了显著性差异；最大叶长上各处理间差异不显著；T2 的叶宽最大，可以看出，T2 的叶面积表现最好，必将增加光合面积，为烟株的快速生长做准备。

表 3-114 不同处理团棵期农艺性状记载

处理	株高（cm）	叶数	最大叶长（cm）	最大叶宽（cm）
T1	28.3ab	12.0a	46.4a	25.5a
T2	32.2ab	12.3a	50.0a	29.1a
T3	32.0ab	12.0a	49.1a	26.1a
T4	28.5ab	12.0a	46.8a	26.6a
T5	32.7ab	12.0a	49.5a	26.8a
T6	26.7b	12.0a	47.1a	28.7a
T7	32.9ab	12.3a	51.1a	27.9a
T8	33.6a	12.0a	50.5a	27.4a
T9	27.6ab	11.7a	48.6a	26.9a

②旺长期农艺性状：分析结果表明，在烤烟生长的旺长期，T2 的株高最高，其次

是 T5、T7、T8，分别比 T6 高出 41.5%、37.7%、36.2 和 30.7%；T7 的叶数最多，其次是 T5，T6 的叶数最少；T7 的最大叶长和最大叶宽表现最好，分别比表现最差的 T3 高出 13% 和 19.1%，但是方差结果分析表明，最大叶宽上各处理间未达到显著性差异。从表 3-115 还可以看出，在同一个株行距下，密度越大，烟株生长发育越差。

表 3-115　不同处理旺长期农艺性状记载

处理	株高（cm）	叶数	最大叶长（cm）	最大叶宽（cm）
T1	54.1a	17.0a	53.9ab	28.7a
T2	67.2a	18.0a	58.3ab	28.5a
T3	56.9a	16.3ab	52.4b	26.2a
T4	52.7a	17.0a	56.4ab	27.4a
T5	65.4a	18.3a	55.6ab	29.3a
T6	47.5a	14.0b	53.0ab	30.2a
T7	64.7a	18.7a	59.2a	31.2a
T8	62.1a	16.7a	58.0ab	28.7a
T9	57.8a	17.0a	52.9ab	28.1a

③圆顶期农艺性状：结果表明，在圆顶期，T2 株高最高，其次是 T5，分别比株高最低的 T3 高出 44.5% 和 31.7%，且各处理间的差异比较显著；T1 的叶数最多，T3 的叶数最少，两者达到了显著性差异；从茎围上看，T1 最粗，比茎围最小的 T3 多出 16.2%，并且两者达到了显著性差异；T2 的中部叶最长，T3 的中部叶最短，两者达到了显著性差异；T5 的中部叶最宽，T9 的中部叶最窄，两者未达到显著性差异；T5 的上部叶长宽均表现较好，说明该处理烟叶开片比较好，利于产量的形成，T3 的上部叶长度与宽度均表现较差，烟叶开片较差，不利于产量的形成（表 3-116）。

表 3-116　不同处理圆顶期农艺性状记载

处理	株高（cm）	叶数	茎围（cm）	中部叶长（cm）	中部叶宽（cm）	上部叶长（cm）	上部叶宽（cm）
T1	81.8bcd	22.7a	9.9a	70.6abc	27.7a	61.9abcd	22.0ab
T2	99.0a	18.7bc	9.6ab	74.5a	29.8a	63.6ab	22.3ab
T3	68.5e	16.7c	8.7c	64.1c	29.7a	55.7d	18.1b
T4	83.8bc	18.7bc	9.3abc	72.7abc	28.8a	61.6abcd	21.0ab
T5	90.2b	20.3ab	9.2abc	68.0abc	30.1a	64.9a	24.6a
T6	73.7de	17.0c	8.9bc	65.9bc	27.9a	58.4bcd	18.9b
T7	82.7bcd	18.3bc	9.1abc	66.5bc	28.8a	61.3abcd	21.2ab
T8	82.5bcd	19.0bc	9.4abc	71.1abc	30.0a	62.6abc	21.8ab

（续表）

处理	株高 （cm）	叶数	茎围 （cm）	中部叶长 （cm）	中部叶宽 （cm）	上部叶长 （cm）	上部叶宽 （cm）
T9	77.5cde	18.3bc	8.9bc	64.2c	27.6a	56.5cd	19.9b

（2）病害调查。从烟田病害调查结果看，T3 和 T6 的白粉病发生比较严重，发病率高，病情严重；T6 的赤星病发病率高，病情严重，其次是 T9；T3 气候斑发生严重，其次是 T1。从表 3-117 中可以看出，密度增加，容易形成田间郁闭，通风透气差，温湿度比较利于白粉病的发生，而烟株生长不够健壮，其抵御病菌侵染和不良环境条件的能力就比较差。综合可以看出，T2、T5 和 T8 的烟株足够健壮，烟株抗逆性比较强。

表 3-117 不同处理主要病害发生的影响

处理	白粉病		赤星病		气候斑	
	发病率（%）	病情指数	发病率（%）	病情指数	发病率（%）	病情指数
T1	10	1.1	25	2.8	40	4.4
T2	10	1.1	15	1.7	20	3.9
T3	25	2.8	25	3.9	50	7.8
T4	10	1.1	30	4.4	45	6.1
T5	10	1.1	20	2.2	30	4.4
T6	25	2.8	40	4.4	35	5.0
T7	5	0.6	20	2.2	25	1.8
T8	20	3.3	30	3.3	20	2.2
T9	20	2.2	35	6.1	55	8.3

（3）经济性状比较。分析结果表明，T2 和 T8 的产量最高，与其他处理间达到了显著性差异，T9 的产量最低；T5 的上等烟比例和上中等烟比例最高，T6 的上等烟和上中等烟的比例最低，并且两个处理之间达到了显著性差异；T2 的均价最高，T9 的均价最低，并且两个处理之间达到了显著性差异；从产值上看，T2 的产值最高，T6 的产值最低，其次是 T3 和 T9（表 3-118）。

表 3-118 不同处理产量产值统计

处理	产量 （kg/hm²）	上等烟比例 （%）	上中等烟比例（%）	均价 （元/kg）	产值 （元/hm²）
T1	2 332.00d	22.79b	74.59b	11.90b	27 751.23b
T2	2 387.25a	23.05b	74.85b	13.14a	31 365.89a
T3	2 182.75f	21.64c	73.44c	10.75c	23 464.99c

（续表）

处理	产量 （kg/hm²）	上等烟比例 （%）	上中等烟比 例（%）	均价 （元/kg）	产值 （元/hm²）
T4	2 335.00d	22.95b	74.75b	12.06b	28 160.53b
T5	2 365.00b	24.03a	75.83a	12.16b	28 758.83b
T6	2 212.75e	20.04d	71.84d	9.15d	20 247.09d
T7	2 347.75c	22.83b	74.63b	11.94b	28 032.56b
T8	2 384.00a	23.11b	74.91b	12.22b	29 129.61b
T9	2 176.75f	21.55c	73.35c	10.66c	23 204.58c

（4）化学成分比较。从表3-119可以看出，T2和T8还原糖和总糖含量最高，T1还原糖和总糖含量最低。T6烟碱含量最高。T8总氮含量最高。T1氯含量和钾含量最低，T8钾含量最高，其次是T2。糖碱比T2最高，其次是T8。氮碱比T8最高，其次是T2，接近于1。钾氯比T1最高。综合可以看出，T2和T8烤后烟叶化学成分及其派生值比较协调，T1和T6烟叶内含物失调。

表3-119 不同处理中部叶化学成分统计

处理	还原糖 （%）	总糖 （%）	烟碱 （%）	总氮 （%）	氯 （%）	钾 （%）	糖碱比	氮碱比	钾氯比
T1	21.14	27.80	2.26	2.07	0.26	2.16	9.35	0.92	8.31
T2	25.22	31.44	2.37	2.30	0.34	2.63	10.64	0.97	7.74
T3	23.65	31.33	2.45	2.27	0.33	2.46	9.65	0.93	7.45
T4	23.75	31.74	2.43	2.23	0.34	2.48	9.77	0.92	7.29
T5	22.04	28.12	2.35	2.05	0.31	2.18	9.38	0.87	7.03
T6	23.32	30.05	2.60	2.28	0.31	2.19	8.97	0.88	7.06
T7	24.05	31.07	2.43	2.26	0.34	2.44	9.90	0.93	7.18
T8	25.41	31.47	2.49	2.44	0.33	2.66	10.20	0.98	8.06
T9	24.70	31.42	2.50	2.28	0.32	2.61	9.88	0.91	8.16

（5）烟叶评吸质量比较。从表3-120可以看出，在劲头、浓度、杂气、刺激性、燃烧性和灰色方面各处理差异不大。香气质最高的是T8，其次是T2和T4。香气量最高的是T2和T8，最低的是T4和T6。

表3-120 不同处理中部叶烟叶评吸质量统计

处理	劲头	浓度	香气质 15	香气量 20	余味 25	杂气 18	刺激性 12	燃烧性 5	灰色 5	得分 100
T1	适中	中等	11.32	15.57	20.48	12.78	8.75	3.00	3.00	73.35

（续表）

处理	劲头	浓度	香气质 15	香气量 20	余味 25	杂气 18	刺激性 12	燃烧性 5	灰色 5	得分 100
T2	适中	中等+	11.56	15.93	19.48	12.40	8.62	3.00	3.00	75.60
T3	适中	中等	11.31	15.80	19.98	12.53	8.62	3.00	3.00	74.35
T4	适中	中等	11.56	15.55	20.11	12.65	8.75	3.00	3.00	73.85
T5	适中	中等	11.31	15.68	19.48	12.62	8.62	3.00	3.00	73.23
T6	适中	中等+	11.18	15.55	19.86	12.65	8.62	3.00	3.00	74.10
T7	适中	中等	11.31	15.68	19.61	12.28	8.50	3.00	3.00	73.10
T8	适中	中等+	11.57	15.93	19.86	12.15	8.50	3.00	3.00	75.10
T9	适中	中等	11.43	15.68	20.23	12.53	8.62	3.00	3.00	74.73

3. 小结

从团棵期、旺长期和圆顶期的农艺性状可以看出，在同一个密度下，不同的株行距之间的烟株生长发育差异不显著；但是在同样的株行距之下，1 300株/亩的密度下烟株生长较差，1 100株/亩的密度下，烟株生长最好，其次是900株/亩，综合考虑，处理T2、T5和T8综合表现最好。

从病害调查可以看出，T3和T6的白粉病发生比较严重，发病率高，病情严重；T6的赤星病发病率高，病情严重，其次是T9；T3气候斑发生严重，其次是T1。综合可以看出，T2、T5和T8的烟株足够健壮，烟株抗逆性比较强。

从经济性状可以看出，T2和T8的产量最高，T5的上等烟比例和上中等烟比例最高，T6的上等烟和上中等烟的比例最低，T2的均价最高，T9的均价最低，T2的产值最高，T6的产值最低，其次是T3和T9。

密度小的情况下，烟株个体生长发育比较好，个体比较健壮，抗逆性比较好，不容易被病菌侵害，但是存在群体数量不够，产量降低的问题，密度较大时，烟株个体生长不足，抗逆性差，并且容易形成田间郁闭，温湿度比较大，特别容易诱发白粉病。

但是试验过程中也存在一些问题，移栽质量不高，未能完全按照技术规程，导致还苗慢，死苗现象严重。由于烟株生长的旺长期出现了比较严重的干旱现象，尽管进行了浇水灌溉，但是毕竟对烟株的生长造成了一定的损害。在今后的试验过程中建议选择头脑清楚、思维活跃、能接受新事物、易服从管理的烟农家进行试验，农事操作严格按照优质烟叶生产技术规程和试验方案要求来执行，提高烟苗的移栽质量，并加强田间管理。

四、不同成熟度及烘烤工艺对烟叶质量特色的影响

（一）材料与方法

田间试验于2010年在会东县岔河乡岔河村一社进行，供试品种为红花大金元，由

州公司统一供种。烘烤设施为科地公司密集式烤房。

1. 不同采收成熟度设计

下部叶分四成黄；五成黄；六成黄。

中部叶分七成黄；八成黄；九成黄。

上部叶分八成黄；九成黄；十成黄（表3-121）。

表3-121　不同部位烟叶成熟度外观特征标准

处理	主要外观特征
下部叶	X4：主脉开始变白，叶色正绿无落黄迹象。 X5：主脉变白1/3，叶色略有黄色（绿中带黄） X6：主脉变黄1/2，叶色有明显黄色（黄中带绿）
中部叶	C7：主脉变白2/3，叶色黄绿（黄色占七成） C8：主脉变白2/3以上，叶色黄绿（黄色占八成） C9：主脉基本全变白，叶色基本全黄（黄色占九成）
上部叶	B8：主脉变白2/3以上，叶色黄绿（黄色占八成） B9：主脉基本全变白，叶色基本全黄（黄色占九成） B10：主脉全部变白，叶色除叶基5~6cm保持绿色外，其余全为黄色

绑杆与挂烟：分类绑杆，同质同厢；每部位每一成熟度编杆前逐一进行照相保存。烘烤设施为密集型烤房，采用三段式五步烘烤式工艺。设计每个成熟度作为一个处理，单独装一间烤房，需要3间烤房。

2. 烘烤工艺设计

（1）变黄期。

第一步：烟叶装炉后，以每小时升温1℃，将干球温度升至33~34℃，湿球温度稳定在32~32.5℃，直到底层烟叶变黄6.66cm，再将温度以每两小时1℃，升到36~38℃，湿球温度35~37℃，使二层烟叶失水凋萎开始柔软为止。

第二步：以每2h升温1℃的速度，将温度升至40~42℃，湿球温度稳定在37~38℃，保持40~42℃促使烟叶充分失水、凋萎变软，直到底层烟叶全部变黄，并达到勾尖、卷边至小卷筒状态。二层烟叶变黄达到黄片青筋（下部叶九成黄，中上部叶全黄），并开始达勾尖状态为止。

（2）定色期。

第三步：以2~3h升温1℃，将温度升至46~48℃，压火稳温，在此段一般稳温8~12h。注意通风排湿，湿球温度稳定在38~39℃，直到底层烟叶达到大卷筒状态，一层烟叶全部变黄（黄片、黄筋）并失水达小卷筒状态，顶层烟叶变黄九十成黄（仅剩主、侧脉微带青）为止。

第四步：以2~3h升温1℃，将温度升至52~54℃，压火稳温，湿球温度稳定在39~40℃，直到全厢达到大卷筒状态（叶片全干）为止。

（3）干筋期。

第五步：以1~2h升温1℃，将温度升至65~68℃，压火稳温（下部叶65℃，中、上部叶 68℃）湿球温度可控制在 42℃，直到柱脉全干后停火。

调查分析项目

每部位每一成熟度烤后逐一进行照相保存，烤后烟叶处理间分别存放，按国标分级。

3. 调查记载项目

统计橘黄烟率，上等烟率，上、中烟率，均价，并计算经济效益。

（二）结果与分析

1. 不同处理对下部烟叶的影响

从表 3-122 可以看出，下部烟叶的采收标准在五成黄比较理想，烤后烟叶的均价为 14.59 元/kg，上等烟叶比例为 34.48%。四成黄烟叶烤后烟叶色淡、僵硬，基本无上等烟叶。六成黄烟叶烤后杂色较多，并且出现部分级外烟叶，烟叶质量较差，经济效益低。

表 3-122　下部烟叶烤后数据统计

档次	等级	重量（kg）	片数（片）	单叶重（克）	金额（元）	均价（元/kg）	上等（%）	中等（%）	下等（%）	级外（%）
X4	X2F	0.80	59	13.56	11.68					
	X3F	0.20	14	14.29	2.44					
	X2L	0.30	24	12.50	4.08	13.08		76.47	23.53	
	X3L	0.30	22	13.64	3.48					
	CX2K	0.10	10	10.00	0.56					
	Σ	1.70	129	13.18	22.24					
X5	X1F	0.45	30	15.00	7.47					
	X2F	0.51	43	11.86	7.45					
	CX1K	0.06	3	18.33	0.41	14.59	34.48	52.49	13.03	
	X2L	0.18	16	10.94	2.38					
	X3L	0.12	14	8.21	1.33					
	Σ	1.31	106	12.36	19.04					
X6	X3F	0.45	49	9.18	5.49					
	X2L	0.15	15	10.00	2.04					
	X3L	0.10	12	8.33	1.16					
	X4L	0.15	35	4.29	1.38	8.66		38.71	54.84	6.45
	CX2K	0.60	88	6.82	3.36					
	级外	0.10	17	5.88						
	Σ	1.55	216	7.18	13.43					

2. 不同处理对中部烟叶的影响

中部烟叶的采收成熟度以八成黄为佳，烤后上等烟比例较高，均价为 16.30 元/kg。七成黄烟叶烤后出现部分光滑叶，且有含青现象。九成黄烟叶烤后出现部分杂色，烟叶油分受到影响（表 3-123）。

表 3-123　中部烟叶烤后数据统计

档次	等级	重量（kg）	片数（片）	单叶重（g）	金额（元）	均价（元/kg）	上等（%）	中等（%）	下等（%）	级外（%）
	C2F	0.05	4	12.50	0.96					
	C3L	0.25	22	11.40	3.95					
	S1	0.20	23	8.70	1.68					
C7	C4F	0.05	7	7.10	0.76	12.39	7.41	74.07	18.52	
	CX1	0.08	8	9.40	0.56					
	X4L	0.05	20	2.50	0.46					
	Σ	0.68	84	8.10	8.37					
	CX1	0.08	6	13.30	0.59					
	C3L	0.20	17	11.80	3.16					
C8	C2F	0.11	8	13.50	2.07	16.30	66.59	23.87	9.55	
	C3F	0.45	36	12.50	7.83					
	Σ	0.84	67	12.35	13.66					
	C3F	0.15	12	12.50	2.61					
	C4F	0.10	11	9.09	1.52					
C9	C3L	0.40	37	10.81	6.32	14.45	18.75	62.5	18.75	
	CX1	0.15	18	8.33	1.11					
	Σ	0.80	78	10.26	11.56					

3. 不同处理对上部烟叶的影响

上部烟叶成熟度比以九成为最适宜，十成黄与九成黄差异较小，十成黄烟叶烤后柠檬色烟叶较多，油分稍差。八成黄烟叶烤后烟叶含青重，烟叶僵硬，无油分（表3-124）。

表 3-124　上部烟叶烤后数据统计

档次	等级	重量（kg）	片数（片）	单叶重（g）	金额（元）	均价（元/kg）	上等（%）	中等（%）	下等（%）	级外（%）
	B3L	0.22	37	6.00	1.06					
	B3F	0.22	32	6.90	1.72					
	B3K	0.07	13	5.00	0.10					
B8	GY1	0.03	6	5.00	0.05	4.61		62.41	37.59	
	B2K	0.17	32	5.30	0.34					
	Σ	0.71	120	5.92	3.27					
	B2F	0.11	13	8.50	1.19					
B9	B3F	0.1	11	8.60	0.74	8.68	30.14	69.86		
	B2L	0.16	17	9.40	1.28					
	Σ	0.37	41	9.02	3.21					

（续表）

档次	等级	重量 （kg）	片数 （片）	单叶重 （g）	金额 （元）	均价 （元/kg）	上等 （%）	中等 （%）	下等 （%）	级外 （%）
	B2F	0.2	17	11.80	2.16					
	B3F	0.15	17	8.80	1.17					
B1	B3L	0.26	28	9.10	1.22	7.46	33.06	66.94		
	Σ	0.61	62	9.84	4.55					

（三）小结

从烟叶外观质量看，下部烟叶以五成黄的总体表现最好，烤后烟叶油分、色泽好于四成黄和六成黄烟叶。四成黄烟叶虽然单叶重高，但烟叶僵硬，油分差。并且有一定程度的含青形象。六成黄烟叶烤后有一定数量的杂色烟叶。所以，下部烟叶随着成熟度提高，烟叶烤后可用性降低。成熟度太低会导致烟叶油分差，结构僵硬，含青较重。中部烟叶以八成黄为最好，九成黄次之。七成黄烟叶烤后油分差，组织僵硬，并带有部分含青。九成黄烟叶烤后烟叶色泽淡。上部烟叶九成黄与十成黄无明显差异，八成黄烟叶烤后含青严重，烟叶外观质量差。

从经济效益上看，随着成熟度的变化，烟叶经济效益与外观质量基本一致。下部烟叶以五成黄均价最高，中部烟叶以八成黄均价最高，上部烟叶以九成黄均价最高。

第五节　凉山特色品种烟叶醇化技术研究

一、材料与方法

（一）试验材料

本研究选取川渝中烟多宝寺库、龙泉库、渔塘库和重庆印坝子库、峡口库、黔江片2 烟库共 6 个烟叶仓库，以 2008 年凉山红大品种烤后片烟为研究对象，进行不同地区、不同仓储条件的醇化研究，分别进行 7 个月、13 个月、18 个月、22 个月、26 个月、29个月、32 个月的取样、评价工作（表 3-125）。

表 3-125　烟叶和存放情况

样品 编号	存放库	产地	品种	等级	烟叶和存放情况缩写 *
1	多宝库（成都）	会东	HD	C3F	DB-HD-HD-C3F
2	龙泉库（成都）	会东	HD	C3F	LQ-HD-HD-C3F
3	渔塘库（西昌）	会东	HD	C3F	YT-HD-HD-C3F

（续表）

样品编号	存放库	产地	品种	等级	烟叶和存放情况缩写＊
4	多宝库（成都）	会东	HD	B3L	DB-HD-HD-B3L
5	龙泉库（成都）	会东	HD	B3L	LQ-HD-HD-B3L
6	渔塘库（西昌）	会东	HD	B3L	YT-HD-HD-B3L
7	多宝库（成都）	会东	HD	X2F	DB-HD-HD-X2F
8	龙泉库（成都）	会东	HD	X2F	LQ-HD-HD-X2F
9	渔塘库（西昌）	会东	HD	X2F	YT-HD-HD-X2F
18	印坝子库（重庆）	会理	HD	C2F（+）	YBZ-HL-HD-C2F
19	峡口库（重庆）	会理	HD	C2F（+）	XK-HL-HD-C2F

注：＊表中大写英文字母简写依次为存放仓库、烟叶产地、烟叶品种以及等级的缩写，如 DB-HD-HD-C 3F 表示存放于多宝寺库的会东红大 C 3F，下同

（二）方法

1. 取样、制样及样品保存方法

从烟箱 4 角及中心共 5 个点取样，每点取样 1 600g 左右，混合均匀后，采用四分法留样 2kg，1kg 用于本次评价的样烟制备和相关理化成分分析，每次制样均采用相同规格的辅材，1kg 抽真空后低温保存用于下次对比评价。

2. 感官评价方法

先采用标度检验法对烟叶各项品质指标进行评价，然后按百分制权重进行转化。具体办法是：固定 9 位评委，在初始样评吸时，选取其中一个样品作为标准样，然后再对其他样品进行评价，每次样品评吸时均以上一次样品作为对照样进行评价，用差值法进行质量分数的传递。计算各评委标度值打分平均值，然后进行百分制转化，转化后的各项分值总和为样品本次评吸总分（感官质量得分）。

感官质量鉴定指标为：香气质、香气量、劲头、浓度、余味、杂气、刺激性，7 项指标标度值评价标准为：很好（9）、好（8）、较好（7）、稍好（6）、中（5）、稍差（4）、较差（3）、差（2）、很差（1），各项打分最小单位为 0.5 分。

标度值打分转化百分制方法：各项指标"标度值/9 ×该项权重值"为该项百分制评吸得分，各项评吸得分相加为评吸总分，即 ∑（标度值/9 ×权重）；依据各项指标的重要性和参照文献的方法确定了各项指标的权重，分别为香气质（15）、香气量（25）、劲头（5）、浓度（10）、余味（15）、杂气（15）、刺激性（15）。

3. 主要化学成分测定方法

分别依据 YC/T 159—2002 测定总糖和还原糖含量、YC/T 160—2002 测定烟碱含量、YC/T 161—2002 测定总氮含量、YC/T 216—2007 测定淀粉含量、YC/T 249—2008 测定蛋白质含量以及采用 SKALAR 公司提供的方法测定挥发酸、挥发碱含量。

4. 统计分析方法

①醇化烟叶感官质量与醇化时间的关系分析：以 x 表示醇化时间，y 表示感官质量，绘制数据点折线图，进行直观分析，得到各醇化烟叶的最佳醇化时间（直观分析值），然后绘制其散点图，看散点图与哪类回归曲线图形接近，再选用对应的曲线回归模型。本研究选用 quadratic polynomial（拟合多项式曲线 $y = a + bx + cx^2$）的曲线拟合方式，通过拟合的回归方程计算出醇化烟叶的最佳醇化时间（理论计算值）。

由于各样品取样有较长的时间间隔（3~6 个月），各样品的真实最佳醇化时间可能在直观分析值的前后，因此，后续有关最佳醇化时间的分析采用通过回归方程计算得到的最佳醇化时间（理论计算值）进行。

②醇化烟叶化学成分与醇化时间的关系分析：以 x 表示醇化时间，y 表示化学成分的含量，绘制数据点折线图，进行直观分析和变化趋势分析。对测定的含量和数量与活性进行描述统计分析，包括每一指标的变幅、均值、标准差、变异系数、峰度系数和偏度系数。

二、结果与分析

（一）烟叶醇化过程中主要化学成分变化趋势

1. 水溶性总糖

糖类是形成香气物质的重要前体，它与其他化学成成分的协调平衡可提高烟的香气质和香气量。烟草中的总糖对烟叶品质具有重要影响，是决定烟气醇和度的主要因素。有研究表明，随着烟叶商品等级的提高，其含糖量是增加的，总糖和还原糖的含量被认为是体现烟叶优良品质的指标，是烟草化学分析的重要项目之一；焦油生成量与总糖含量呈线性显著负相关，与感官质量的关系密切。由图 3-27 可知，醇化烟叶总糖含量整体上呈先小幅升高后降低的趋势，这是因为随着醇化的进行，一些大分子的水溶性糖类物质发生分解，在醇化前期反应剧烈，干物质的消耗大，含量呈小幅上升，而后期相对缓慢；上中下三个部位烟叶的总糖含量分别为 15.38%~30.32%、17.44%~35.40%、16.22%~26.31%，中部叶总糖含量高于上部和下部叶，而上部叶和下部叶相差不大；在上中下三个部位醇化烟叶的最佳醇化期点附近的总糖含量分别为 17.21%~20.43%、20.78%~32.25%、18.88%~23.80%。

2. 还原糖

还原糖参与调节烟气酸碱平衡，对烟气醇和性与芳香性具有一定的作用。一般认为，品质较好的烟叶，还原糖含量也较高，但还原糖含量过高会造成烟味平淡、香气不足，影响吸味品质。有研究表明，焦油释放量与还原糖含量达到显著负相关。由图 3-28 可知，醇化烟叶还原糖含量整体上呈先小幅升高后降低以及后小幅升高的趋势，这是因为随着醇化的进行，在醇化前期反应剧烈，干物质的消耗大，含量呈小幅上升，而后期相对缓慢，还原糖在酶和微生物作用下进一步发生氧化降解，并与氨基化合物发生非酶棕化反应，形成众多小分子香气成分，出现降低，而后出现了还原糖含量的稍微上升，这是由于受淀粉等大分子碳水化合物的降解影响，造成了还原糖的积累；上中下三

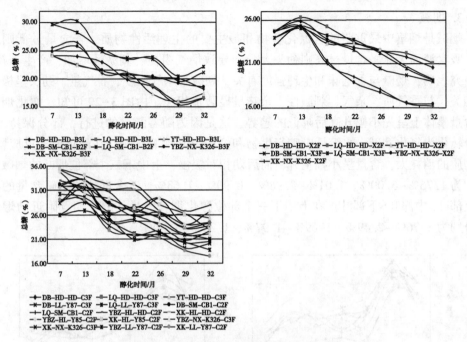

图 3-27 醇化过程中水溶性总糖的变化情况

个部位烟叶的还原糖含量分别为 14.61%~28.15%、16.78%~30.15%、15.37%~25.46%，中部叶还原糖含量高于上部和下部叶，而上部叶和下部叶相差不大；在上中下三个部位醇化烟叶的最佳醇化期点附近的还原糖糖含量分别为 16.28%~19.83%、20.56%~28.26%、18.38%~23.68%（图 3-27、图 3-28）。

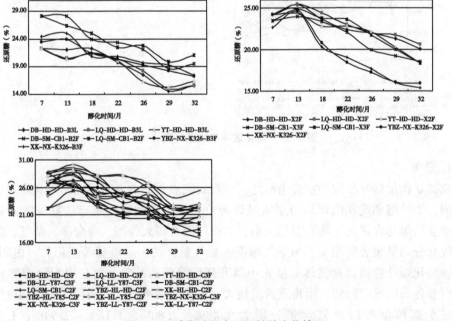

图 3-28 醇化过程中还原糖的变化情况

3. 烟碱

烟碱是烟草中最重要的含氮化合物和最主要的生理活性物质，若含量过低则劲头小、吸食淡而无味，含量过高则劲头大、会导致烟气粗糙、刺激性增加、产生辛辣味。有研究表明，烟碱与香吃味和生理强度有关，烟碱与烟气浓度、香气量、劲头呈极显著正相关，与香气质、杂气、刺激性、余味呈显著负相关。由图 3-29 可知，醇化烟叶烟碱含量整体上呈先小幅升高后降低的趋势，这是因为随着醇化的进行，部分保持不变，部分转化为氧化烟碱、水溶性吡啶衍生物和烟酸及其他氧化物，在醇化前期反应剧烈，干物质的消耗大，含量呈小幅上升，而后期相对缓慢；上中下三个部位烟叶的烟碱含量分别为 1.76%~3.00%、1.01%~2.96%、0.90%~1.63%，三个部位的烟碱含量的规律为上部叶>中部叶>下部叶；在上中下三个部位醇化烟叶的最佳醇化期点附近的烟碱含量分别为 1.76%~2.49%、1.69%~1.97%、1.20%~1.30%。

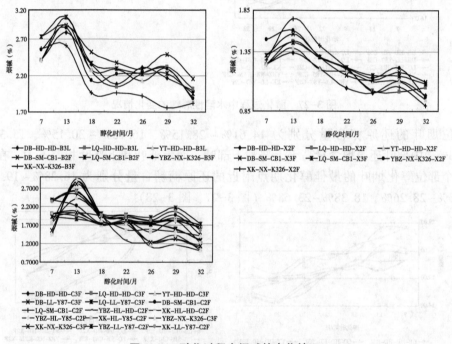

图 3-29　醇化过程中烟碱的变化情况

4. 总氮

总氮是衡量烟叶品质的重要指标之一，有研究表明，总氮对烟叶的外观质量有很大的影响，烟叶饱和度和色调均与总氮呈显著负相关，焦油释放量与总氮呈极显著正相关，感官质量与含氮化合物有密切关系，对香气质有很大作用，与余味、杂气、刺激性和评吸总分均呈显著负相关，与烟气浓度、香气量、劲头呈极显著正相关。由图 3-30 可知，醇化烟叶总氮含量整体上呈先小幅升高后降低的趋势，这是因为随着醇化的进行，在醇化前期反应剧烈，干物质的消耗大，含量呈小幅上升，而后期解相对缓慢；上中下三个部位烟叶的总氮含量分别为 1.48%~2.80%、1.16%~2.94%、1.36%~2.33%，三个部位之间的总氮含量没有明显差别；在上中下三个部位醇化烟叶的最佳醇化期点附近的总氮含量分别为 1.48%~2.10%、1.28%~1.98%、1.44%~1.91%。

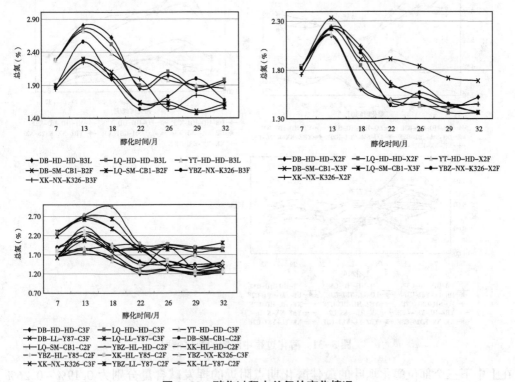

图3-30 醇化过程中总氮的变化情况

5. 淀粉

淀粉与烟草品质有很大的关系，以淀粉形态存在的糖类在卷烟燃吸时，对烟气质量产生不良影响，一是影响燃烧速度和燃烧完全性，二是燃烧时产生糊焦气味，使烟草的香味变坏。调制后烟叶中淀粉含量较少，部分淀粉转化成单糖，但因本身的呼吸作用及酶促反应不完全，烟叶中的淀粉含量依然较高。有研究表明，淀粉与香气质、香气量、余味、杂气、刺激性、评吸总分呈显著负相关。由图3-31可知，醇化烟叶淀粉含量的变化没有明显规律，时而增加，时而降低；上中下三个部位烟叶的淀粉含量分别为 2.87%~10.02%、2.34%~8.32%、2.02%~4.89%，上部和中部烟叶的淀粉含量高于下部烟叶，上部和中部位之间的淀粉含量没有明显差别；在上中下三个部位醇化烟叶的最佳醇化期点附近的总氮含量分别为 3.75%~7.91%、2.53%~6.35%、2.73%~4.28%。

6. 挥发碱

挥发碱是燃吸时可以挥发进入烟气的碱性物质，主要是氨类和易分解产生氨类的氮化合物及游离态烟碱。由于它们的挥发，使烟气的酸性减弱，碱性增强；如果含量过高，会使烟气产生较大的刺激性，感觉辛辣、刺喉、呛咳等。有研究表明，焦油释放量与挥发碱含量呈极显著正相关。由图3-32可知，醇化烟叶挥发碱含量的变化没有明显规律，时而增加，时而降低；上中下三个部位烟叶的挥发碱含量分别为 0.19%~0.32%、0.10%~0.31%、0.11%~0.21%，三个部位之间的挥发碱含量没有明显差别；

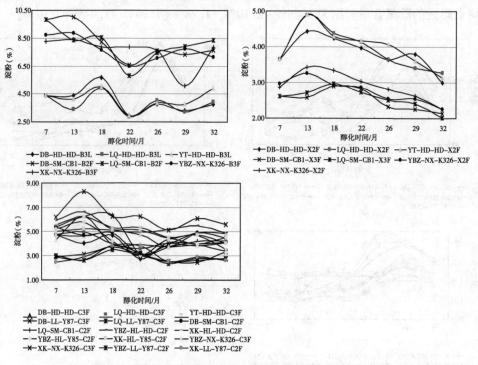

图 3-31 醇化过程中淀粉的变化情况

在上中下三个部位醇化烟叶的最佳醇化期点附近的挥发碱含量分别为 0.19% ~ 0.26%、0.13% ~ 0.29%、0.15% ~ 0.19%。

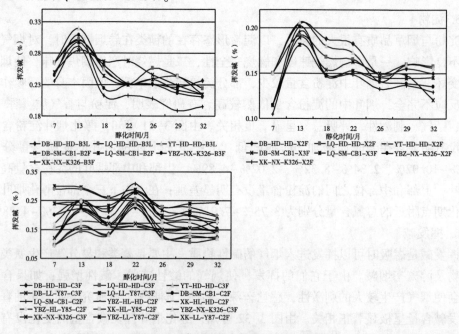

图 3-32 醇化过程中挥发碱的变化情况

7. 挥发酸

烟叶在生长发育和碳水化合物代谢过程中可产生近百种有机酸，不同类型的烟草所含的有机酸的种类基本相同，但各种酸的含量相差很大。烟草中的有机酸大体可以分为三类：挥发性酸、半挥发性酸和难挥发性酸。其中相对分子量较小的（10个碳以下的）一元酸都具有挥发性，而6个碳以下的一元酸挥发性较强，烟草中所含的挥发酸主要是这几种酸。挥发酸的含量对烟质有较大的影响，含量适宜时烟气吃味醇和，香气量较大，但挥发性强的酸如甲酸、乙酸和丙酸刺激性较大。有研究表明，烤烟烟叶挥发酸含量与其香气质、香气量呈极显著正相关。由图3-33可知，醇化烟叶挥发酸含量的变化没有明显规律，时而增加，时而降低；上中下三个部位烟叶的挥发酸含量分别为0.08%~0.24%、0.06%~0.28%、0.08%~0.26%，三个部位之间的挥发酸含量没有明显差别；在上中下三个部位醇化烟叶的最佳醇化期点附近的挥发酸含量分别为0.13%~0.18%、0.11%~0.25%、0.12%~0.24%。

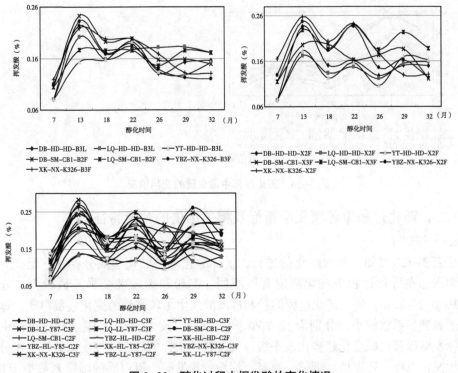

图3-33　醇化过程中挥发酸的变化情况

8. 蛋白质

蛋白质对于烟叶的吸味品质有不利的影响，含量过高，不仅会给烟气带来烧焦羽毛的异味，而且会降低烟叶的燃烧性，使烟气中有害成分如HCN等含量增加，严重影响烟叶的香味品质。一般烟叶中蛋白质含量随烟叶的等级下降而增加。左天觉认为，蛋白质不仅不利于烟叶的抽吸质量，而且是烟气中有害物质的前体，包括喹啉、HCN和其他含氮化合物。由图3-34可知，醇化烟叶蛋白质含量整体上呈先小幅升高后降低的趋势；上中下三个部位烟叶的蛋白质含量分别为 5.28% ~ 8.18%、4.38% ~ 7.86%、2.27%~5.03%，三个部位的蛋白质含量的规律为上部叶>中部叶>下部叶；在上中下三个部位醇化烟叶的最佳醇化期点附近的蛋白质含量分别为 5.44% ~ 6.57%、4.65% ~ 5.85%、3.26%~4.55%。

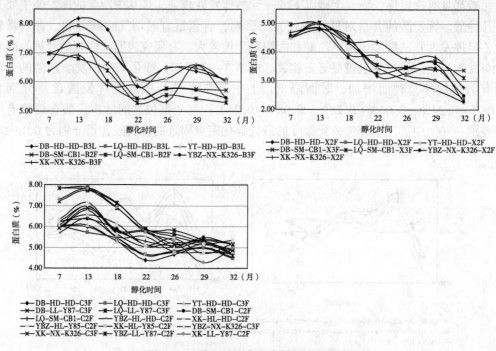

图 3-34 醇化过程中蛋白质的变化情况

（二）醇化过程中各项化学指标及相关比值的数量特征

1. 上部烟叶

从表 3-126 可知，随着醇化的进行，上部醇化烟叶的化学成分存在广泛变异，不同化学指标在醇化过程中变化程度有所不同，淀粉和挥发酸变异系数较大，分别为 34.83% 和 23.82%，说明醇化过程淀粉和挥发酸发生了较剧烈的变化，蛋白质、挥发碱以及烟碱变异系数较小，分别为 12.26%、12.26% 以及 13.55%，说明醇化过程中蛋白质、挥发碱以及烟碱变化趋势比较平缓。通过各种指标的峰度和偏度系数进一步分析其分布状况：总糖、还原糖、烟碱、总氮、淀粉、挥发酸、蛋白质的峰度系数小于 0，为平阔型，数据比较分散，其余指标为尖峭峰，数据大多集中在平均值附近；淀粉和挥发酸的偏度系数小于 0，为负向偏态峰，其余指标均为正向偏态峰。

表 3-126 上部烟叶醇化期间化学成分及相关比值的描述统计分析（$n=49$）

指标	变幅	均值	标准差	变异系数	峰度	偏度
总糖（%）	15.38~30.32	21.85	3.63	16.62	-0.10	0.38

（续表）

指标	变幅	均值	标准差	变异系数	峰度	偏度
还原糖（%）	14.61~28.15	20.82	3.42	16.40	-0.20	0.22
烟碱（%）	1.76~3.00	2.32	0.31	13.55	-0.31	0.48
总氮（%）	1.48~2.80	1.99	0.35	17.44	-0.18	0.67
淀粉（%）	2.87~10.02	6.20	2.16	34.83	-1.40	-0.03
挥发碱（%）	0.19~0.32	0.24	0.03	12.26	0.12	0.69
挥发酸（%）	0.08~0.24	0.16	0.04	23.82	-0.10	-0.17
蛋白质（%）	5.28~8.18	6.39	0.78	12.26	-0.75	0.47
氯（%）	0.17~0.38	0.24	0.04	17.45	1.58	0.91
糖碱比	6.85~11.42	9.46	1.14	12.06		
氮碱比	0.60~1.12	0.86	0.12	14.21		
蛋氮比	0.45~0.61	0.52	0.04	8.18		
钾氯比	6.80~14.60	10.25	1.75	17.08		

把表3-127各指标值与表3-126中对应的各指标值比较可知，各指标在最佳醇化时间点的含量趋于合理范围，施木克值从2.41~4.45变为2.81~3.75、糖碱比从6.85~11.42变为7.87~11.42、氮碱比从0.60~1.12变为0.60~0.99、蛋氮比从0.45~0.61变为0.49~0.61、钾氯比从6.80~14.60变为7.98~11.78。

表3-127 上部烟叶最佳醇化时间点的化学成分及其相关比值

指标	DB-HD-HD-B3L	LQ-HD-HD-B3L	YT-HD-HD-B3L	范围
总糖（%）	18.56	18.87	17.21	17.21~20.43
还原糖（%）	17.52	18.22	16.28	16.28~19.83
烟碱（%）	2.31	2.23	2.12	1.76~2.49
总氮（%）	2.04	2.10	1.97	1.48~2.10
淀粉（%）	3.75	4.01	3.83	3.75~7.91
挥发碱（%）	0.23	0.26	0.24	0.19~0.26
挥发酸（%）	0.13	0.18	0.13	0.13~0.18
蛋白质（%）	6.51	6.48	6.13	5.44~6.57
钾（%）	2.21	2.21	2.21	2.21~2.62
氯（%）	0.28	0.26	0.24	0.21~0.28
糖碱比	8.03	8.46	8.10	7.87~11.42
氮碱比	0.88	0.94	0.93	0.60~0.99

（续表）

指标	DB-HD-HD-B3L	LQ-HD-HD-B3L	YT-HD-HD-B3L	范围
蛋氮比	0.51	0.49	0.50	0.49 ~ 0.61
钾氯比	7.98	8.61	9.22	7.98 ~ 11.78

2. 中部烟叶

从表 3-128 可知，随着醇化的进行，中部醇化烟叶的化学成分存在广泛变异，不同化学指标在醇化过程中变化程度有所不同，氯、挥发酸、挥发碱以及淀粉变异系数较大，分别为 39.89%、30.52%、28.73% 以及 27.50%，说明醇化过程氯、挥发酸、挥发碱以及淀粉发生了较剧烈的变化，还原糖、蛋白质变异系数较小，分别为 13.18% 和 15.66%，说明醇化过程中还原糖、蛋白质变化趋势比较平缓。通过各种指标的峰度和偏度系数进一步分析其分布状况：总糖、还原糖、挥发碱、挥发酸的峰度系数小于 0，为平阔型，数据比较分散，其余指标为尖峭峰，数据大多集中在平均值附近；还原糖的偏度系数小于 0，为负向偏态峰，其余指标均为正向偏态峰。

表 3-128　中部烟叶醇化期间化学成分及相关比值的描述统计分析 （$n = 105$）

指标	变幅	均值	标准差	变异系数	峰度	偏度
总糖（%）	15.14~35.40	26.28	4.43	16.85	-0.69	0.03
还原糖（%）	16.78~30.15	23.93	3.15	13.18	-0.87	-0.07
烟碱（%）	1.01~2.96	1.81	0.41	22.48	0.83	0.61
总氮（%）	1.16~2.94	1.75	0.39	22.52	0.28	0.74
淀粉（%）	2.34~8.32	4.25	1.17	27.50	0.13	0.45
挥发碱（%）	0.10~0.31	0.19	0.05	28.73	-0.81	0.36
挥发酸（%）	0.06~0.28	0.16	0.05	30.52	-0.39	0.13
蛋白质（%）	4.27~7.86	5.67	0.89	15.66	0.11	0.88
氯（%）	0.11~0.56	0.25	0.10	39.89	1.55	1.46
糖碱比	8.38~25.68	14.99	3.49	23.29		
氮碱比	0.64~1.54	0.99	0.20	19.96		
蛋氮比	0.36~0.69	0.53	0.06	12.25		
钾氯比	4.16~21.28	11.09	3.80	34.31		

把表 3-129 中各指标值与表 3-128 中对应的各指标值比较可知，各指标在最佳醇化时间点的含量趋于合理范围，糖碱比从 8.38~25.68 变为 11.08~16.56、氮碱比从 0.64~1.54 变为 0.73~1.14、蛋氮比从 0.36~0.69 变为 0.42~0.58、钾氯比从 4.16~21.28 变为 6.42~14.02。

表 3-129　中部烟叶最佳醇化时间点的化学成分及其相关比值

指标	DB-HD-HD-C3F	LQ-HD-HD-C3F	YT-HD-HD-C3F	YBZ-HL-HD-C2F	XK-HL-HD-C2F	范围
总糖（%）	26.50	27.60	27.96	30.60	30.12	21.79~30.60
还原糖（%）	24.67	24.35	23.96	28.15	28.26	20.56~28.26
烟碱（%）	1.77	1.75	1.69	1.96	1.82	1.69~1.97
总氮（%）	1.28	1.29	1.53	1.74	1.86	1.28~1.98
淀粉（%）	4.06	3.57	5.01	5.17	5.34	2.53~6.35
挥发碱（%）	0.13	0.25	0.13	0.16	0.16	0.13~0.29
挥发酸（%）	0.11	0.12	0.11	0.14	0.18	0.11~0.25
蛋白质（%）	4.65	4.65	5.29	5.45	5.51	4.65~5.85
钾（%）	2.37	2.37	2.37	2.41	2.39	2.03~3.36
氯（%）	0.21	0.22	0.21	0.21	0.22	0.21~0.32
糖碱比	14.95	15.77	16.55	15.58	16.56	11.08~16.56
氮碱比	0.73	0.74	0.91	0.89	1.02	0.73~1.14
蛋氮比	0.58	0.58	0.55	0.50	0.47	0.42~0.58
钾氯比	11.29	10.81	11.32	11.30	11.11	6.42~14.02

3. 下部烟叶

从表 3-130 中可知，随着醇化的进行，下部醇化烟叶的化学成分存在广泛变异，不同化学指标在醇化过程中变化程度有所不同，挥发酸、氯以及淀粉变异系数较大，分别为 27.52%、23.67% 以及 23.07%，说明醇化过程挥发酸、氯以及淀粉发生了较剧烈的变化，总糖、还原糖、烟碱以及醚提物变异系数较小，分别为 12.56%、12.92%、13.54 以及 13.63%，说明醇化过程中总糖、还原糖、烟碱变化趋势比较平缓。通过各种指标的峰度和偏度系数进一步分析其分布状况：各化学成分的峰度系数小于 0，为平阔型，数据比较分散；总糖、还原糖以及蛋白质的偏度系数小于 0，为负向偏态峰，其余指标均为正向偏态峰。

表 3-130　下部烟叶醇化期间化学成分及相关比值的描述统计分析（$n=49$）

指标	变幅最大值	均值	标准差	变异系数	峰度	偏度
总糖（%）	16.22~26.31	22.06	2.77	12.56	-0.61	-0.58
还原糖（%）	15.37~25.46	21.52	2.78	12.92	-0.61	-0.63
烟碱（%）	0.90~1.63	1.20	0.16	13.54	-0.13	0.42
总氮（%）	1.36~2.33	1.71	0.28	16.64	-0.74	0.62
淀粉（%）	2.03~4.89	3.21	0.74	23.07	-0.56	0.52
挥发碱（%）	0.11~0.21	0.15	0.02	15.35	-0.01	0.36

（续表）

指标	变幅最大值	均值	标准差	变异系数	峰度	偏度
挥发酸（%）	0.08~0.26	0.16	0.05	27.52	-0.29	0.15
蛋白质（%）	2.27~5.03	3.84	0.81	21.04	-0.96	-0.17
氯（%）	0.16~0.41	0.26	0.06	23.67	-0.36	0.48
糖碱比	13.63~22.44	18.43	1.96	10.62		
氮碱比	1.18~1.66	1.42	0.12	8.65		
蛋氮比	0.25~0.45	0.36	0.05	13.43		
钾氯比	8.73~19.39	13.10	2.64	20.16		

把表3-131中各指标值与表3-130中对应的各指标值比较可知，各指标在最佳醇化时间点的含量趋于合理范围，糖碱比从13.63~22.44变为15.54~19.73、氮碱比从1.18~1.66变为1.18~1.46、蛋氮比从0.25~0.45变为0.35~0.45、钾氯比从8.73~19.39变为11.45~18.34。

表3-131 下部烟叶最佳醇化时间点的化学成分及其相关比值

指标	DB-HD-HD-X2F	LQ-HD-HD-X2F	YT-HD-HD-X2F	范围
总糖（%）	23.80	23.48	23.29	18.88~23.80
还原糖（%）	23.68	22.98	22.79	18.38~23.68
烟碱（%）	1.21	1.20	1.21	1.20~1.30
总氮（%）	1.60	1.47	1.63	1.44~1.91
淀粉（%）	4.70	4.33	4.81	2.64~4.81
挥发碱（%）	0.19	0.19	0.18	0.15~0.19
挥发酸（%）	0.15	0.15	0.12	0.12~0.24
蛋白质（%）	4.55	3.88	4.34	3.26~4.55
钾（%）	2.60	2.60	2.60	2.60~4.02
氯（%）	0.19	0.19	0.23	0.19~0.33
糖碱比	19.73	19.51	19.32	15.54~19.73
氮碱比	1.33	1.22	1.35	1.18~1.46
蛋氮比	0.45	0.42	0.43	0.35~0.45
钾氯比	13.80	13.73	11.45	11.45~18.34

（三）不同醇化时间对烟叶评吸质量的影响

各处理醇化烟叶的感官质量得分见表3-132，并对感官质量与醇化时间进行直观分析，得到直观分析的最佳醇化时间。

表 3-132 评吸质量得分与直观分析值

醇化烟叶编号	各醇化烟叶取样时间点的感官质量得分							直观分析值（月）
	7 个月	13 个月	18 个月	22 个月	26 个月	29 个月	32 个月	
1	71.27	72.38	75.01	74.34	78.32	76.78	76.10	26
2	71.27	72.70	73.53	75.29	75.26	73.35	72.45	22
3	71.27	72.28	73.90	71.62	72.05	69.30	67.57	18
4	63.06	64.00	65.83	64.94	66.06	65.75	65.41	26
5	63.06	64.56	66.40	67.30	67.81	67.26	67.02	26
6	63.06	63.89	66.94	68.56	68.82	66.75	66.97	26
7	62.07	64.35	64.76	64.37	63.93	62.93	62.15	18
8	62.07	64.24	66.30	66.85	66.64	66.39	65.19	22
9	62.07	61.56	63.50	63.23	62.21	61.56	60.17	18
10	70.00	71.20	71.43	72.21	73.45	72.10	71.34	26
11	70.00	70.97	71.81	72.81	73.33	73.05	70.67	26
12	68.23	69.47	69.79	71.00	71.83	72.13	70.17	29
13	68.23	69.67	72.80	74.33	75.25	75.85	74.03	29
14	70.15	70.25	72.64	73.19	73.09	70.41	69.70	22
15	70.15	70.62	72.51	71.87	70.84	69.65	68.48	18
16	61.05	62.13	62.38	62.19	60.64	59.63	57.31	18
17	61.05	61.72	63.17	64.23	63.19	61.70	60.06	22
18	66.71	68.28	70.44	68.72	68.53	66.14	63.74	18
19	72.78	73.89	74.66	75.85	75.67	74.53	72.83	22
20	67.43	66.92	71.27	70.27	69.62	67.36	65.03	18
21	66.39	67.61	72.93	74.54	74.26	69.17	68.55	22
22	65.06	66.44	66.46	67.74	67.87	67.59	67.12	26
23	65.83	66.76	68.82	69.77	72.10	72.17	68.97	29
24	60.22	65.82	67.77	68.69	67.95	63.29	61.73	22
25	63.22	68.70	69.18	70.18	68.36	66.17	64.19	22
26	65.89	69.90	71.62	72.34	71.01	70.31	68.37	22
27	67.50	69.88	71.56	72.28	71.37	68.33	67.79	22
28	70.67	71.72	74.23	75.69	75.39	73.13	71.27	22
29	71.33	73.00	75.68	77.90	76.08	75.51	74.30	22
30	57.78	58.38	63.79	65.68	66.19	65.26	64.53	26
31	60.39	61.50	65.91	65.27	65.23	63.60	60.46	18
32	60.44	61.56	62.93	64.92	65.63	66.99	63.68	29

将原始数据进行回归分析，以醇化时间（x）为自变量、以感官质量得分（y）为因变量作曲线拟合处理，得到各醇化烟叶的回归方程，从表3-133可知，所建立的各醇化烟叶回归方程均有显著性（$P<0.05$），判定系数（R^2）大多在0.8以上。直观地反映出烟叶醇化过程中醇化时间与感官质量的二次曲线关系（感官质量预测模型），计算得到各醇化烟叶最佳醇化时间的理论计算值，并与直观分析值进行了差值分析，相差0.07~2.97个月。

由分析结果可知（表3-133），上部醇化烟叶的最佳醇化时间（月）为25.19~31.94，中部醇化烟叶的最佳醇化时间（月）为17.14~28.35，下部醇化烟叶的最佳醇化时间（月）为15.64~24.09；3个部位醇化烟叶最佳醇化时间的最小值为上部>中部>下部，其最大值也为上部>中部>下部；从总体情况看，3个部位醇化烟叶的最佳醇化时间为上部>中部>下部，符合上、中、下3个部位烟叶的身份特征，上部烟叶身份厚耐存放，达到最佳醇化时间的时间长，下部烟叶身份薄不耐存放，达到最佳醇化时间的时间短，中部烟叶身份适中，到达最佳醇化时间的时间居中。

表3-133 二次回归分析结果

样品编号	回归方程	R	R^2	方程(P)	X(P)	x^2(P)	理论计算值（月）	直观分析值(月)	理论计算值—直观分析值（月）
1	$y=66.48+0.718\,1x-0.014\,6x^2$	0.876 3	0.814 5	0.015 3*	0.017 5*	0.033 6*	24.59	26	-1.41
2	$y=66.92+0.684\,1x-0.015\,6x^2$	0.867 1	0.800 7	0.017 7*	0.008 8**	0.012 1*	21.93	22	-0.07
3	$y=69.49+0.342\,7x-0.010\,0x^2$	0.911 0	0.866 5	0.007 9**	0.011 1*	0.006 4**	17.14	18	-0.86
4	$y=61.04+0.325\,5x-0.005\,7x^2$	0.993 0	0.989 4	0.000 0**	0.000 2**	0.000 8**	28.55	26	2.55
5	$y=59.47+0.551\,8x-0.009\,7x^2$	0.978 4	0.967 6	0.000 5**	0.001 9**	0.007 0**	28.44	26	2.44
6	$y=57.33+0.826\,1x-0.016\,4x^2$	0.942 4	0.913 6	0.003 3**	0.005 0*	0.011 4*	25.19	26	-0.81
7	$y=59.52+0.511\,3x-0.013\,4x^2$	0.972 4	0.958 6	0.000 8**	0.000 4**	0.000 3**	19.08	18	1.08
8	$y=57.62+0.732\,4x-0.015\,2x^2$	0.973 3	0.960 0	0.000 7**	0.000 8**	0.001 6**	24.09	22	2.09
9	$y=59.05+0.443\,0x-0.012\,5x^2$	0.938 9	0.908 3	0.003 7**	0.003 5**	0.002 3**	17.72	18	-0.28
10	$y=67.71+0.369\,1x-0.007\,5x^2$	0.852 5	0.778 7	0.021 8*	0.023 8*	0.044 1*	24.61	26	-1.39
11	$y=66.71+0.502\,5x-0.010\,9x^2$	0.830 4	0.745 8	0.028 8*	0.020 6*	0.032 5*	23.03	26	-2.97
12	$y=65.90+0.358\,0x-0.006\,1x^2$	0.905 5	0.858 3	0.008 9**	0.033 0*	0.095 2	29.34	29	0.34
13	$y=62.95+0.753\,7x-0.011\,8x^2$	0.973 5	0.960 6	0.000 8**	0.005 3**	0.026 4*	31.94	29	2.94
14	$y=65.14+0.742\,3x-0.018\,6x^2$	0.864 5	0.796 8	0.018 4*	0.007 3**	0.007 3**	19.95	22	-2.05
15	$y=66.67+0.571\,8x-0.016\,0x^2$	0.963 4	0.945 0	0.001 3**	0.001 2**	0.000 8**	17.87	18	-0.13
16	$y=58.08+0.547\,3x-0.017\,5x^2$	0.978 2	0.967 3	0.000 8**	0.002 1**	0.002 1**	15.64	18	-2.36
17	$y=56.48+0.710\,3x-0.018\,3x^2$	0.885 2	0.827 9	0.013 2*	0.005 8**	0.005 2**	19.41	22	-2.59
18	$y=61.76+0.870\,4x-0.024\,9x^2$	0.966 9	0.950 4	0.001 1**	0.001 2**	0.000 7**	17.48	18	-0.52

（续表）

样品编号	回归方程	R	R^2	方程 (P)	X (P)	x^2 (P)	理论计算值（月）	直观分析值(月)	理论计算值—直观分析值（月）
19	$y=69.01+0.595\,7x-0.014\,3x^2$	0.845 4	0.768 1	0.023 9 *	0.009 7 **	0.011 2 *	20.83	22	−1.17
20	$y=60.85+0.977\,3x-0.026\,0x^2$	0.917 5	0.876 3	0.006 8 **	0.003 6 **	0.002 9 **	18.79	18	0.79
21	$y=55.55+1.626\,4x-0.038\,1x^2$	0.897 7	0.846 6	0.010 5 *	0.004 6 **	0.005 8 *	21.34	22	−0.66
22	$y=63.18+0.311\,1x-0.005\,6x^2$	0.953 4	0.930 1	0.002 2 **	0.006 6 **	0.020 1 *	27.78	26	1.78
23	$y=61.52+0.603\,6x-0.010\,0x^2$	0.904 5	0.856 7	0.009 1 **	0.038 3 *	0.114 0	30.18	29	1.18
24	$y=50.76+1.691\,4x-0.042\,1x^2$	0.944 7	0.917 1	0.003 1 **	0.001 2 **	0.001 2 **	20.09	22	−1.91
25	$y=56.44+1.297\,3x-0.032\,9x^2$	0.961 4	0.942 2	0.001 5 **	0.000 6 **	0.000 6 **	19.72	22	−2.28
26	$y=59.82+1.079\,9x-0.025\,3x^2$	0.966 5	0.949 2	0.001 1 **	0.000 5 **	0.000 7 **	21.50	22	−0.5
27	$y=61.63+0.997\,3x-0.025\,3x^2$	0.935 7	0.903 6	0.004 1 **	0.001 7 **	0.001 6 **	19.71	22	−2.29
28	$y=64.12+0.994\,0x-0.023\,5x^2$	0.871 1	0.807 6	0.016 5 *	0.007 0 **	0.008 5 **	21.50	22	−0.5
29	$y=64.94+0.980\,9x-0.021\,3x^2$	0.946 3	0.919 7	0.002 9 **	0.002 1 **	0.003 6 **	23.03	22	1.03
30	$y=49.83+1.094\,4x-0.019\,3x^2$	0.964 7	0.947 0	0.001 2 **	0.004 6 **	0.015 4 *	28.35	26	2.35
31	$y=52.81+1.174\,3x-0.028\,4x^2$	0.918 8	0.878 2	0.006 6 **	0.002 6 **	0.003 0 **	20.67	18	2.67
32	$y=56.55+0.546\,7x-0.008\,6x^2$	0.926 5	0.889 7	0.005 4 **	0.031 2 *	0.109 5	31.78	29	2.78

三、小结

从不同部位醇化烟叶的最佳醇化时间看，上部位烟叶为 25.19～31.94 个月（28），中部位烟叶为 17.14～28.35 个月（24），下部位烟叶为 15.64～24.09 个月（20），上、中、下 3 个部位醇化烟叶的最佳醇化时间为上部叶>中部叶>下部叶。

从各化学成分的变化趋势看，在醇化过程中总糖含量整体上呈先小幅升高后降低的趋势；还原糖含量整体上呈先小幅升高后降低以及后小幅升高的趋势；烟碱含量整体上呈先小幅升高后降低的趋势；总氮含量整体上呈先小幅升高后降低的趋势；淀粉含量的变化没有明显规律，时而增加，时而降低；挥发碱含量的变化没有明显规律，时而增加，时而降低；挥发酸含量的变化没有明显规律，时而增加，时而降低；蛋白质含量整体上呈先小幅升高后降低的趋势；醚提物含量整体上呈先小幅升高后降低的趋势。

醇化烟叶的化学成分在醇化过程中存在广泛变异，不同化学指标在醇化过程中变化程度有所不同，对上部烟叶而言，淀粉和挥发酸变异系数较大，分别为 34.83% 和 23.82%，说明醇化过程淀粉和挥发酸发生了较剧烈的变化，蛋白质、挥发碱以及烟碱变异系数较小，分别为 12.26%、12.26% 以及 13.55%，说明醇化过程中蛋白质、挥发碱以及烟碱变化趋势比较平缓；对中部烟叶而言，氯、挥发酸、挥发碱以及淀粉变异系数较大，分别为 39.89%、30.52%、28.73% 以及 27.50%，说明醇化过程氯、挥发酸、挥发碱以及淀粉发生了较剧烈的变化，还原糖、醚提物以及蛋白质变异系数较小，分别为 13.18%、14.59%以及 15.66%，说明醇化过程中还原糖、醚提物以及蛋白质变化趋势比较平缓；对下部烟叶而言，挥发酸、氯以及淀粉变异系数较大，分别为 27.52%、23.67%以及 23.07%，说明醇化过程挥发酸、氯以及淀粉发生了较剧烈的变化，总糖、还原糖、烟碱以及醚提物变异系数较小，分别为 12.56%、12.92%、13.54 以及 13.63%，说明醇化过程中总糖、还原糖、烟碱以及醚提物变化趋势比较平缓。

把各醇化烟叶的最佳醇化时间点的各指标与整个醇化过程中的指标进行了对比，各指标在最佳醇化时间点的含量及比值趋于合理范围。

第四章　植烟土壤恢复与保持技术研究

土壤是烟草生长发育重要的环境条件之一。土壤理化性状及土壤养分供应间的平衡协调与烟草的产量、品质风格有着密切的关系。烟田土壤综合质量是凸显烤烟特有的质量风格、提高烤烟香气质和香气量、使烟叶原料更好地满足卷烟工艺配方要求的基础。进行烟田土壤改良可维持和提高土壤可持续利用能力，挖掘烟叶生产潜力，进一步提高烟叶质量和生产水平，改善烟叶等级结构，为卷烟工业提供稳定的优质原料，提高烟叶生产的经济效益。目前，凉山烟区烟草多年连作、无机肥大量施用造成植烟土壤理化性状变差，土壤肥力下降，烟草病虫害加重，限制了烟叶产量和质量的保持与提高。因此，进行烟田土壤恢复与保持技术研究，对凉山产区烤烟生产制定合理施肥方案，提高肥料利用率，实现烟叶优质适产，促进烟叶生产可持续发展具有重要意义。

第一节　光叶紫花苕碳氮矿化规律研究

施用有机肥是改良土壤、提高和维持土壤肥力重要的措施之一，尤其是种植苕子。凉山州每年种植的苕子面积在 20 万亩以上，但是一直缺少有关苕子碳素和氮素矿化规律的研究，不能很好地指导苕子翻压后的施肥技术。为此，研究了苕子翻压后氮素和碳素的矿化规律，为指导烟田合理施肥提供理论指导。

一、试验材料与方法

田间试验于 2009 年在冕宁县开展。在苕子翻压前采取一定量的样品，风干、适当粉碎（10 目）后准确称取 4.000g（105℃干基）肥料样品，与 10.000g 土壤（过 10 目筛，105℃干基计）混合均匀后装入玻璃纤维滤纸包中，然后将肥料包封于尼龙袋（300 目）中备用。供试土壤及有机肥材料的基本性状见表 4-1。每种有机肥各制作肥料包 30 只，待烟株移栽时埋设于两烟株之间深为 15cm 左右的土壤中，之后每周各取肥料包 2 只，烘干称重后测定其中的 C、N 残留量。

表 4-1　供试土壤及有机肥材料的基本性状

	全 C (%)	全 N (%)	C/N	P_2O_5 (%)	K_2O (%)
土壤	1.72	0.17	10.1		
苕子	34.63	1.56	22.2	0.98	3.71

二、结果与分析

（一）苕子 C 素的矿化特征

有机肥品种和 C/N 比值不同，它们在土壤中的分解转化特点也差异较大。大麦和黑麦草两种绿肥翻压时正处于返青后的旺长时期，C/N 比值较低，所以翻压后分解相当迅速。

苕子在攀西地区冬春生长旺盛，经过 2~3 次的收割后新发出部分翻压时生长较为幼嫩、C/N 比低。因此翻压后分解相当迅速。翻压一周后就有 25% 的 C 素被矿化，6 周后有 66% 的 C 素被分解，在烟株整个生育期内约 75% 的 C 素被矿化。

从分解曲线来看，碳素分解表现出了一定的阶段性，大约在翻压后的第 6 周前后为一分界线。其原因为前 6 周（4 月底至 6 月中旬）气温较低，所以分解速度较慢，而 6 周后外界气温升高分解速度有所提高（图 4-1）。

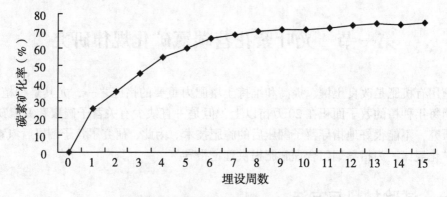

图 4-1　苕子碳素在土壤中的矿化规律

（二）苕子中 N 素的释放规律

伴随着有机肥中有机物质的矿化，N 素也逐渐被释放。苕子在翻压前期 N 素释放速度很快，约 7 周后 N 素释放速度明显变慢，在烟株整个生育期内约释放了 58% 的 N 素。

从不同有机肥 N 素释放曲线来看，苕子的 N 素释放具有明显的阶段性，即第 8 周左右为分界线（图 4-2）。

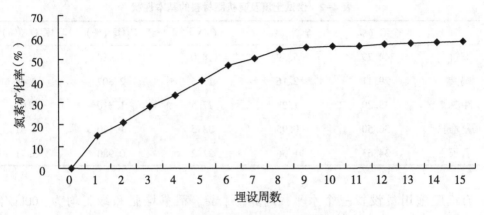

图 4-2 苕子氮素在土壤中的矿化规律

三、小结

由以上分析可以推断，为了促进绿肥的分解，防止绿肥后期的快速分解而导致烟草吸 N 量增加，绿肥宜于烟株移栽前一个月进行翻压和施用。但由于凉山地区春季温度上升快，绿肥生长量大，所以在翻压时要控制翻压量为 750～1 000kg，为适宜的鲜草翻压量。此外，由于苕子为豆科植物，且根部干物质量也比较大，所以在确定烟田正确施肥量时，应考虑烟田绿肥翻压量和土壤中残留的氮素量以避免氮素过量。为了保证绿肥翻压时具有一定的鲜草量，绿肥的种植也应在上一年的 9—10 月进行。

第二节 不同有机肥种类对烟田土壤性状的影响

有机肥种类和用量不同，施用后对土壤理化性状和微生物性状影响也不同，进而影响烟株的生长发育及产量和品质的形成。如果有机肥施用量过少，则起不到改良土壤和维持土壤碳、氮循环的目的，但施用量超过当地生态条件所决定的有机物分解矿化量时，又会影响烟株的正常生长与发育。因此，为了在烟草种植中合理施用有机肥，必须了解有机肥施用后对土壤理化及生物性状的影响，进而确定合适的有机肥种类和施用量。

一、材料与方法

试验所用的有机肥种类为鸡粪堆肥、牛粪堆肥（牛粪+稻草）、腐熟菜籽饼肥、稻草堆肥和绿肥（苕子）共五种，在施用前对以上有机肥均进行历时 45 天左右的好氧发酵使其腐熟。腐熟后肥料养分含量见表 4-2。烟田土壤基础肥力 pH 值为 6.3，有机质含量为 1.72%，速效氮、磷、钾分别为 66.6mg/kg（碱解氮）、68mg/kg、148mg/kg。

表 4-2　供试土壤及有机肥材料的基本性状

	全 C (%)	全 N (%)	C/N 比	P_2O_5 (%)	K_2O (%)
菜饼	44.79	5.59	8.0	1.980	1.39
鸡粪	29.11	2.16	13.5	2.307	2.44
牛粪	35.20	1.28	27.5	1.310	3.61
稻草堆肥	36.50	0.95	38.5	1.120	3.51
苕子	34.63	1.56	22.2	0.980	3.71

有机肥施用量设置三个水平，鸡粪、牛粪、稻草堆肥和绿肥均为 100kg/亩、200kg/亩和 300kg/亩。饼肥为 10kg/亩、20kg/亩和 30kg/亩。在烟株移栽时以窝肥施用，但尽量与周围土壤混合均匀。当地常规施肥量为 N-P_2O_5-K_2O 为 10-15-30，为了防止氮素施用过多，除对照处理（烟草专用肥）外，施用有机肥处理均从氮素总量中扣除氮 1kg/亩（忽略由有机肥带入的磷、钾），磷、钾肥施用量与对照相同。烟株于 5 月 1 日移栽，行距 100cm，株距 50cm，品种为云烟 85。在烟株生长发过程中，分别于移栽后 30d、45d 和 60d 时对烟株的生长状况进行调查，每处理调查 5 株并取其平均值。同时于移栽后第 30 天、第 45 天、第 60 天、第 75 天和烟株收后采取土壤样品，测定速效氮、磷、钾含量和土壤微生物数量，以评价不同有机肥施用量对土壤性质的影响。

二、结果与分析

（一）不同有机肥种类和施肥量对烟株生长发育的影响

在团棵期对烟株生长发育状况进行了调查，以对照处理作为正常将其调查结果列于表 4-3。从表 4-3 可以看出，团棵期鸡粪处理表现最优，其次为牛粪处理，饼肥、绿肥和稻草处理表现相似，但稻草和绿肥相比，绿肥处理长势略好。从施肥量来看，同一有机肥种类，随着施肥量的增加长势越好。但鸡粪处理中，当鸡粪堆肥施用为 300kg/亩时，出现了轻微的烧苗现象。牛粪和稻草处理施肥量为 300kg/亩时，于现蕾后表现出长势转弱趋势，其可能是由于后期这两种有机肥富含纤维素等物质，它们的分解产生了氮素的生物固持，因而在该期影响了烟株的生长，但两处理至烟叶收获期烟株表现仍比对照好。饼肥和绿肥处理各施肥水平下均长势良好。至收获时所有处理中烟株均正常落黄，未出现迟熟现象。烘烤时有机处理的烟叶表现出易烘烤、香味浓、色泽鲜艳等特点。

表 4-3　长势情况调查 *

施肥水平	稻草			绿肥			牛粪			鸡粪			饼肥			对照
	1	2	3	1	2	3	1	2	3	1	2	3	1	2	3	
团棵期	弱	中	强	中	强	中	中	中	强	强	强	强	弱	中	强	中

（续表）

施肥水平	稻草			绿肥			牛粪			鸡粪			饼肥			对照
	1	2	3	1	2	3	1	2	3	1	2	3	1	2	3	
现蕾期	中	中	强	中	强	中	中	强	弱	中	强	中	中	中	强	中
收获期	中	中	中	中	中	中	中	中	中	中	中	中	中	中	中	中

＊分别以弱、中、强表示烟株生长发育略差、正常和良好

（二）有机肥对土壤速效养分含量的影响

有机肥性质不同，施用后对土壤速效养分的影响也不同，进而影响到烟株的生长发育。试验过程中，于烟株团棵期 30d、旺长 45d、打顶 60d、75d 和收获后对土壤中速效养分的变化进行了监测，其结果列于图 4-3、图 4-4 和表 4-4。

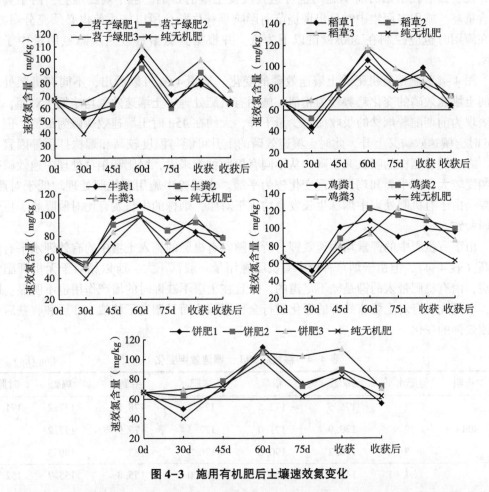

图 4-3　施用有机肥后土壤速效氮变化

从图 4-3 可以看出，在烟草种植中均因有机肥的施用，土壤中速效氮均发生了不同变化。总体趋势为施肥后有效氮有所下降，然后随着外界温度的上升有所升高，之后又随着烟株的吸收土壤有效氮逐渐下降，至收获期又基本恢复至植烟前的水平或略高。

就不同种类有机肥比例来看，苕子和鸡粪处理中土壤有效氮变化较大，而稻草和牛粪处理相对较缓，并且在收获后鸡粪处理的土壤有效氮含量也高于植烟前土壤有效氮含量。其原因在于鸡粪堆肥和苕子绿肥因含氮量较高，因而对土壤有效氮含量影响也较大，而稻草和牛粪堆肥富含纤维素，尽管施用前牛粪和稻草均经过一定时间的腐熟，后期当纤维素等成分分解时也会出现暂时的生物固氮现象，所以土壤中有效氮也有所降低。但从烟株生长势来看，虽然两处理中高施肥量处理（300kg/亩）烟株表现轻微的脱氮现象，但对产量和烤后烟叶品质并未产生明显影响，与无机肥对照处理相比其产量和产值也较高。

总体而言，由于稻草和牛粪分解速度较慢，当季中分解量也较少，因而对于提高土壤肥力更为有利。考虑到烟叶生产的特殊性，即"早生快发"的特点，所以在烟草种植中如果使用这类肥料，必须事先进行充分熟腐并且在腐熟时应适当添加氮素以调节其C/N比，或者在植烟的前季施用也可达到改良土壤的目的。至于鸡粪堆肥，由于其养分含量高、施用多而集中时易出现烧苗而影响烟株生长，所以施用前也必须充分腐熟，而在施用时也应控制在300kg/亩以下为宜，并根据其氮素释放量从总氮用量中予以扣除。

图4-4为施用有机肥后土壤速效磷的变化。从图4-4可以看出，不同有机肥处理之间土壤速效磷的变化趋势较为相似，施用有机肥处理中土壤速效磷均略低于对照，并且表现为前期随着烟株的吸收而有少量下降，大约在45d时土壤速效磷降为最低，但至75d时土壤速效磷又上升，此时土壤速效磷的上升可能与温度较高和烟株打顶等因素有关，之后随着烟株的吸收又下降。从不同有机肥种类来看，绿肥和稻草处理中速效磷变化幅度较大，而牛粪和鸡粪处理变化较为平缓。本试验中施用有机肥处理均低于对照，主要是由于有机肥处理中烟株生长发育均优于对照，烟株的生长发育比对照吸收了更多的磷所致。

由于有机肥中的钾素均为速效钾，所以随着有机肥的施入土壤中的有效钾水平有所升高（表4-4），但由于烟草种植中有机肥施用量一般都不大，所以相对于无机钾肥量来讲，由有机肥带入的钾是微不足道的，并且在土壤不缺钾时的增产作用也不明显。因此，本研究没有对土壤速效钾的变化进行全程跟踪，而只调查了移栽30d后和收获后土壤速效钾的变化。

表4-4 移栽后30d土壤速效钾变化 (mg/kg)

生长期	施肥水平	绿肥	稻草	饼肥	牛粪	鸡粪	对照
	1	175.5	172.5	179.2	178.5	177.2	171.0
30d	2	179.9	171.0	177.3	177.9	177.2	
	3	178.2	190.6	170.3	183.7	189.3	
	1	146.1	154.4	167.0	155.8	155.7	152.0
收获后	2	156.3	168.8	167.4	167.1	164.8	
	3	162.4	145.6	150.8	162.4	168.3	

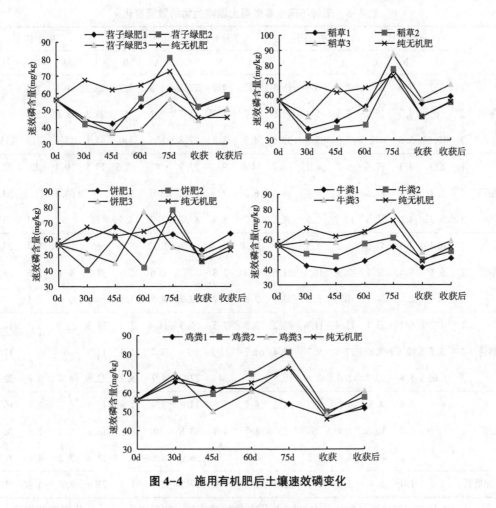

图 4-4　施用有机肥后土壤速效磷变化

（三）不同有机肥对土壤微生物数量的影响

在烟草生长发育期间，采集不同处理的土壤进行了土壤微生物的测定，结果列于表 4-5。该结果表明，有机肥的施用均在不同程度上增加了土壤微生物的数量。其中细菌的数量级基本在 10^6，稻草处理 3、饼肥处理 2 达到 10^7，总体来看细菌数量正常偏低。放线菌的数量级基本在 10^5 和 10^6、饼肥处理 1 土壤中达到 10^7，从整体来看施入饼肥后大大增加了放线菌的数量，相比之下土壤中放线菌数量较高。土壤中真菌的数量级基本在 10^5 和 10^4，土壤中真菌的数量属正常偏高位。但从施肥量上来看，随着有机肥用量的增加微生物数量增加。因此，本试验的结果充分说明，有机肥的施用提高了土壤中微生物数量和活性，因而有利于修复和改善土壤微生态并进一步提高土壤肥力。

表 4-5　烟株不同生育时期土壤微生物的数量变化 *

		6月7日			6月23日			7月6日			7月21日			9月19日		
		A	B	C	A	B	C	A	B	C	A	B	C	A	B	C
绿肥	1	5.7	7.6	21.3	7.1	6.3	15.1	7.2	4.2	22.8	8.8	3.2	27.7	10.3	5.3	21.1
	2	6	7.3	26.2	3.3	5.3	19.6	8.7	5.9	11.7	7.1	5	29.3	3.2	2.5	14
	3	10.5	5.8	47	7.5	5.6	33.6	4.3	3.8	27.8	8.6	3.9	44.1	13.9	7.3	115.6
稻草	1	8.3	4.3	37.6	6.2	6.2	11.7	14.8	9.3	23.9	4	13.6	13.5	10.3	12	22.4
	2	5.1	9.1	21.5	4.2	6.4	18.3	6.7	16.6	29.4	8.6	9.4	36	63.3	17.5	58.2
	3	5.7	4.8	20.4	12.7	2.9	34.5	9.7	3.5	44.2	1.7	4.5	36	6	3.4	33
牛粪	1	10.7	3.3	42.5	4.8	1.5	7.2	11.4	13.8	27	19.2	4.6	65	19.4	8.4	24.3
	2	6.5	9.4	23.1	9.9	10.4	31.6	5.3	3.8	20	5.3	5.3	31.3	9.1	3.6	23.1
	3	3.9	2.7	34.1	10.8	5.1	33.9	2.6	5.7	92.7	8.5	5.1	56.4	5.4	7.1	19
鸡粪	1	1.7	6.1	23.1	12.4	11.6	81.2	3.5	7.5	26.3	14.4	3.3	28.5	21.9	5.4	18.1
	2	3.7	10.6	8.8	17.8	9.7	17.4	4.7	22.3	9	4.9	5.6	15.7	6	1.3	17.7
	3	1.65	5.8	10.7	2.6	3.6	30.5	4	4	27.2	4.7	5.9	32.8	4.4	8.8	22.2
饼肥	1	6.9	5.4	4.5	4.8	8.7	22.2	8.7	5.6	14.6	7.4	1.8	12.5	6.7	1.1	16.7
	2	11.9	6.6	10.6	1.4	3	13	8.7	4.8	13.6	10	3.5	16.1	9.2	1.6	20.1
	3	4	4.9	46.9	3.6	1.2	8	4.1	5	26.9	4.6	3.7	18.6	5.2	4.8	6.9
无机肥		1.6	1.4	5.1	2.2	1.9	13.4	2.2	0.9	17.9	2.8	1.3	23.4	3.6	4.8	19

*注：A 代表细菌数量，数量级为 10^6；B 代表放线菌数量，数量级为 10^5；C 代表真菌数量，数量级为 10^4

三、小结

通过以上分析可知，本研究中所有的有机肥均在一定程度上促进了烟株的生长发育，其中表现最好的是饼肥，其次为绿肥，再次为鸡粪、牛粪和稻草堆肥。从田间表现及烟叶品质分析来看，有机肥施用量 300kg/亩（风干量）左右比较合适。当然，施用量过少起不到改土效果，但是过多尤其是未腐熟的有机肥或含氮量较高的有机肥过多时则影响烟株的正常发育和品质。因此，为了达到施肥和改良土壤的双重目的，在生产中有机肥施用前必须进行充分腐熟，而绿肥的翻压也宜提前翻压并控制翻压量。

第三节　不同覆盖材料及方式对土壤性状的影响

一、2010 年度

（一）材料与方法

1. 供试材料

试验于 2010 年在四川省烟草公司凉山州公司技术推广中心试验地进行。供试试验地地势平坦，土壤类型为黄壤，前茬作物为紫光苕子，土壤肥力均匀中等，土壤基本理化性状为 pH 值 6.25，有机质 1.79g/kg，碱解氮 138.19mg/kg，速效磷 36.44mg/kg，速效钾 97.28mg/kg。供试材料为云烟 85，由凉山州烟草公司统一提供，采用漂浮育苗，2010 年 1 月 12 日育苗。

2. 方法

（1）试验设计　本试验采用田间小区试验，采用随机区组设计，3 次重复，共 12 个小区，每小区面积 72m²，植烟 4 行，行长 15m。具体试验设计如下：

CK：单垄单行地膜覆盖，前期地膜覆盖，团棵期（移栽后第 35 天）揭膜培土；

T1：M 型宽垄双行地膜半幅覆盖，团棵期（移栽后第 35 天）揭膜培土；

T2：M 型宽垄双行稻草覆盖，团棵期（移栽后第 35 天）培土时把稻草覆盖，稻草覆盖量 6 000 kg/hm²；

T3：M 型宽垄双行地膜半幅覆盖、中间盖稻草，团棵期（移栽后第 35 天）培土时把稻草覆盖，稻草覆盖量 1 500 kg/hm²。

（2）试验管理　M 型宽垄双行上留一条深 10cm，宽 20cm 的集雨沟，移栽时两边用土堵住，以集雨蓄水，雨季时疏通两边以排水防涝（见图 1）。试验田于 4 月 15 日起垄，起垄规格为单垄高 25cm，宽 70~80cm，M 型垄高 25cm，宽 140~150cm；5 月 12 日移栽，每个处理氮、磷、钾的使用量相等，依据当地烟草生产上普遍采用的肥料配比方案，即亩施纯氮 90 kg/ hm²，N：P₂O₅：K₂O = 1：1：3，为保持各处理养分总量一致，各处理的氮磷钾养分用硝磷铵、硝酸钾、过磷酸钙、硫酸钾等补齐；种植规格为行距 110cm，株距 55cm；M 型宽垄双行烟叶在采烤烟叶后，于 7 月 10 日，在垄沟种豌豆；除试验因素外，其他管理措施严格按照《凉山州优质烤烟生产技术规程》进行。

（3）调查分析项目　垄体温度和水分测定：从移栽前 1d 开始，每隔 20d 用 JM 系列数字温度计测定烟垄 5cm、10cm、15cm、20cm（自烟株茎基部垂直向下计算深度）土层的土壤温度，测定时间为上午 10：00~11：00；分别选择晴天、阴天各一天，在 6：00~22：00，每隔 2h 测定一次，并记录垄体温度一天的变化规律。

土壤养分含量的测定：从移栽前一天开始，用 Mpkit-B 土壤水分测量仪测定土壤水分，每隔 20d 测定一次，同时测定雨后土壤垄体含水量，并连续测定降雨后 5 天、10 天垄体的含水量。每个处理选 10 个点并重复 3 次测定，最后求其平均值。采用常规方法测定土壤的一些基本理化性质。土壤有机质的测定采用重铬酸钾容量法；土壤碱解氮的测定采用碱解扩散法；土壤速效磷采用碳酸氢钠—钼锑抗比色法；土壤速效钾的测定采用火焰光度计法。

土壤酶活性的测定：分别于移栽前开始，每隔20d在靠近植株根部10 cm处，用土钻在每个小区用五点法采集0~20cm的耕层土壤，去除土样中的作物残体和石块等杂物，用四份法将新鲜土壤样品均匀等分为两份，过1mm筛，用于土壤过氧化氢酶、脲酶、蔗糖酶、磷酸酶等酶活性的测定。

（二）结果与分析

1. 不同种植模式对垄体含水量的影响

从图4-5可以看出，团棵之前土壤含水量较低，团棵后随着雨水增多，土壤含水量逐渐升高。具体表现为移栽时（起垄后25d），M型宽垄双行种植模式的土壤含水量比单垄单行种植模式提高8.29%；团棵期（移栽后35d）M型宽垄双行种植模式的土壤含水量显著高于单垄单行种植模式，平均提高了40.31%；现蕾期（移栽后55d），M型宽垄双行种植模式的含水量为比单垄单行种植模式提高13.17%，以M型宽垄双行地膜覆盖与稻草二元覆盖种植模式保水保墒的效果最好；采烤结束（移栽后112d），M型宽垄双行地膜半幅覆盖、地膜半幅与稻草二元覆盖种植模式仍保持较高的含水量。

降雨后第2天，M型宽垄双行种植模式的含水量显著高于单垄单行种植模式，平均提高19.56%，雨后第5天在没有降雨的情况下，含水量平均13.98%，第10天提高9.72%，说明M型宽垄双行种植模式可以显著提高耕层土壤含水量。

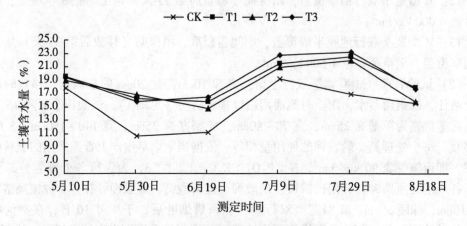

图4-5 不同种植模式土壤含水量变化

2. 不同种植模式对土壤温度变化的影响

（1）整个生育期土壤温度变化。从图4-6可以看出，不同种植模式整个生育期的土壤温度变化趋势基本相同。移栽后20天M型宽垄双行种植模式5cm土层、10cm土层、15cm土层温度分别比单垄单行种植模式高1.1℃、1.0℃、0.40℃，20cm土层温度相当；随着节气变化温度逐渐升高，不同种植模式最高温度均出现在团棵期前后，M型宽垄双行种植模式0~20cm土层的温度均低于单垄单行种植模式，具体表现为：单垄单行地膜覆盖种植模式>M 型宽垄双行地膜半幅覆盖种植模式>M 型宽垄双行地膜半幅与稻草二元覆盖种植模式>M 型宽垄双行稻草覆盖种植模式，此期 M 型宽垄双行种植模式 5cm 土层、10cm 土层、15cm 土层、20cm 土层的温度分别比垄单行种植模式平均低 10.6℃、5.6℃、4.3℃、2.7℃；进入现蕾期后随着烟株的发育及气候的变化，M 型宽垄双行种植模式 0~20cm 土层的温度比单垄单行种植模式低 0.5℃，维持温度在烟株最适温度范围内。

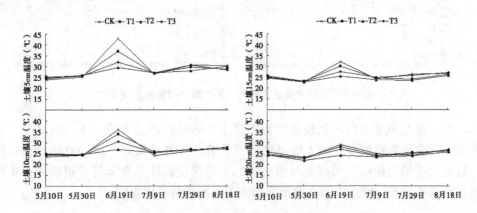

图 4-6　不同种植模式对土壤温度的影响

（2）阴天时土壤温度变化。从图 4-7 可以看出，不同种植模式阴天一天的垄体温度变化趋势基本相同。土壤 5cm 土层的温度表现为：10：00 之前，M 型宽垄双行种植模式的温度保持恒定状态，单垄单行种植模式的温度逐渐升高；10：00 之后，垄体温度开始逐渐升高，14：00 达到最高温度，之后逐渐降低，M 型宽垄双行种植模式的温度变化缓慢，单垄单行种植模式变化较迅速，阴天一天 M 型宽垄双行种植模式 5cm 土层的温度平均比单垄高 1.19℃。

M 型宽垄双行种植模式 10cm 土层的温度较恒定，并保持在较高水平，M 型宽垄双行地膜半幅与稻草二元覆盖种植模式的土壤温度最恒定，单垄单行种植模式土壤温度表现为先升高后降低的过程，温差为 1.4℃。

土壤 15cm 土层的温度表现为：M 型宽垄双行地膜半幅覆盖种植模式>M 型宽垄双行地膜半幅与稻草二元覆盖种植模式>单垄单行种植模式>M 型宽垄双行稻草覆盖种植模式，单垄单行种植模式的温度 8：00 之后迅速升高，20：00 之后又迅速降低，温差较大，M 型宽垄双行种植模式的温度保持较恒定。

M 型宽垄双行种植模式土壤 20cm 土层的温度比单垄单行种植模式平均提高1.17℃，阴天一天温度为 20.4~21.8℃，温差 1.4℃，单垄单行种植模式一天温度为19.2~20.8℃，温差为 1.6℃。综合以上分析，阴天时 M 型宽垄双行种植模式 0~20cm 土层的垄体温度高于单垄单行种植模式，而且温差变小、温度变化较恒定。

双行种植模式 0~20cm 土层的垄体温度高于单垄单行种植模式，而且温差变小、温度变化较恒定。

（3）晴天时土壤温度变化。不同种植模式土壤 5cm 土层的温度变化趋势基本一致

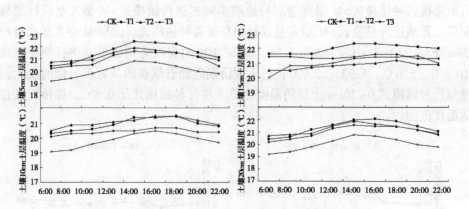

图 4-7　不同种植模式阴天一天土壤 0~20cm 温度变化

（图 4-8）。M 型宽垄双行种植模式的温度高于单垄单行种植模式，14：00 之前，M 型宽垄双行覆盖稻草种植模式的土壤温度高于单垄单行种植模式；14：00 之后，M 型宽垄双行地膜半幅与稻草二元覆盖种植模式的土壤温度高于单垄单行种植模式；M 型宽垄双行种植模式 6：00、22：00 的温度均高于单垄单行种植模式。

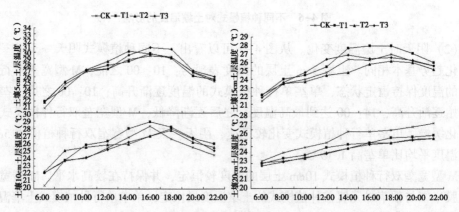

图 4-8　土温变化

不同种植模式土壤 10cm 的温度变化差异较大。6：00 时 M 型宽垄双行种植模式的温度比单垄单行种植模式高 1.77℃；M 型宽垄双行地膜半幅覆盖种植模式、单垄单行种植模式的最高温度出现在 16：00，M 型宽垄双行地膜半幅与稻草二元覆盖种植模式、M 型宽垄双行稻草覆盖种植模式的最高温度出现在 18：00；M 型宽垄双行稻草覆盖种植模式在 8：00~14：00 维持温度恒定，之后 M 型宽垄双行稻草覆盖种植模式与 M 型宽垄双行地膜半幅与稻草二元覆盖种植模式的变化趋势一致；22：00 时，M 型宽垄双行种植模式的土壤温度比单垄仍高 1.03℃。

不同种植模式土壤 15cm 温度表现为：6：00 M 型宽垄双行的温度比单垄高 0.63℃；14：00 之后，M 型宽垄双行种植模式维持较高的温度，而且持续时间较长，M 型宽垄双行地膜半幅与稻草二元覆盖种植模式与单垄单行种植模式的变化趋势基本一致，M 型宽垄双行稻草覆盖种植模式的温度低于单垄单行种植模式，可能与稻草覆盖有一定的遮阴作用有关。

不同种植模式土壤 20cm 土层温度表现为：M 型宽垄双行种植模式的温度比单垄单行种植模式低 1.2℃；单垄单行种植模式的温度为 23.3~27.8℃，温差 4.5℃，M 型宽垄双行种植模式的温度为 22.9~26.1℃，温差为 3.2℃，日温差较小。

3. 不同种植模式对土壤养分含量的影响

（1）有机质。从图 4-9 可以看出，整个生育期不同种植模式的土壤有机质含量变化差异明显。移栽到团棵期这段时间，M 型宽垄双行地膜半幅与稻草二元覆盖种植模式有机质含量基本恒定，其余种植模式略有降低；团棵期之后随着基肥肥效的发挥以及追肥的施入，M 型宽垄双行种植模式的有机质含量逐渐升高，并维持在较高水平；烟叶采烤结束后，单垄有机质含量降低，M 型宽垄双行的有机质含量提高了 5.13%。

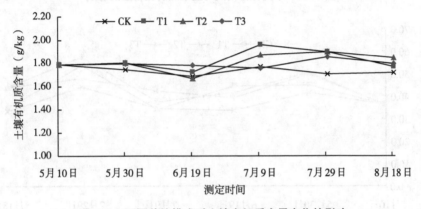

图 4-9　不同种植模式对土壤有机质含量变化的影响

（2）碱解氮。从图 4-10 看出，不同种植模式土壤碱解氮含量的变化趋势差异明显。移栽之后，碱解氮表现为 M 型宽垄双行种植模式的含量逐渐升高，单垄单行种植模式的含量略有降低；之后单垄单行种植模式的碱解氮含量迅速升高又降低，M 型宽垄双行种植模式的碱解氮含量较高而且变化较稳定；烟叶采烤结束后，M 型宽垄双行种植模式的碱解氮含量比单垄单行种植模式平均提高了 25.19%。

（3）速效磷。从图 4-11 可以看出，整个生育期 M 型宽垄双行种植模式的速效磷含量始终高于单垄单行种植模式；M 型宽垄双行地膜半幅与稻草二元覆盖种植模式的速效磷含量变化较稳定，而且含量较高，M 型宽垄双行地膜半幅覆盖种植模式与 M 型宽垄双行稻草覆盖种植模式大田后期的速效磷含量变化明显；采烤结束后，M 型宽垄双行的速效磷含量平均增加 22.78%，以 M 型宽垄双行稻草覆盖种植模式以及 M 型宽垄双行地膜半幅与稻草二元覆盖种植模式的效果最好。

（4）速效钾。从图 4-12 可以看出，移栽到团棵期这段时间内，M 型宽垄双行的速效钾含量低于单垄单行种植模式；团棵期后不同种植模式的速效钾含量迅速上升，进入现蕾期后随着烟株对钾的需求增加，从土壤中吸收的钾增多，导致土壤速效钾含量逐渐下降；烟叶采烤结束以后，M 型宽垄双行稻草覆盖种植模式的速效钾含量显著提高，M

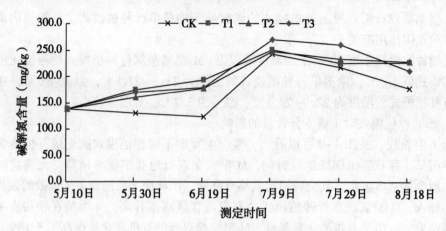

图 4-10　不同种植模式对土壤碱解氮含量的影响

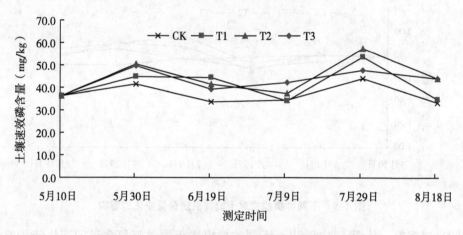

图 4-11　不同种植模式对土壤速效磷含量变化的影响

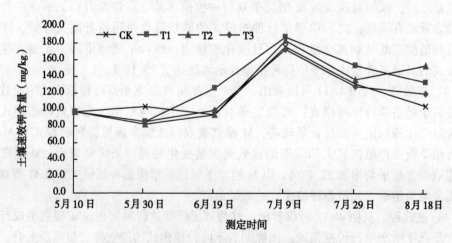

图 4-12　不同种植模式对土壤速效钾含量的影响

型宽垄双行地膜半幅覆盖种植模式以及 M 型宽垄双行地膜半幅与稻草二元覆盖种植模

式速效钾含量也略有增加，M型宽垄双行种植模式速效钾含量平均提高22.48%。

4. 不同种植模式对土壤酶活性的影响

（1）蔗糖酶。从图4-13可以看出，不同种植模式土壤蔗糖酶随生育期的变化特征表现为，移栽后到团棵期这段时间内，土壤蔗糖酶活性没有明显变化，M型宽垄双行种植模式的蔗糖酶活性略高于单垄单行种植模式；团棵期以后，随着揭膜上厢、追肥、中耕培土等田间操作，不同种植模式的蔗糖酶活性不断增强，M型宽垄双行种植模式的酶活性显著高于单垄单行种植模式；大田后期随着采烤不断进行，土壤蔗糖酶的活性也表现为不断降低的趋势，采烤全部结束以后，M型宽垄双行种植模式的酶活性仍高于单垄单行种植模式，以M型宽垄双行稻草覆盖种植模式的酶活性最高。

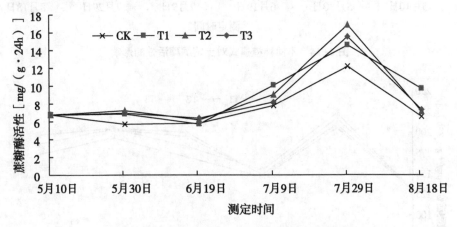

图4-13　不同种植模式对土壤蔗糖酶活性的影响

（2）脲酶。从图4-14可以看出，整个生育期M型宽垄双行稻草覆盖种植模式的酶活性最高；M型宽垄双行种植模式的土壤脲酶的活性表现为移栽后M型宽垄双行脲酶活性先升高又降低，团棵追肥之后又逐渐升高，大田后期又逐渐下降；单垄单行种植模式的酶活性表现为逐渐升高又降低的过程，而且酶活性均低于M型宽垄双行种植模式；烟叶采烤结束后M型宽垄双行种植模式的酶活性仍高于单垄单行种植模式；M型宽垄双行地膜半幅覆盖与M型宽垄双行地膜半幅与稻草二元覆盖种植模式酶活性的表现基本一致。

（3）磷酸酶。从图4-15可以看出，整个生育期不同种植模式的磷酸酶活性变化趋势基本一致，具体表现为：5月12日移栽后土壤酸性磷酸酶的活性逐渐升高，5月30日以后开始降低，团棵期揭膜培土后又开始逐渐升高，M型宽垄双行种植模式的磷酸酶活性均高于单垄单行种植模式，烟叶采烤结束后M型宽垄双行种植模式的酶活性仍较高。

（4）过氧化氢酶。从图4-16可以看出，不同种植模式整个生育期土壤过氧化氢酶活性的变化趋势基本一致。从移栽到现蕾期这段时间内，土壤过氧化氢酶活性保持基本恒定；进入现蕾期后，过氧化氢酶活性逐渐升高，M型宽垄双行种植模式的过氧化氢酶活性明显高于单垄单行模式，说明M型宽垄双行种植模式土壤腐化强度较高，有机

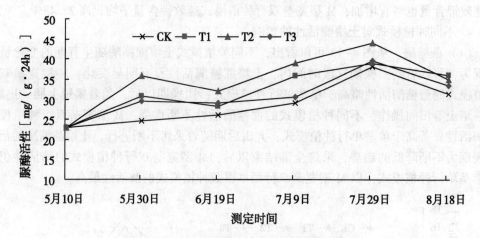

图 4-14 不同种植模式对土壤脲酶活性的影响

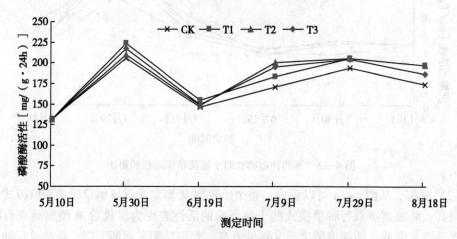

图 4-15 不同种植模式对土壤磷酸酶活性的影响

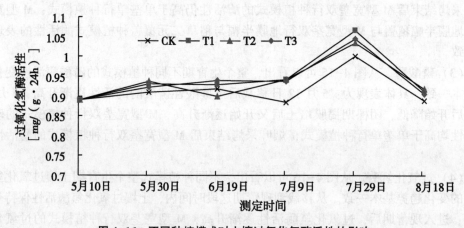

图 4-16 不同种植模式对土壤过氧化氢酶活性的影响

物质积累较多；随着采收的不断进行，过氧化氢酶活性变现为逐渐降低，采烤结束后，M型宽垄双行种植模式过氧化氢酶仍保持较高的活性。

（三）小结

试验表明，M型宽垄双行种植模式提高了对降水的有效利用，地膜半幅与稻草二元覆盖相结合避免了雨水对地表的直接冲击，水土流失减少70%~80%；与单垄单行种植模式相比，M型宽垄双行种植模式全生育土壤含水量提高了23.0%；现蕾期（移栽后55d），M型宽垄双行种植模式的土壤含水量显著高于常规垄，平均提高了24.99%，降雨后M型宽垄双行种植模式的含水量比单垄单行种植模式提高了19.56%，降雨后第5天在没有降雨的情况下，M型宽垄双行种植模式含水量比单垄单行种植模式平均提高了13.98%，降雨后第10天含水量平均提高9.72%。

M型宽垄双行种植模式维持土壤温度在适宜的范围内，增强了土壤温度的自动调节能力，有利于根系生长发育。团棵期前后常规单垄的最高温度达43.5℃，M型宽垄双行地膜半幅覆盖种植模式为37.0℃，M型宽垄双行地膜半幅与稻草二元覆盖种植模式为32.0℃，M型宽垄双行稻草覆盖种植模式为29.6℃，M型宽垄双行的平均温度为32.9℃，比单垄单行种植模式降低10.6℃，有利于缓解高温对根系的伤害，从而避开高温障碍；阴天时M型宽垄双行5cm的地温平均比单垄高1.19℃，10cm地温提高0.97℃，15cm地温提高0.38℃，20cm地温提高1.17℃，在温度较低时尤为重要，保持根系具有较强的活力。

M型宽垄双行种植模式通过地膜半幅、稻草覆盖增加了土壤的通透性，为土壤酶创造了适宜的光、温、水、气等繁殖、代谢环境，增强了土壤酶活性，加速了土壤有机质的转化以及对土壤养分的活化，能有效地维持或提高土壤有效养分的含量，特别是有机质的积累，有利于改善土壤理化性状，为烟株生长发育创造了适宜环境。

二、2011年度

（一）材料与方法

1. 材料

试验于2011年在四川省烟草公司凉山州公司技术推广中心试验地进行。供试试验地地势平坦，土壤类型为黄壤，前茬作物为紫光苕子，土壤肥力均匀中等，土壤基本理化性状pH值为6.15，有机质1.63g/kg，碱解氮133.52 mg/kg，速效磷33.46mg/kg，速效钾91.61mg/kg。供试烤烟品种为云烟85，采用漂浮育苗。

2. 方法

（1）试验设计　采用田间小区试验，随机排列，设5个处理，3次重复，共15个试验小区，小区面积为72m²。具体试验设计如下：

T1：宽垄双行二元覆盖，揭膜前覆薄膜，揭膜后覆麦秆；

T2：宽垄双行薄膜覆盖；

T3：宽垄双行三叶草覆盖；

T4：宽垄双行麦秆覆盖；

CK：单垄单行地膜覆盖，团棵期揭膜培土；

起垄规格：宽垄双行垄高 25cm，宽 150~160cm，垄中间留一条深 10cm，宽 20cm 的集雨沟；单垄垄高 25cm，宽 70~80cm。种植规格为行距 110cm，株距 55cm。

（2）试验管理　每个处理保证氮磷钾比例一致，均为 N：P₂O₅：K₂O＝1：1：3，除试验因素外，烤烟田间管理措施照常规优质烤烟生产技术进行。

（3）调查分析项目　垄体土壤水分测定：分别在烤烟移栽期、团棵期、旺长期、现蕾期、成熟期用 Mpkit-B 土壤水分测量仪测定土壤水分，同时测定雨后垄体土壤含水量，连续测定降雨后第 2 天、第 3 天、第 4 天垄体土壤含水量。

垄体土壤容重测定：分别在烤烟生长的移栽期、团棵期、旺长期、现蕾期、成熟期采用 5 点取样法，对 15cm 深度土壤采集土样测定土壤容重。

垄体土壤养分测定：分别在烤烟移栽期、团棵期、旺长期、现蕾期、成熟期采用 5 点取样法，对 15cm 深度土壤采集土样测定土壤有机质含量、碱解氮含量、速效磷含量、速效钾含量。

垄体土壤温度测定：从移栽前 1 天开始，以后每隔 15 天用 JM 系列数字温度计测定不同处理烟垄 5cm、10cm、15cm、20cm 不同深度的土壤温度。于揭膜前后分别测定晴天一天的垄体温度，于测定当日的 8：00、10：00、12：00、14：00、16：00、18：00、20：00、22：00、24：00、2：00、4：00、6：00 分别测定土壤 5cm、10cm、15cm、20cm 深度的温度。

烟田不同高度温度与湿度测定：在烤烟的旺长期，于测定当日的 8：00、10：00、12：00、14：00、16：00、18：00、20：00、22：00、24：00、2：00、4：00、6：00 分别测定离地面 20cm、50cm 和 100cm 高处的温度和相对湿度。

（二）结果与分析

1. 土壤含水量

从图 4-17 中可以看出，不同处理的土壤含水量变化呈现增加—减少—增加—减少趋势，团棵期之前，土壤含水量比较低，随着降水量的增加，土壤含水量逐渐增加，团棵期之后，由于降水量的减少，土壤含水量也减少，旺长期开始，雨水逐渐增多，到现蕾期土壤含水量达到最高峰，以后又逐渐减低。同时可以看出，同一时间不同处理的土壤含水量是不同的，在团棵期，宽垄双行秸秆覆盖模式的土壤含水量最高，单垄单行地膜覆盖模式的土壤含水量最低，比宽垄双行秸秆覆盖模式的土壤含水量低了 15.9%；在旺长期，宽垄双行秸秆覆盖模式和宽垄双行二元覆盖模式的土壤含水量相对较高，单垄单行地膜覆盖模式的土壤含水量最低；在现蕾期，宽垄双行秸秆覆盖模式的土壤含水量最高，其次是宽垄双行二元覆盖模式，单垄单行地膜覆盖模式的土壤含水量最低；在成熟期，土壤含水量呈现与现蕾期相同的情况。

从表 4-6 中可以看出，宽垄双行种植模式保持土壤含水量的能力显著高于单垄单行种植模式。降雨之后的第 3 天，宽垄双行种植模式土壤含水量比前一天平均降低 10.6%，而单垄单行薄膜覆盖模式的土壤含水量比前一天降低了 17.0%；降雨之后的第 4 天，宽垄双行种植模式土壤含水量比前一天平均降低 15.4%，而单垄单行薄膜覆盖模式的土壤含水量比前一天降低了 24.7%。

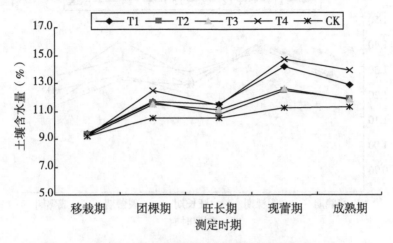

图 4-17　不同覆盖模式对土壤含水量的影响

从上述可以看出，宽垄双行种植模式的"蓄水"能力比单垄单行种植模式强，尤其是宽垄双行秸秆覆盖模式和宽垄双行二元覆盖模式的保水能力比较好。

表 4-6　雨后土壤含水量变化

处理	雨后第2天（%）	雨后第3天（%）	雨后第4天（%）
T1	13.8	12.4	10.4
T2	13.1	11.9	10.1
T3	12.5	10.6	9.2
T4	15.0	13.8	11.4
CK	11.2	9.3	7.0

2. 土壤容重

从图 4-18 可以看出，土壤容重与降水量之间存在密切的关系，团棵期和现蕾期，降水量大，容重也大，旺长期和成熟采烤期降水量小，土壤容重也小。同时可以看出，团棵期之后，宽垄双行三叶草覆盖模式和单垄单行薄膜覆盖模式的土壤容重比另外几个处理要大。在烤烟的成熟采烤期，宽垄双行秸秆覆盖模式和宽垄双行二元覆盖模式的土壤容重较移栽期减少最多，分别下降了 10.2% 和 8.8%，单垄单行薄膜覆盖模式的土壤容重较移栽期相差不大，只下降了 0.8%。可见宽垄双行秸秆覆盖模式和宽垄双行二元覆盖模式能够降低土壤容重，增加土壤腐殖质含量，有效改善土壤物理性状。

3. 土壤养分

从图 4-19 中可以看出，随着时间的推移，有机质是逐渐增加的，但是各个处理有机质含量变化情况是不同的。其中，从移栽期到团棵期，宽垄双行二元覆盖模式和宽垄

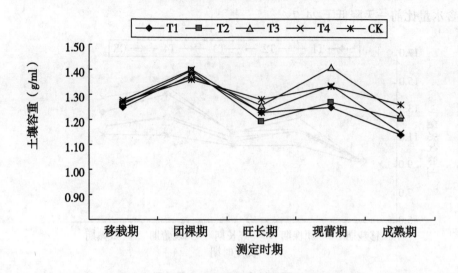

图4-18 不同覆盖模式对土壤容重的影响

双行薄膜覆盖模式的土壤有机质含量增加比较明显，分别较移栽期时的土壤有机质含量增加了20.8%和19.8%，团棵期之后这两个处理有机质含量呈现缓慢增加的趋势；团棵期之后，宽垄双行稻草覆盖模式土壤有机质含量增加较快，到达现蕾期时，T4和T1的有机质含量显著高于其他几个处理。可能的原因是随着时间的推移，秸秆覆盖的处理秸秆发生分解，增加了土壤中的有机质含量。

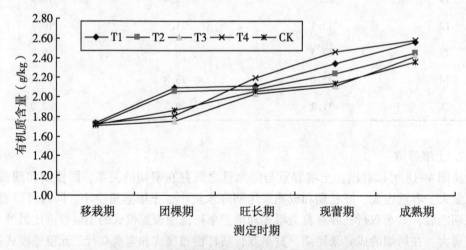

图4-19 不同覆盖模式对土壤有机质含量的影响

从图4-20中可以看出，宽垄双行稻草覆盖模式的土壤碱解氮含量变化趋势与其他几个处理不同，其他几个处理的碱解氮含量呈现升高-降低-升高-降低的趋势；宽垄双行稻草覆盖模式的土壤碱解氮含量在现蕾期之前一直处在升高的状态，现蕾期时达到最高峰，以后含量逐渐降低，这可能是秸秆中的氮素不断分解释放的结果。同时可以看出，旺长期之后，宽垄双行三叶草覆盖模式和单垄单行薄膜覆盖模式的土壤碱解氮含量明显低于其他几个处理。

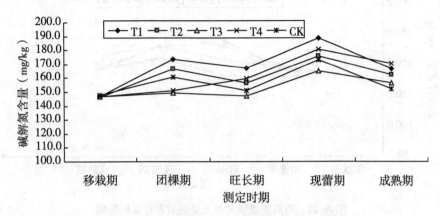

图 4-20　不同覆盖模式对土壤碱解氮含量的影响

　　从图 4-21 可以看出，各处理土壤速效磷含量变化趋势比较一致，只有一个释放高峰，并且高峰出现在旺长期，与烟株的需肥规律比较吻合。但是各处理土壤速效磷含量存在比较明显的差异。移栽至团棵期，宽垄双行稻草覆盖模式和宽垄双行三叶草覆盖模式土壤速效磷含量比较低，但是团棵期之后，T4 处理的速效磷含量迅速增加，在旺长期时达到最大值，较移栽时增加了 25.6%，宽垄双行三叶草覆盖模式和单垄单行薄膜覆盖模式的土壤速效磷含量处在比较低的水平上。

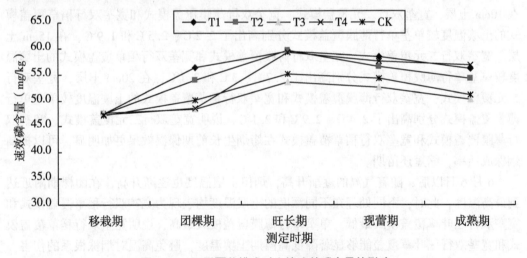

图 4-21　不同覆盖模式对土壤速效磷含量的影响

　　从图 4-22 可以看出，在烤烟生长过程中，不同覆盖模式的土壤速效钾含量变化趋势基本相同，呈现低—高—低的变化趋势，但是土壤速效钾含量最大值出现的时间不同，其中宽垄双行薄膜覆盖模式的土壤速效钾含量在旺长期时达到最大值，较移栽时增加了 29.5%，在现蕾期，宽垄双行二元覆盖模式和宽垄双行稻草覆盖模式的土壤速效钾含量较其他处理高，分别较移栽时增加了 42.1% 和 37.1%。

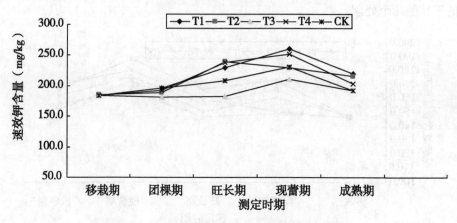

图 4-22　不同覆盖模式对土壤速效钾含量的影响

4. 土壤温度

（1）不同深度土壤生育期内温度变化。从图 4-23 可以看出，不同的覆盖模式下，土壤温度变化趋势基本相同。移栽后第 15 天，5cm 土层、10cm 土层、15cm 土层和 20cm 土层的温度表现为单垄单行薄膜覆盖模式最低，宽垄双行稻草覆盖模式次低，而宽垄双行二元覆盖模式、宽垄双行薄膜覆盖模式和宽垄双行稻草覆盖模式的土壤温度较高，其中，在 5cm 土层，宽垄双行二元覆盖模式、宽垄双行薄膜覆盖模式和宽垄双行稻草覆盖模式的土壤温度较单垄单行薄膜覆盖模式分别高出了 1.9℃、1.8℃ 和 1.4℃，在 10cm 土层，宽垄双行二元覆盖模式、宽垄双行薄膜覆盖模式和宽垄双行稻草覆盖模式的土壤温度较单垄单行薄膜覆盖模式分别高出了 2.2℃、2.5℃ 和 1.9℃，在 15cm 土层，宽垄双行二元覆盖模式、宽垄双行薄膜覆盖模式和宽垄双行稻草覆盖模式的土壤温度较单垄单行薄膜覆盖模式分别高出了 2.7℃、3℃ 和 2.1℃，在 20cm 土层，宽垄双行二元覆盖模式、宽垄双行薄膜覆盖模式和宽垄双行稻草覆盖模式的土壤温度较单垄单行薄膜覆盖模式分别高出了 2.4℃、2.9℃ 和 2.1℃，说明宽垄双行二元覆盖模式、宽垄双行薄膜覆盖模式和宽垄双行稻草覆盖模式在烤烟生长前期保温效果更加明显，可以提高烟株成活率，缩短还苗期。

6 月 6 日以后，随着气温的逐渐升高，烟田土壤温度也逐渐升高，在团棵期附近达到最高温度，此时，不同处理在不同深度的土层温度均表现为宽垄双行稻草覆盖模式和宽垄双行三叶草覆盖模式最低，单垄单行薄膜覆盖模式最高，说明宽垄双行稻草覆盖模式和宽垄双行三叶草覆盖能够显著降低高温期土壤温度，避免高温对烟株根系的伤害。

团棵期之后，不同处理在不同深度的土层温度均表现为宽垄双行二元覆盖模式和宽垄双行稻草覆盖模式最低。同时可以看出，同一处理不同土层温度随着土层温度的增加而降低。

（2）揭膜前后不同深度土温日变化。从图 4-24 可以看出，不同覆盖模式揭膜前一天内的垄体温度变化趋势基本相同。5cm 土层的温度变化表现为：8：00 到 14：00 之间垄体温度逐渐升高，14：00 达到最高，以后又迅速降低，2：00 以后变化比较平缓；10cm 土层、15cm 和 20cm 土层温度变化表现为：8：00 到 16：00 之间垄体温度逐渐升

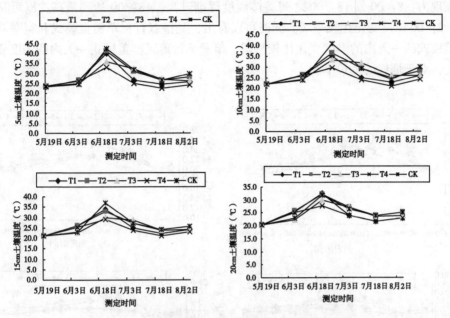

图 4-23　不同覆盖模式对不同深度的土壤温度的影响

高，16：00 达到最高，以后又迅速降低，2：00 以后变化比较平缓。同时可以看出，宽垄双行稻草覆盖模式和宽垄双行三叶草覆盖模式的一天内的温度变化比较平缓，单垄单行薄膜覆盖模式一天内的温度变化起伏较大，对于烟株的生长不利。

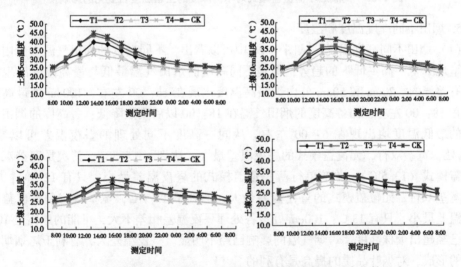

图 4-24　揭膜前不同覆盖模式对不同深度的土壤温度日变化的影响

揭膜后不同深度土温日变化：

从图 4-25 可以看出，不同覆盖模式揭膜后一天内的垄体温度变化趋势基本相同。5cm 土层的温度变化表现为：8：00 到 16：00 之间垄体温度逐渐升高，16：00 达到最高，以后又迅速降低，2：00 以后变化比较平缓；10cm 土层、15cm 和 20cm 土层温度变化表现为：8：00 到 18：00 之间垄体温度逐渐升高，18：00 达到最高，以后又迅速降低，2：00 以后变化比较平缓。同时可以看出，宽垄双行稻草覆盖模式和宽垄双行二元覆盖模式的一天内的温度变化比较平缓，单垄单行薄膜覆盖模式一天内的温度变化起伏较大，对于烟株的生长不利。

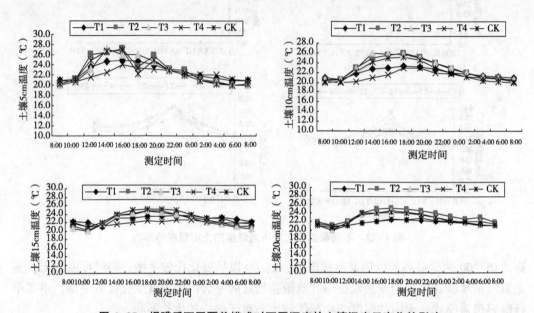

图 4-25　揭膜后不同覆盖模式对不同深度的土壤温度日变化的影响

5. 烟田不同高度温度和湿度

（1）烟田不同高度温度。从图 4-26 中可以看出，不同高度的烟田气温一天内的变化是呈现"低—高—低"的趋势，但是不同高度的烟田气温最低与最高温度出现的时间是有差异的。20cm 和 50cm 处白天最高温度出现在 16：00 左右，100cm 处最高温度出现在 18：00 左右，而各高度的烟田气温在 18：00 以后剧烈降低；各高度的烟田气温夜晚的最低温度均出现在 6：00 左右。从同一高度不同处理的昼夜温差可以看出，20cm 处，宽垄双行二元覆盖模式的昼夜温差最大，达到了 15.5℃，其次是宽垄双行薄膜覆盖模式（13.5℃），单垄单行薄膜覆盖模式的昼夜温差最小，只有 12.4℃；50cm 处，宽垄双行二元覆盖模式的昼夜温差最大，达到了 14.7℃，宽垄双行稻草覆盖模式昼夜温差最小，只有 13℃；100cm 处，各处理昼夜温差相差不大，可能的原因是 100cm 高度已经超出烟株高度，烤烟气温的影响已经不明显。昼夜温差大，有利于烤烟烟叶内物质的形成，对烟叶品质的提高是有利的。

（2）烟田不同高度湿度。从图 4-27 可以看出，不同高度的烟田湿度一天内的变化是呈现"低—高—低"的趋势，但是不同高度的烟田湿度最低与最高值出现的时间是有差异的。20cm 和 50cm 处白天最高温度出现在 16：00 左右，100cm 处最高温度出现在 18：00，各高度的烟田气温在 18：00 以后剧烈升高；各高度的烟田湿度在 6：00 左右达到 100%，6：00 以后又逐渐变小。

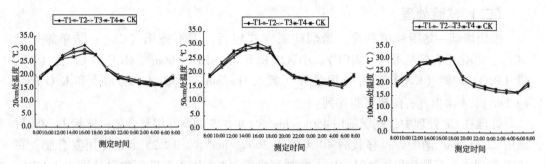

图4-26 不同覆盖模式对不同高度的空气温度日变化的影响

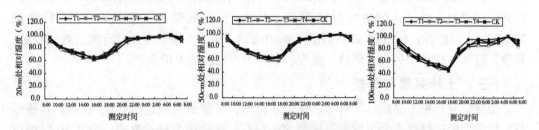

图4-27 不同覆盖模式对不同高度的空气湿度日变化的影响

(三) 小结

试验表明：宽垄双行二元覆盖模式、宽垄双行薄膜覆盖模式以及宽垄双行秸秆覆盖模式的保水能力比较好，能够降低土壤容重，增加土壤有机质、碱解氮、速效钾、速效磷的含量。宽垄双行二元覆盖模式和宽垄双行秸秆覆盖模式能够在烤烟生长前期起到保温作用，中期起到降温作用，但是宽垄双行二元覆盖模式前期保温效果好，而且宽垄双行二元覆盖模式和宽垄双行秸秆覆盖模式一天内的土温变化平稳，有利于烤烟根系的生长。在烟田20cm处和50cm处，宽垄双行二元覆盖模式的昼夜温差最大；100cm处，各处理昼夜温差相差不大。

第四节 不同施肥方式对土壤生物性状的影响

一、材料与方法

(一) 试验地概况

试验地位于四川省凉山州冕宁县，东经102°.17′，北纬28°.55′，海拔2 020 m，年均温度13.8℃，年降水量1 075.2 mm，雨季（4—9月）降水量占全年的42.1%，年日照时数2 088.4h。供试土壤为当地典型、具有代表性的安宁河壤质冲积土，基础土壤的pH值为6.4，有机质15.34 g/kg，全氮0.62g/kg，全磷0.17g/kg，全钾14.51g/kg，有效氮75.0 μg/g，有效磷11.21μg/g，有效钾127.5μg/g。

（二）试验处理

采用烤烟—冬闲种植制度。烤烟施肥方式包括：①不施肥（CK）；②单施化肥（CF）；③化肥有机肥配施（MCF）。小区面积 6.6m ×10m＝66m²，MCF 和 CF 氮（N）、磷（P₂O₅）、钾（K₂O）总养分用量等（氮 6.1kg/hm²、P₂O₅ 4.9kg/hm² 和 K₂O 25.1 kg/hm²），4 次重复，随机区组排列。

处理在 CF 处理中，基肥施用 450kg/hm² 8：9：25 烟草专用复合肥；移栽 7~10d 后施用 225kg/hm² 硝酸钾；移栽后 40 天施用 360kg/hm² 8：9：25 烟草专用复合肥。在 MCF 处理中，基肥施用 2 250 kg/hm² 堆制有机肥（N、P₂O₅、K₂O 含量分别为 1.97%、0.92%、1.52%）、225kg/hm² 菜籽粕（N、P₂O₅、K₂O 含量分别 2.31%、1.17%、1.58%），270kg/hm² 0.12% 的过磷酸钙，195kg/hm² 硫酸钾；移栽 7~10d 后施用 225kg/hm² 硝酸钾；移栽后 40d 施用 180kg/hm² 8：9：25 烟草专用复合肥。烤烟育苗、移栽、打顶、抹芽、病虫害防治、采收、烘烤等均同当地大田生产。

（三）土样采集与分析

记录烟叶产量、品质、均价等。在烟旺长期，采集每重复选取有代表性的 10 株烟苗，拔出后轻轻抖落多余土壤至每株剩 50g 左右，然后用力抖动取样，合并 10 株烟苗的土壤，拣去杂物。部分新鲜土壤立即液氮冷冻备测微生物碳氮量和细菌 16S rDNA 序列；另取部分土壤晾干，常规分析土壤有机质和有效氮、磷、钾。依次采用 3，5-二硝基水杨酸比色法、NH_4^+ 释放量和 TTC 比色法测定土壤转化酶、脲酶和脱氢酶活性。

微生物生物量采用氯仿熏蒸—0.5mol/L K₂SO₄ 提取，提取液中的微生物生物碳和氮分别用 K₂Cr₂O₇ 氧化法和凯氏定氮法测定。细菌 16S rDNA 测序在上海美吉生物科技有限公司进行。参照 454 高通量测序方法，提取、扩增、纯化、定量和均一化细菌 16S rDNA，利用 Roche Genome Sequencer FLX 平台进行测序。然后，对有效序列进行去杂、修剪、去除嵌合体序列等过滤处理，得到优化序列，通过聚类分析形成分类单元（operational taxonomic units，OTUs）），采用 BLAST 程序对比 GenBank（http：//ncbi.nlm.nih.gov）中的已知序列，根据 97% 的相似度确定 18s rDNA 序列对应的细菌名称（属或种）。

（四）数据处理

利用土壤细菌种类数（OTUs）和 16S rDNA 读数（Read）计算土壤细菌的种群特征值，包括多样性指数、均匀度指数和优势度指数等。Shannom-Wiener 多样性指数 H 的计算公式为：$H = -\sum Pi\ln Pi$，其中 $Pi = Ni/N$，Ni 为细菌的 16S rDNA 读数，N 为 i 细菌所在门的 16S rDNA 读数。Pielou 均匀度指数 J 的计算公式为：$J = -\sum Pi\ln Pi/\ln S$，其中 S 为 OTUs 总数。Simpson 优势度指数 D 的计算公式为：$D = 1 - \sum Pi2$。

试验数据用 Excel 进行基本计算，SPSS16.0 软件进行统计分析，差异性显著性水平为 $P = 0.05$。

二、试验结果

（一）根际土壤的酶活性

图 4-28 可见，施肥对根际土壤酶活性的影响因酶类不同而异。MCF 显著提高脱氢酶活性，其活力增加 45.90%，但 CF 的脱氢酶活性与 CK 相似，为 3.51~3.66μg TPF/（g·h）。根际土壤转化酶活性 MCF 最高，CF 次之，CK 最低，分别为 16.07μg 葡萄糖/（g·h）、11.46μg 葡萄糖/（g·h）和 8.03μg 葡萄糖/（g·h）。CF 和 MCF 显著提高根际土壤中的脲酶活性，其活性分别提高了 42.83% 和 35.48%，但两种施肥处理间的脲酶活性无显著差异。

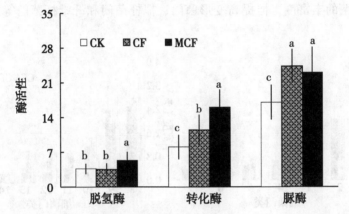

图 4-28 施肥对根际土壤酶脱氢酶 [μg TPF/（g·h）]、转化酶
[μg 葡萄糖/（g·h）] 和脲酶 [μg NH_4^+-N/（g·h）] 活力的影响

（二）根际微生物碳氮量

图 4-29 可见，在根际土壤微生物中，生物碳氮量 MCF 最高，CF 次之，CK 最低。依次为 134.13mg/kg、81.86mg/kg 和 65.66mg/kg（微生物碳量），25.24mg/kg、17.30mg/kg 和 14.36mg/kg（微生物氮量）。此外，施肥尤其是 MCF 显著提高微生物碳氮比，其比值分别为 5.13（MCF）、4.73（CF）和 4.57（CK）。

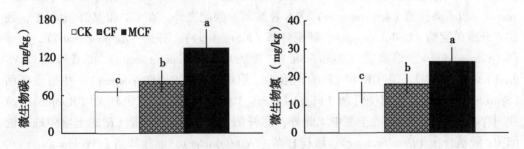

图 4-29 施肥对烤烟根际微生物碳氮的影响

（三）根际细菌

1. 细菌门类

在 CK、CF 和 MCF 处理的土壤中，细菌 16S rDNA 读数（number of 16S rDNA sequence）依次为 5170、5536 和 5968，分别代表 208、245 和 291 种细菌（OTUs），归属于变形菌门（Proteobacteria）、放线菌门（Actinobacteria）、壁厚菌门（Firmicutes）、拟杆菌门（Bacteroidetes）、绿弯菌门（Chloroflexi）、酸杆菌门（Acidobacteria）和尚待鉴定的细菌（unclassified）等 17 个门。其中，变形菌门、放线菌门和壁厚菌门占绝大部分，合计占总量的 70.87%~71.84%。此外，约 5% 的细菌尚待鉴定。施肥对细菌丰富度的影响因门类不同而已。例如，CF 降低变形菌门和浮霉菌门等细菌的丰富度，但提高壁厚菌门、芽单胞菌门、蓝藻门和栖热菌门等细菌的丰富度；MCF 降低壁厚菌门和芽单胞菌门等细菌的丰富度，但提高变形菌门、拟杆菌门和纤维杆菌门等细菌的丰富度（图 4-30）。

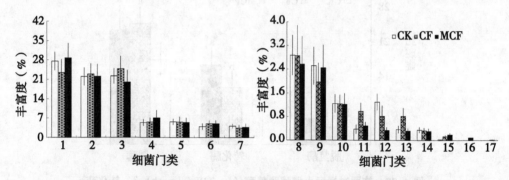

图 4-30　不同施肥处理中，土壤微生物 16S rDNA 片段数及其丰富度

（1. 变形菌门、2. 放线菌门、3. 壁厚菌门、4. 拟杆菌门、5. 绿弯菌门、6. 尚待鉴定的微生物、7. 酸杆菌门、8. 芽单胞菌门、9. 浮霉菌门、10. 硝化螺旋菌门、11. 蓝藻门、12. 拟杆菌门、13. 栖热菌门、14. 疣微菌门、15. 纤维杆菌门、16. 绿菌、17. 网团菌门）

2. 优势菌属（株）

在前 20 种菌株中（表 4-7），CK、CF 和 MCF 三种施肥处理的共有菌株是放线菌（Actinomyces）、酸杆菌（*Acidobacteriaceae*）、伯克氏菌（Burkholderiaceae）、芽孢杆菌（*Bacillus*）、硝化杆菌（Nitrobacter）、亚硝化螺菌（Nitrosospira）、假单胞菌（*Pseudomonas*）和不动杆菌（*Acinetobacter*）等 8 种细菌。除此之外，在 CK 和 MCF 土壤中，还共有纤维单胞菌（Cellulomonas）、纤维杆菌（Fibrobacter）、杆菌（*Agrobacterium*）、粪球菌（*Coprococcus*）、根瘤菌（*Rhizobium*）、粪肠球菌（Enterococcus）和节杆菌（Arthrobacter）等 7 株；在 CK 和 CF 的土壤中，原绿球藻（*Prochlorococcus*）、芽孢乳杆菌（*Sporolactobacillus*）、屈桡杆菌（Flexibacter）3 株细菌相同；红色杆菌（Rubrobacter）共同存在于 CF 和 MCF 的土壤中。此外，螺杆菌（*Helicobacter*）是 CK 的土壤中独有的细菌；脱硫杆菌（*Desulfobacter*）、脱硫杆菌（*Desulfobacter*）、原绿球藻（*Prochlorococcus*）、梭状芽胞杆菌（Clostridium sp.）、梭杆菌（*Fusobacterium*）和嗜盐碱放线菌（Nocrdioides）仅存于 CF 的土壤中；在 MCF 的土壤中，无独有的细菌菌株。

表 4-7 烤烟根际土壤中，前 20 种优势细菌菌属（株）的 16S rDNA 读数及丰富度（%）

CK			CF			MCF		
菌株	读数	丰富度	菌株	读数	丰富度	菌株	读数	丰富度
放线菌 (Actinomyces)	289	5.59	放线菌 (Actinomyces)	317	5.73	放线菌 (Actinomyces)	389	6.52
酸杆菌 (Acidobacteriaceae)	232	4.49	未知细菌 (Unknown)	221	3.99	未知细菌 (Unknown)	281	4.71
伯克氏菌 (Burkholderiaceae)	217	4.20	伯克氏菌 (Burkholderiaceae)	207	3.74	伯克氏菌 (Burkholderiaceae)	272	4.56
未知细菌 (Unknown)	105	2.03	酸杆菌 (Acidobacteriaceae)	205	3.70	酸杆菌 (Acidobacteriaceae)	212	3.55
红螺菌 Rhodospirillales	101	1.95	芽孢杆菌 (Bacillus)	98	1.77	芽孢杆菌 (Bacillus)	209	3.50
脱硫杆菌 (Desulfobacter)	97	1.88	纤维单胞菌 (Cellulomonas)	87	1.57	纤维单胞菌 (Cellulomonas)	205	3.43
未知细菌 (Unknown)	92	1.78	未知细菌 (Unknown)	82	1.48	未知细菌 (Unknown)	171	2.87
假单胞菌 (Pseudomonas)	87	1.68	粪球菌 (Coprococcus)	78	1.41	粪球菌 (Coprococcus)	107	1.79
硝化杆菌 (Nitrobacter)	82	1.59	亚硝化螺菌 (Nitrosospira)	72	1.30	亚硝化螺菌 (Nitrosospira)	101	1.69
原绿球藻 (Prochlorococcus)	81	1.57	纤维杆菌 (Fibrobacter)	75	1.35	纤维杆菌 (Fibrobacter)	97	1.63
芽孢乳杆菌 (Sporolactobacillus)	76	1.47	不动杆菌 (Acinetobacter)	63	1.14	不动杆菌 (Acinetobacter)	93	1.56
亚硝化螺菌 (Nitrosospira)	76	1.47	红色杆菌 (Rubrobacter)	62	1.12	红色杆菌 (Rubrobacter)	96	1.61
芽孢杆菌 (Bacillus)	69	1.33	杆菌 (Agrobacterium)	60	1.08	杆菌 (Agrobacterium)	96	1.61
地杆菌 (Geobacter)	67	1.30	未知细菌 (Unknown)	59	1.07	未知细菌 (Unknown)	87	1.46
梭状芽胞杆菌 (Clostridium sp.)	59	1.14	粪肠球菌 (Enterococcus)	57	1.03	粪肠球菌 (Enterococcus)	81	1.36
嗜盐碱放线菌 (Nocrdioides)	56	1.08	根瘤菌 (Rhizobium)	51	0.92	根瘤菌 (Rhizobium)	73	1.22
红色杆菌 (Rubrobacter)	51	0.99	硝化杆菌 (Nitrobacter)	47	0.85	硝化杆菌 (Nitrobacter)	67	1.12
屈桡杆菌 (Flexibacter)	49	0.95	原绿球藻 (Prochlorococcus)	45	0.81	原绿球藻 (Prochlorococcus)	62	1.04
梭杆菌 (Fusobacterium)	45	0.87	节杆菌 (Arthrobacter)	43	0.78	节杆菌 (Arthrobacter)	59	0.99
不动杆菌 (Acinetobacter)	45	0.87	假单胞菌 (Pseudomonas)	41	0.61	假单胞菌 (Pseudomonas)	44	0.74
Σ优势菌株 (predominant bacteria)	1 976	38.22	Σ优势菌株 (predominant bacteria)	1 970	35.59	Σ优势菌株 (predominant bacteria)	2 802	46.95
Σ未知细菌 (Unknown bacteria)	299	5.78	Σ未知细菌 (Unknown bacteria)	289	5.04	Σ未知细菌 (Unknown bacteria)	368	6.17
Σ	5 170		Σ	5 536		Σ	5 968	

施肥显著影响优势菌株的丰富。例如，在 CK、CF 和 MCF 的土壤中，放线菌的丰富度为 3.70%~6.52%，MCF 最高；酸杆菌为 3.55%~5.73%，CF 最高；硝化杆菌的为 1.12%~1.88%，CK 最高；亚硝化螺菌为 1.12%~1.69%，MCF 最高；纤维单胞菌和纤维杆菌仅存在于 CK 和 MCF 的土壤中，纤维单胞菌的丰富度 MCF 最高，纤维杆菌的丰富度 CK 和 MCF 相似；粪球菌和粪肠球菌也仅存于 CK 和 MCF 的土壤中，粪球菌丰富度 MCF 高于 CK，粪肠球菌则相反。此外，菌株不同，丰富度也不一样。在 CK、CF 和 MCF 的土壤中，优势菌株的高低分别相差 6.43、7.74 和 8.81 倍。在前 20 种丰富度不同的优势菌株中，尚待鉴定的菌株丰富度高达 5.04%~6.17%。

3. 群落特征

在 MCF 的土壤中，根际细菌的多样性指数从对照的 3.157 提高到 3.853，均匀性指数则从 1.317（对照）提高到 1.926，但 CF 对多样性和均匀性指数无显著影响。相反，优势度指数对照最高，MCF 最低，CF 和 CK 之间无显著差异（表 4-8）。

表 4-8　在不同施肥处理的土壤中，根际细菌的群落特征

施肥处理	多样性指数	均匀性指数	优势度指数
CK	3.157b	1.317b	0.835a
CF	3.473ab	1.684ab	0.714ab
MCF	3.835a	1.926a	0.652b

注：在同一列中，不同小写字母者表示差异显著

三、讨论

在氮、磷、钾养分用量相等的条件下，施肥显著提高烟叶产量、均价、产值和上等烟比例，MCF 的增产和增值作用显著高于 CF；相反，MCF 显著降低下等烟比例。因此，在烤烟栽培过程中，提倡有机物无机配施很有必要。

烤烟施肥一般集中施于烟苗周围，直接作用于根际土壤，改变微生物的活性和群落结构。土壤微生物释放土壤酶，参与根际土壤中的养分转化。其中，脱氢酶催化土壤中的氧化还原反应，可总体上指示微生物活性；转化酶参与蔗糖水解，关系到土壤有机质降解；脲酶将尿素分解成 NH_3 和 CO_2，与土壤氮素的生物有效性密切相关。因此，土壤酶活性是微生物活力的重要标志之一。在 MCF 的处理中，脱氢酶、转化酶和脲酶活性显著提高，说明 MCF 提高了根际土壤微生物活性，有益于根际土壤养分的转化，增加生物有效性，促进烟株养分吸收，这可能是烟叶产量提高和品质改善的重要原因之一。值得注意的是，施肥尤其是 MCF 增加了根际土壤微生物碳氮量，说明微生物数量增加，直接释放更多的土壤酶，提高活性。在种植玉米和水稻的土壤中，随着有机肥用量的增加，土壤微生物碳氮量提高。在棉田土壤中，施用化肥和有机肥显著增加细菌、真菌和放线菌等微生物的数量。在施用化肥、秸秆还田及有机无机配施的稻田土壤中，土壤微生物碳和 PLFAs 总量显著高于不施肥的土壤。因此，施肥显著增加土壤微生物的原因可能是提高了作物生物量，向土壤输入了更多的有机碳源，施用有机肥还直接向土壤提

供有机质，增加了微生物需要的营养和能源物质，促进了它们的生长繁殖。

施肥尤其是 MCF 提高微生物碳氮比，说明施肥改变了微生物的群落。考虑到细菌是土壤中数量最丰富和种类最多的微生物，故我们采用 16S rDNA 454 高通测序技术进一步研究了烤烟根际微生物的种群状况。结果表明，在不同施肥的烤烟根际土壤中，16S rDNA 读数 MCF 最高，CF 次之，CK 最低，分别代表 208、245 和 291 种细菌，远远超过目前常规分离培养技术能达到的水平。MCF 能提供丰富多样的养分，满足微生物需要养分的多样性，适合多种微生物生长繁殖，增加微生物数量和种群。此外，有机肥含有大量的纤维素和半纤维素等有机质，MCF 显著提高纤维杆菌门细菌的丰富度；化肥含有大量的无机养分，CF 提高蓝藻门细菌的丰富度。说明肥料提供的营养物质不同，适宜生长繁殖的细菌种类也不一样。三种施肥处理的土壤中，变形菌门、放线菌门和壁厚菌门占绝大部分，合计占总量 70.87%~71.84%，推测烤烟根系可能是决定根际微生物种群的主要因素之一，施肥不同程度地改变微生物种群结构。

从 20 种优势菌株的相似性看，在三种施肥处理的根际土壤中，均存在大量的放线菌、硝化杆菌和亚硝化螺菌，前者主要参与土壤有机质矿化，后两者是主要的硝化微生物，说明烤烟根际是土壤硝化作用的主要场所之一，可能与烤烟喜好硝态氮的生物学属性密切有关。在 CK 和 MCF 的土壤中共有 15 株细菌相同，具有较高的相似性；CK 和 CF 仅有 9 株细菌相同，相似性较低，说明 CF 显著改变根际细菌的种群。优势菌株的种群和丰富度看，MCF 显著提高纤维单胞菌、纤维杆菌、粪球菌和粪肠球的丰富度，有益于分解利用土壤和有机肥中的纤维素、半纤维素和畜禽粪便。在 CF 土壤中，不动杆菌的丰富度显著低于 CK 和 MCF，且无根瘤菌存在。众所周知，固氮微生物对 NH_3 极其敏感，低浓度的 NH_3 对生物固氮产生阻遏作用，较高浓度的 NH_3 产生毒害作用。在烤烟种植过程中，肥料集中施于根系周围，大量施用化肥所释放的 NH_3 可能是不动杆菌减少和根瘤菌消失的重要原因。多数固氮微生物属于根际促生细菌，既能固氮、溶磷、解钾，还能分泌生长活性物质，如生长素、细胞分裂素、玉米素等，促进植物生长。CF 降低根际固氮微生物数量既不利于固氮、溶磷、解钾，也可能减少生长活性物质的分泌，甚至能够影响烤烟生长发育和产量品质。此外，在 CF 处理的根际土壤中，脱硫杆菌和嗜盐碱放线菌能还原硫酸盐，适应和利用高浓度的无机盐，包括铵盐、钾盐、磷酸盐和硝酸盐等。

从细菌群落特征值看，MCF 显著提高根际细菌群落的多样性和均匀性指数，显著降低优势度指数。一般认为，多样性指数表示生物群落中的物种多寡，数值愈大表示群落中的物种越丰富；均匀度指数反应物种在群落中的分布状况，数值愈大，物种密度越高；优势度指数越大，生物群落内的奇异度越高，优势种群突出。一般而言，在健康稳定的生态环境中，生物多样性指数和均匀度指数较高，优势度指数较低。因此，MCF 改善了根际土壤的生态环境，有益于细菌生长繁殖，丰富种群，增加密度。

总之，MCF 提高烤烟产量、产值和上等烟比例，以及根际微生物数量与活性。烤烟根系是决定根际细菌种群和丰富度的主要因素之一，但也因施肥而变化。MCF 总体上有益于土壤细菌生长繁殖，丰富种群，增加密度。因此，在烤烟栽培中，提倡有机物配施很有必要。

第五章　烤烟生产灌溉体系建立

第一节　凉山烟区灌溉区域划分

一、凉山烟区自然降水

凉山是全国农业生产的主产区，农产品商品生产的主要基地，有得天独厚的农业资源。光温条件好，全年降雨充沛，但季节干旱突出，区域性干旱明显。

本区的主体部分位处亚热带、南亚热带气候，总的来讲，光、热资源丰富。本区尽管降雨丰富，但由于降雨集中，蒸发量大，坡耕地比重大，水土流失严重；中低产田土多，农田基本建设差，从而造成了严重的干旱灾害。本区干旱的特点是：季节性干旱和区域性干旱严重；对农业生产危害很严重的干旱类型是春旱、夏旱和伏旱，除此以外还有不同程度的冬干；在一年之中，两旱、甚至三旱相连的频率都较高。从农业气象角度而言，干旱是指农业生产在现有技术条件下，作物对水分的需要和作物从土壤中所能吸收到的水量之间失去平衡（供小于求）而使农作物生长发育不良，最终导致产量下降的一种水分短缺现象。

冬旱频发区：全州冬季（12月至翌年2月）降水量，平均占年总降水量的1%~5%，有些年份有的县可能滴雨不下，从全州角度看，冬干普遍存在。由于雨季刚结束，土壤墒情尚好，同时尚未进入小春作物需水的敏感期，故灾情不突出。

春旱频发区：4—5月是全凉山州春播关键时期，同时是烤烟移栽的关键时期。春旱地区分布为：本州西部的木里、盐源和南部的宁南、会理、会东，干旱年出现频率为100%（即年年都是干旱），随着向东北推移，频率逐渐下降，甘洛县是全州年春旱最少的县，其出现频率也达36%。从大旱频率看，州西南部各县（盐源、木里、西昌、德昌、普格、宁南、会理、会东）达50%，最少的是美姑、越西、甘洛等县在10%以下。全州总的趋势是：西南部春旱比东北部严重，加上前期的冬干，春旱是影响凉山州农业产量的主要农业气象灾害之一。

夏旱频发区：指的是6月出现的干旱。这是全州各地的雨季先后开始，因此干旱不是十分严重。出现频率一般都在30%以下，仅雷波达40%。大旱年份大部分县没有，仅美姑、金阳、会东为4.5%。凉山州中部和南部烟叶生产区，以金沙江干热河谷烟叶生产区最为突出。

伏旱频发区：指的是 7—8 月出现的干旱。此时为烤烟叶成熟、烘烤需水的敏感时期，如果出现干旱，造成烟叶产量、质量下降，上部烟叶不能正常开片，导致烟碱大幅上升，工厂可用性下降。大旱年份一般都在 20% 以下，仅宁南达 31.8%。

二、凉山烟区径流分布

凉山州内河网密布，绝大部分属于金沙江水系，岷江—大渡河水系面积仅为 5 304 km^2，占全州总面积的 8.8%；而金沙江水系（包括雅砻江）面积 54 811 km^2，占全州总面积的 91.2%。

全州多年平均径流深为 622.9mm，本地产水量为 374.43 亿 m^3，如计入州内的过境水 1 148.7 亿 m^3，共计水资源总量为 1 523.13 亿 m^3（表 5–1）。

表 5–1　凉山州烟区 9 县市年降水量统计

| 县份 | 多年平均 | | | |
	年降水（mm）	年径流（mm）	年降水量（亿 m³）	年径流量（亿 m³）
西昌	1 036.9	473.6	27.53	12.58
德昌	1 252.0	664.0	28.65	15.19
会理	1 087.5	512.8	49.17	23.18
会东	1 003.2	461.1	32.26	14.83
冕宁	1 416.5	921.9	62.59	40.74
宁南	1 085.4	508.9	18.13	8.50
盐源	1 114.1	572.3	93.32	47.94
越西	1 393.5	994.6	31.44	22.44
普格	1 262.8	791.7	24.06	15.08
合计	1 183.4	655.7	367.15	200.48

州内年径流深在地域上的分布与年降水量分布趋势大体一致。因州内绝大部分地区属于山区，岗谷相间，现对高差大，年径流深随高程的抬升而递增的趋势十分明显。降水量的变化也同时制约着径流深的变化。州内年径流深最高的地方是冕宁县的拖乌地区（菩萨岗）和雷波、美姑的西宁、谷堆、挖黑一带，其值最大在 1 800mm 以上；年径流深最低值在会理、会东、宁南等金沙江下游干热河谷一带和盐源盆地，其值低于 300mm，甚至不足 200mm，安宁河流域平均年径流深约 703mm。而西昌至德昌一带河谷地区年径流深约 400mm，属平水区或较少水区。

凉山州烟草种植区域为会理、会东、德昌、宁南、西昌、冕宁、越西、普格、盐源9县市。凉山州烟区水资源利用主要为各县市当地径流。烟区9县市多年平均年降水深1 183.4mm，年径流深655.7mm。年降水量367.15亿 m^3，年径流量为200.48亿 m^3。地表水资源总量为206.76亿 m^3，占全州地表水资源总量68.23%；地下水资源总量为41.32亿 m^3，占全州地下水资源总量55.3%。

三、水资源分布

凉山州属中亚热带季风气候区，冬半年受极地大陆气团影响，高空为西风环流所控制，西风气流经过欧亚大陆西部干燥区，尔后越过西部的横断山下沉增温至州内，因此，冬半年气候温暖干燥，天气晴朗，日照充足，只有在极地有较强的寒潮冷空气南侵时，才偶有雨雪降温。但黄茅埂东麓地带与西部则显著不同，全年盛行偏北风，天空常为低云笼罩，日照时数少，阴冷潮湿。夏半年，受源自印度的西南暖湿海洋季风的影响，给凉山带来丰富的水汽，所以5—10月集中了全年90%的降水量。致使夏半年降水十分集中，且地形降水明显，除河谷低地外，由于前述原因，州内干、雨季节分明，冬半年云雨稀少晴天多，气候干暖多风，日照丰富；夏半年多云雨日照少，加之海拔较高，平均风速较大，地面水分蒸发耗热量增加，因而气温相对偏低，形成了凉山冬暖夏凉，四季不分明的特点。

凉山州降水充沛，多年平均年降水深为1 124mm，高于全省均值，属多水区。四川烟区多年平均水资源情况见表5-2。但凉山烟区年内分配和地区分布不均衡，存在明显的雨旱两季，雨季降水量一般占年降水量的85%以上，最高达99.6%。而旱季降水量都不到年降水量的15%。降水的地区分布及垂直变化较大，总的趋势是河谷地区少雨，山区多雨，降水随海拔高程的升高而增加，这种变化趋势在州内东南方向比西北方向更为明显。安宁河河源一带多年平均年降水量高达2 200mm以上，是凉山州的多雨中心；局部地区如雷波的西宁、盐源盆地周围山区略低于安宁河上游多雨中心的降水量。雅砻江下游多年平均年降水量为1 200mm左右，最高可达2 000mm，为凉山州次多雨中心；木里县小金河以西地区、盐源盆地、以西昌为中心的安宁河宽谷区的多年平均年降水量在1 000mm左右；金沙江峡谷区及盐源卫城带是明显的少雨区，多年平均年降水量仅600mm左右。径流主要由降水补给，其分布与降水的变化基本一致。全州多年平均地表径流总量377.96亿 m^3，占全省比例为13.13%。其中地下水74.66亿 m^3，占地表径流的25.97%。全州地表径流加上州外来水，则水资源总量452.62亿 m^3。

凉山州烟草种植区域为会理、会东、德昌、宁南、西昌、冕宁、越西、普格、盐源9县市。凉山州烟区水资源利用主要为各县市当地径流。烟区9县市多年平均年降水深1 183.4mm，年径流深655.7mm。年降水量367.15亿 m^3，年径流量为200.48亿 m^3。地表水资源总量为206.76亿 m^3，占全州地表水资源总量68.23%；地下水资源总量为41.32亿 m^3，占全州地下水资源总量55.3%（表5-2）。

表5-2 四川烟区多年平均水资源量简表

| 行政分区 | 降水量 | | 地表水资源量 | | | 地下水资源量（亿m³） | 总水资源量（亿m³） | 人均水资源量（m³/人·年） |
	总量（亿m³）	降水（mm）	径流量（亿m³）	占全省比率（%）	径流（mm）			
达川市	207.46	1 253	99.52	3.91	601.1	19.33	99.52	1 669
巴中市	146.99	1 194	66.49	2.61	540.0	9.05	66.49	2 073
广元市	176.84	1 083	88.40	3.47	541.3	19.13	88.40	3 037
泸州市	139.12	1 135	72.78	2.86	593.8	18.96	72.78	1 633
宜宾市	162.29	1 224	92.03	3.61	694.0	17.82	92.03	1 915
攀枝花市	90.74	1 158	45.68	1.79	582.8	9.41	45.68	4 891
凉山州	680.69	1 124	377.96	13.13	629.8	74.66	452.62	9 014
全省	4 867.97	1 003	2 547.56	100.00	524.9	546.88	2 548.51	3 171

四、烤烟生产烟区灌溉分区

凉山州内河网密布，绝大部分属于金沙江水系，岷江—大渡河水系面积仅为5 304 km²，只占全州总面积的8.8%；而金沙江水系（包括雅砻江）面积54 811 km²，占全州总面积的91.2%。

全州多年平均径流深为622.9mm，本地产水量约374.43亿m³，如计入州内的过境水1 148.7亿m³，共计水资源总量为1 523.13亿m³。

考虑到天然流域的完整性，将州内划分为三个一级区7个二级区：

Ⅰ 岷江—大渡河区（下分两个二级区：即岷江下游马边河山原区；大渡河中游尼日河山原区）。

平均年径流量深919mm，是州内的高值区，面积5 304 km²，本地产水量48.74亿m³，占全州水资源总量的11%左右。

Ⅱ 雅砻江区（下分三个二级区，即：雅砻江中游山原区；雅砻江下游山地峡谷区；雅砻江下游安宁河区）。

平均年径流量深613.5mm，是州内的中值区，面积30 456 km²，本地产水量186.86亿m³，占全州本地产水量的49.9%；过境水340.8亿m³，水资源总量为527.66亿m³。属亚热带高原区，年平均气温8~16℃，年降水量为800~2 000mm，有60%地区降雨不足1 000mm，而且季节分配不均，春旱、伏旱、秋旱可以在不同的地区出现，水面较少，旱作占60%以上，水田仅占40%，农业生产受干旱威胁大。全区水热条件一般较好而光照条件差，除少数高山外，普遍可以稻麦两熟，低海拔地区具有发展双季稻的条件。全区近95%的面积是山地和高原，海拔500~2 500m，最高超过4 000m，河谷平原只占5%，全区平均垦殖指数约13.5%。

Ⅲ 金沙江区（下分三个二级区，即：金沙江上段山原峡谷区；金沙江下段会宁区；金沙江下段凉山山原区）。

平均年径流深 570.0mm，是州内的中、低值区，面积 24 355 km²。本地产水量 138.83 亿 m³，占全州本地产水量的 37.1%；过境水 1 028.1 亿 m³，水资源总量 1 166.93 亿 m³，占全州水资源总量的 76.6%。

以金沙江及其主要支流河谷为主体的金沙江干热河谷区，地处横断山脉北段，山体高大，河流深切高差悬殊，从云南石鼓镇至四川雷波县长约 1 150 km 的金沙江沿岸海拔 1 500 m 的河谷地带，在中国生物气候分类上处于一个特殊的位置，被单独命名为金沙江干热河谷气候带，生态环境极其脆弱，同时又是四川和云南两省农业发展最有潜力的地区。从会理至金阳金沙江河谷地段，年降水量不及 800mm，年蒸发量可达 3 100mm 以上，年平均相对湿度小于 60%，干燥度为 1.53~1.63，属半干旱区。该区季节性降雨特征明显，有干湿季之分，但本区光热条件极好，平均气温一般在 21℃ 以上，≥10℃ 的积温也接近或超过 8 000℃，≥10℃ 有效光时比高达 87.9%，光照质量好。本区总体上具有热量和光照优势条件，且降水总量尚可，但因相互配置较差，加之蒸发强烈，干旱问题十分突出，其中以 6—8 月伏旱和 3—5 月春干危害最大，只要本区干旱问题能得到解决，将是优质烤烟生产区。

第二节　凉山烟区水利设施建设模式

一、烟区水利工程现状

凉山州烟区九县市的来水依靠地下水和地表水，该区虽然水资源丰富，但水资源时空分布极其不均，使其水资源的利用十分困难，因此，修建小型农村水利工程是十分必要。

凉山州九县市烟区现有水利设施：大（二）型水库 1 座（合并在中型水库计算），中型水库 3 座，分布在冕宁县、会东县和宁南县，总库容 3 629 696 100 km³，占全州中型水库的 75%；小（一）型水库 35 座，总库容 75 210 km³；小（二）型水库 179 座，总库容 44 940 km³，烟区小型水库占全州小型水库的 82.6%。

烟区现有山坪塘 2 172 座，总库容 64 220 km³，占全州山坪塘总座数的 67.6%；微型水窖现有 187 658 处，有效灌溉面积为 11 780 hm²，占全州的 60.5%；引水渠道现有工程处数为 3 528 处，有效灌溉面积 51 666 hm²，占全州比例为 46.3%，机电提灌站现有 227 处，有效灌溉面积为 6 320 hm²，占全州总量的 61.1%。

二、烟区水利设施建设模式

根据凉山州天然降水、地形地貌、地表径流、水资源和基本烟田分布情况，南部烟区主要是资源性缺水，采用"蓄"拦截的地表径流，"引"过境水入塘库，达到借余补缺、以丰济枯。北部烟区主要为工程性缺水，完善配套渠系、管网，提高引水、灌水的水资源利用率。就烟区节水灌溉工程模式确立为："南窖北渠、高水低用、管网到田。"在会理果园乡海溪村、会东姜州乡民权村、德昌麻栗乡大坝村、西昌黄水乡鹿鹤村、冕宁回坪乡横路村进行蓄、引、提配套管网，$500hm^2$基本烟田进行示范。农田水利设施建设范围为凉山州会理、会东、德昌、宁南、西昌、冕宁、越西、普格、盐源9县市。规划基本烟田面积为10.67万 hm^2，稳定种植面积为5.06万 hm^2。

具体分布情况如下：

（1）多雨区　主要分布在西昌、冕宁、喜德、越西、甘洛等县市。该区域主要以沟渠、机耕道路配套为主，达到能灌能排。

（2）丰水区　主要分布在西昌、德昌、普格、昭觉、美姑、布托等县市。该区主要以水池、管网配套为主。

（3）缺水区　主要分布在会理、会东、宁南、盐源等县市。该区以水窖、提灌与烟地管网建设为主，达到能蓄能浇。

在烟区内主要的工程措施为：微型水窖和水池的建设、渠道的建设及防渗处理、提灌站的建设和排涝工程建设。

（一）水窖

蓄水工程的结构应当保证有足够的强度，满足蓄水时的安全要求和具有良好的防渗性能。同时，还应当在安全和防渗的前提下尽量降低造价。

水窖防渗一般在凉山州采取薄壁衬砌的方式。为了降低蒸发损失和减少对水质的污染，水窖的窖口采用60～80cm，从最大直径到窖口，采用半球拱和圆柱状窖颈过度，拱的高度与直径的比在0.6左右（表5-3）。为保证土体干燥，拱部不能蓄水。

水窖尺寸的确定：

可用公式计算水窖 $D = (0.95 ～ 1.02) \times \sqrt[3]{V}$；

D——水窖直径（m）；V——蓄水容积（m^3）。

对于公式中系数，当水窖容积较大时取大值，当容积较小时取小值。由于凉山烟区666.7m^2地需要30m^3的水，故计算结果如表5-3所示。

表5-3　水窖组成体积

容积（m^3）	水窖深（m）	水窖直径（m）	拱高（m）	总深度（m）
30	4.2	3.0	2.1	7
40	4.4	3.5	2.5	7.8

（二）渠道

根据不同的地区，不同的引用流量，不同的地质条件选用不同的断面形式。主要为梯形断面、矩形断面和"U"形断面。

梯形断面的水力计算：

利用公式

$$Q = \frac{\left[(b + mh)h\right]^{\frac{5}{3}}}{n\left(b + 2h\sqrt{1 + m^2}\right)^{\frac{2}{3}}} \cdot \sqrt{i}$$

Q——流量；m——边坡系数；n——糙率；i——比降；b——底宽

"U" 形渠道的水力计算：

确定圆弧以上水深 h^2，利用公式确定断面尺寸，使水流达到不冲不淤。

$$r = \frac{\left[\pi\left(1 - \dfrac{a}{90}\right) + \dfrac{2N}{\cos a}\right]^{\frac{1}{4}}}{\left[\dfrac{\pi}{2}\left(1 - \dfrac{a}{90}\right) + (2N - \sin a)\cos a + N^2 tg a\right]^{\frac{5}{8}}}\left[\frac{nQ}{\sqrt{i}}\right]^{\frac{3}{8}}$$

r——下圆弧半径；a——直立段外倾角度，一般采用 $8° \sim 12°$；n——糙率；H——渠道深度；D——槽口宽度；h^2——圆弧段以上至水面的水深；$h1$——圆弧段水深 $h1 = r(1 - \sin a)$；h——总水深 $h = h1 + h2$；θ——圆弧段圆心角；δ——衬砌厚度。

U 形渠道的主要优点就是水力条件接近最优的半圆形，比梯形断面周长短，水力半径大，因而流速及输水能力提高，衬砌用料及用工减少；其断面窄深，可显著减少占地面积。各县市应根据具体情况选用合理经济的断面形式。

（三）蓄水池

烟水配套蓄水池均设计为圆形，设计容积 $300 \sim 1000m^3$，设计内径 $10 \sim 20m$，设计墙高 3.6m，设计水深 3.0m，超高 30cm，齿墙 30cm，用 M7.5 浆砌石砌墙，墙顶宽 60cm，墙底宽 1.5m，外侧收坡 1：0.25，池墙上设置四层抗拉裂钢筋，层高 1.0m，每层布 4 根 Φ6 钢筋，间距 20cm，配置宽度 60cm。池底浇筑反弧式 C15 砼，铺筑厚度 20cm，配集雨措施和管道引水措施。

（四）渠系工程

根据凉山不同烟区降水情况，建立了渠系配套工程，共计新建 2 826 条，2 292.18 km，防渗处理 1 057 条，总长 2 817.84 km。水渠主要分布在越西、西昌和普格；防渗处理主要分布在会理、普格和会东等县市。

（五）微水工程

依据不同烟区具体情况，大力兴建各类微水工程，其中新建微型水窖 215 513 处，新增蓄水量 629.58 万 m^3，新建水池 1 293 处，新增蓄水量 27.42 万 m^3，以南部资源性缺水烟区为主，会东新增蓄水量 280.07 万 m^3，会理新增蓄水量 249.58 万 m^3。

三、烟区水利设施建设节水措施

（一）农田抗旱基础工程

1. 坡耕地治理工程技术

以治理水土流失，改善农业生态环境，提高坡耕地综合生产能力，实现农业可持续发展为目标；以工程措施，生物措施，保土耕作措施，农耕农艺措施为手段，以科技为先导，效益为中心，实现经济效益，生态效益和社会效益的统一。

坚持统一规划，集中连片，综合治理，以流域或集流区为治理单元，分期分批改造治理；坚持山水田林路综合治理；坚持工程措施为主，注重配套设施建设；坚持改造，培肥，产业结构调整与综合开发相结合。

2. 集雨开源工程技术

以建设水池、水窖等集雨设施为重点，充分利用旱地集雨体系，调控天然降水满足作物生长需求，努力实现"小工程、大规模、高效益"。地面坡度 25 度以下，集中连片规模治理。在坡改梯基础上搞好以"三沟"（截洪沟、边背沟、拦山堰）、"三池"（蓄水池、积肥坑、沉沙凼）为重点的坡面水系治理配套工程，使之达到集雨节水、补灌抗旱和高效种植的目的。

沿山沟（截洪沟、背沟、边沟）：通常布建在陡坎与台土背坎之间，沟深 30～40cm，沟宽 40～70cm。其目的在于将紊乱的、势头较大的地表径流水拦截至排水沟之中，以截断径流水的连续传递，使洪水按人为要求归路进入下级主排水沟，并减弱径流对土壤的侵蚀。

沉沙凼：通常建在顺沿山沟内或蓄水池入水口前，其作用是将伴随流水的泥沙在固定的地段（低洼处）沉积下来，不连续向下冲刷而减少排水沟和农田淤塞，在秋冬季节担沙面土，是增厚土层的重要措施，通常一年清淤 3～5 次。

蓄水池：通常建于各台地排水沟的末端或微地形较低处，达到高水高蓄高用，低水低蓄低用。一般在入水口的前段须设置一个较大的沉沙凼。

管、池（窖）结合，"长藤结瓜"是近年来凉山州山区发展较快的一种雨水积蓄和提引输水模式，该系统利用水库水、山泉水、地表径流水等通过管道系统把水直接输送到田间，在田间布设一定的小水池（窖）集蓄调节用水，减少水源在输送过程中的渗漏和蒸发损失。

3. 渠道防渗工程技术

渠道的输水损失主要包括渠道的渗水损失、漏水损失和水面蒸发损失三大部分。水面蒸发损失仅占渗水、漏水损失的 5% 左右。渠道防渗是灌区发挥水资源潜力，实行节约用水，建立高产稳产基本农田，提高经济效益的重要而有效的工程技术措施。没有衬砌的土渠，渗漏损失量很大，一般占总灌溉引水量的一半；渠道防渗后，渠床糙率显著降低，渠中流速加大，因而输水能力明显提高，一般防渗后的渠道都比防渗前提高输水能力 30% 以上；防渗后，可以提高渠床的稳定性，防止渠道滑坡和塌陷变形，以致溃决等事故发生。防渗还可以防止渠床长草，减少冲刷和淤积，因而可以减少大量的防险、清淤、除草等养护、维修的工作量。

渠道防渗工程按主要防渗特点可归纳分为三大类：在渠床上加做防渗层（衬砌护面）；改变渠床土壤的渗漏性能；新的防渗渠槽结构形式。

（二）渠道防渗措施

1. 砼 "U" 形槽防渗技术

防渗渠道从断面形式上分，可分梯形、矩形、"U" 形三种，其中 "U" 形断面接近最佳断面，因此具有过水能力大，水流特性好，受力条件好，占地少，工程造价低等优点，特别是田间渠道老沟改造和山区小股水源，长距离引水渠道采用"U"形渠道防渗、效果更为明显。

砼"U"形槽的规划布置：灌溉渠道系统应根据水源和不同地貌条件因地制宜，合理布置。

（1）平坝及槽谷地区的布置：渠道布置要求能控制整个坝地，干渠必须沿着灌区边缘较高等高线布置，而支渠垂直等高线布置。

（2）山丘区的布置：干渠沿分水岭垂直等高线布置。渠道比降较大时，需修建一定数量的跌水及闸门。

（3）田间渠系的布置：农渠长度控制在 2km 以内。每条农渠负担的灌溉面积大致为 33.33hm^2。毛渠间距一般是 100~400m，每条控制 3.33~10.00hm^2。

2. 砌石护面防渗技术

砌石防渗一般可减少渠道渗漏量 70%~80%，使用浆砌石防渗效果为 0.09~0.25m^3/m^2·d。浆砌石好于干砌石，条石好于块石，块石优于卵石。

砌石护面防渗按结构形式可分为护面式和挡土墙式两类；按材料和砌筑方法可分为浆砌料石、浆砌块石、浆砌石板、浆砌卵石等多种形式。对于护面式防渗层厚度，浆砌料石采用 15~25cm；浆砌块石板不宜小于 3cm；浆砌卵石护面防渗层厚度应根据使用要求和当地的石料资源情况确定，一般采用 15~30cm。

3. 混凝土衬砌渠道防渗技术

混凝土衬砌渠道防渗效果为 0.04~0.14m^3/m^2·d，减少渗漏水量可达 80%~95%，使用年限 30~50 年，糙率小，抗冲性能好，能耐高流速，可达 4~6m/s。在坡度较大的地区可节省连接建筑物，缩小渠道断面，减少土方和占地面积，强度高，耐久性强，便于管理；对各种地形、气候和运行条件的大、中、小型渠道都能适用。所以，在我国渠道防渗中采用最普遍。当渠道流速大于 3m/s 或水流挟带较多推移质泥沙时，混凝土强度不应低于 15MPa。混凝土衬砌防渗层的结构形式，一般采用等厚板。对大中型渠道主要采用楔形板、肋梁板、中部加厚板等结构形式。小型渠道宜采用"U"形或矩形。

第六章 凉山特色优质烟叶生产管理体系

第一节 凉山清甜香烤烟综合标准体系

一、范围

本标准规定了《凉山清甜香烤烟综合标准体系》的基本构成。

本标准适用于四川省凉山州烤烟生产综合标准化区域。

二、规范性引用文件

下列文件对于本文件的应用是必不可少的。凡是注日期的引用文件，仅所注日期的版本适用于本文件。凡是不注日期的引用文件，其最新版本（包括所有的修改单）适用于本文件。

三、术语和定义

（一）定义

凉山清甜香烤烟是：烟叶成熟度好，厚薄适中；颜色金黄、橘黄，叶面与叶背、叶尖与叶基色度基本一致；叶表面色度饱和、均匀、油分多、富弹性、光泽强，组织疏松。

烟叶清甜香韵明显，劲头中等，浓度中等至稍浓，香气质好，香气量足，烟气飘逸感和透发性较好，香气的厚实感明显；烟气细腻、柔和，成团性好；余味舒适、干净，甜度较强；刺激性较小。

内在质量总糖含量 25%~32%；还原糖含量 20%~26%；淀粉<4%；烟叶上、中、下部烟碱含量分别为 2.5%~3.2%、1.5%~2.5%、1%~1.5%；糖碱比 8~12；钾含量≥2.0%、氯离子含量 0.2%~0.6%；蛋白质含量<8%；石油醚提取物>6%，农药残留量低于国家标准。

（二）烤烟综合标准体系框图（图6-1）

凉山清甜香烤烟综合标准体系包括6个大类、19个种别，具体见图6-1。

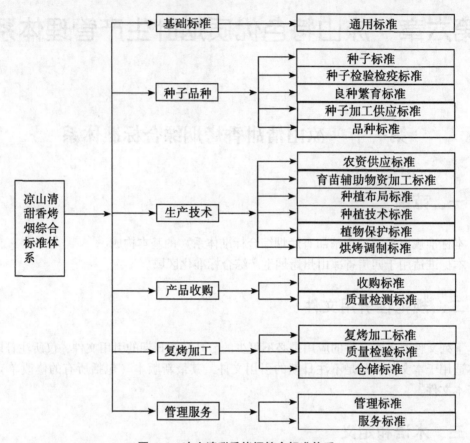

图6-1　凉山清甜香烤烟综合标准体系

（三）烤烟综合标准体系明细

具体见表6-1。

表6-1　烤烟综合标准体系明细

标准类型	标准种别	标准编号	标准名称
		DB5134/T 101—2011	凉山清甜香优质烤烟综合标准体系
		DB5134/T 102—2011	烤烟新技术试验、示范与推广规则
		DB5134/T 103—2011	烤烟农事操作月历表
基础标准	通用标准	DB5134/T 104—2011	信息技术　烟叶子系统
		GB/T 18771.1—2002	烟草术语第一部分：烟草栽培、调制与分级
		YC/T 142—1998	烟草农艺性状调查方法
		YC/T 39—1996	烟草病害分级及调查方法

（续表）

标准类型	标准种别	标准编号	标准名称
种子品种标准	种子标准	GB/T 21138—2007	烟草种子
		GB/T 16448—1996	烟草品种命名原则
		GB/T 24309—2009	烟草国外引种技术规程
	种子检验检疫标准	YC/T 20—1994	烟草种子检验规程
		GB 15699—1995	烟草种子　霜霉病检疫规程
	良种繁育标准	YC/T 43—1996	烟草原种　良种生产技术规程
		YC/T 21—1994	烟草种子包装
	种子加工供应标准	YC/T 141—1998	烟草包衣丸化种子
		YC/T 22—1994	烟草种子贮藏与运输
		DB5134/T 105—2011	烤烟生产用种供应规程
		DB5134/T 106—2011	烤烟品种　云烟85
		DB5134/T 107—2011	烤烟品种　红花大金元
		DB5134/T 108—2011	烤烟品种　云烟87
		DB5134/T 109—2011	烤烟品种　云烟97
	品种标准	DB5134/T 110—2011	烤烟品种　中烟103
		DB5134/T 111—2011	烤烟品种　NC89
		DB5134/T 112—2011	烤烟品种　K326
		DB5134/T 113—2011	烤烟品种　K346
		DB5134/T 114—2011	烤烟品种　KRK26
生产技术标准	农资供应标准	DB5134/T 115—2011	烤烟专用苗肥、基肥、追肥内控标准
		DB5134/T 116—2011	烟用农膜
		DB5134/T 117—2011	聚苯乙烯漂浮育苗盘
		DB5134/T 118—2011	聚苯乙烯漂浮育苗盘生产工艺
	育苗辅助物资加工标准	YC/T 310—2009	烟草漂浮育苗基质
		DB5134/T 119—2011	烤烟漂浮育苗基质生产规程
		DB5134/T 120—2011	有机肥发酵技术规程
	种植布局标准	DB5134/T 121—2011	烤烟种植布局规划要求
		DB5134/T 122—2011	烤烟育苗壮苗标准
		DB5134/T 123—2011	烤烟漂浮育苗技术规程
		DB5134/T 124—2011	烟田轮作技术要求
		DB5134/T 125—2011	烟地整地开厢技术规程
	种植技术和植物保护标准	DB5134/T 126—2011	烤烟地膜覆盖技术规程
		DB5134/T 127—2011	烤烟平衡施肥技术规程
		DB5134/T 128—2011	烤烟移栽技术规程
		DB5134/T 129—2011	烤烟田间长相标准
		DB5134/T 130—2011	烤烟田间管理技术规程
		DB5134/T 131—2011	烤烟病虫害预测预报
		DB5134/T 132—2011	烟草病害综合防治技术规程
		DB5134/T 133—2011	烟草虫害防治技术规程

（续表）

标准类型	标准种别	标准编号	标准名称
生产技术标准	种植技术和植物保护标准	DB5134/T 134—2011	烟草农药使用规则
		YC/T 40—1996	烟草病害药效试验方法
	烤烟调制标准	DB5134/T 135—2011	普改密烤房建造规程
		DB5134/T 136—2011	烤烟密集式烤房建造技术标准
		DB5134/T 137—2011	烤烟成熟采收技术规程
		DB5134/T 138—2011	烟叶烘烤技术规程
		DB5134/T 139—2011	特殊烟叶烘烤技术规程
		DB5134/T 140—2011	初烤烟叶分级扎把技术规程
产品收购标准	收购标准	DB5134/T 141—2011	烤烟预检预验技术规程
		DB5134/T 142—2011	烤烟收购技术规程
		DB5134/T 143—2011	凉山烤烟产品质量内控标准
		DB5134/T 144—2011	收购质量检验办法
		DB5134/T 145—2011	初烤烟包装及规格要求
		DB5134/T 146—2011	初烤烟储存保管及运输要求
		DB5134/T 147—2011	初烤烟入库及工商交接质量控制规程
		YC/T 25—1995	烤烟实物标样
		GB 2635—1992	烤烟
		GB/T 19616—2004	烟草成批原料取样的一般原则
	质量检测标准	YC/T 138—1998	烟草及烟草制品 感官评价方法
		YC/T 149—2002	烟草及烟草制品 转基因的测定
		YC/T 161—2002	烟草及烟草制品 总氮的测定 连续流动法
		YC/T 162—2002	烟草及烟草制品 氯的测定 连续流动法
		YC/T 159—2002	烟草及烟草制品 水溶性糖的测定 连续流动法
		YC/T 173—2003	烟草及烟草制品 钾的测定 火焰光度法
		YC/T 166—2003	烟草及烟草制品 总蛋白质含量的测定
		GB/T 13595—2004	烟草及烟草制品 拟除虫菊酯杀虫剂 有机磷杀虫剂、含氮农药残留量的测定
复烤加工标准	复烤加工标准	DB5134/T 148—2011	烟叶挑选操作规程
		DB5134/T 149—2011	烟叶打叶复烤成品检验规程
		DB5134/T 150—2011	烟叶 打叶复烤 工艺规程
		DB5134/T 151—2011	打叶复烤 在线检验规程
		YC/T 146—2001	烟叶 打叶 复烤工艺规范
	质量检验标准	YC/T 147—2001	打叶烟叶 质量检验
		DB5134/T 152—2011	凉山烟叶标志规定
	仓储标准	DB5134/T 153—2011	烟叶仓储管理规范

（四）烤烟综合标准体系统计

具体见表6-2。

表6-2　烤烟综合标准体系统计

标准种类	标准种别	标准数			
		合计	国家标准	行业标准	地方标准
基础标准	通用标准	7	1	2	4
种子标准	种子标准	3	3		
	检验检疫标准	2	1	1	
	良种繁育标准	2		2	
	种子加工供应标准	3		2	1
	品种标准	9			9
生产技术标准	农资供应标准	4			4
	育苗辅助物资加工标准	3			3
	种植布局标准	1			1
	种植技术和植物保护标准	12		1	11
	烘烤调制标准	7			7
产品收购标准	收购标准	10	1	1	8
	质量检测标准	9	2	7	
复烤加工标准	复烤加工标准	6		2	4
	质量检验标准	2		1	1
	仓储标准	1			1
合计		81	8	19	54

第二节　凉山烟叶生产技术分析指导系统

凉山州特色烟叶产业涉及烟草种植、物流、专卖营销、生产配方，具有典型的空间分布特征和地域特点。构建以 GIS 技术为支撑的核心业务系统，能提供直观的信息管理、空间分析、地理统计等功能。在烟草适宜性研究、烟草品质分布研究、精细的农业烟草种植规划、生产与基础设施管理、估产及灾害评估、工业的地域性生产配方及订单式种植生产等方面，都发挥着重要作用。

凉山烟草公司 GIS 生产管理决策系统结合"科学规划、系统推进、整体发展"和"向最适宜区集中，向烟叶质量好、效益高的区域集中"的原则，针对烟叶生产指导、分析、决策，实现烟叶生产基础管理，质量过程监控，实现对烟叶生产过程的管理、分析决策与指导。

基于 GIS 信息系统建立数据库，实现气象、土壤、烟叶质量、基本烟田、烟叶生产等相关信息的查询统计和空间分析，实现植烟生态相似性区划、烟叶品质相似性区划、现代烟草农业规划、烟叶生产与基础设施管理、烟叶生产估产及灾害评估、卷烟工业企业基地的筛选与规划，真正实现"数字烟草"。

凉山烟草公司 GIS 生产管理决策系统基于 Internet+GIS+MIS，采用三层体系结构的烟草信息管理信息系统框架，将 GIS 技术和 Web 技术融入烟草行业的信息管理，实现了烟草的信息可视化、管理网络化、图文一体化，很好地实现烟草信息的资源共享问题。

系统完全满足烟叶生产每个环节的实质性需求，结合 GIS 强大的决策分析功能，实现了对烟区的可视化分析、决策管理，能够有效地利用测土配方数据以及烟叶质量数据，使得这些数据能够真正为烟叶生产决策指导服务，系统的实用性还体现在满足了不同层次客户的需求，既能从宏观上满足各级领导和管理层的分析需求，也能从微观上满足烟技员、烟叶生产研究人员等基层人员的可视化分析需求，从而生成更加科学的分析文档。

一、适宜性评价子系统

面向烟叶种植区域规划，提供辅助决策功能，扩大种植规模；分析各种基础指标对烟叶产量和内在质量的影响程度，得出各种基础指标对烟叶质量的影响程度，为各种指标设定影响烟叶质量的权重，建立科学的烟叶种植适宜性评价指标体系。通过该子系统，在选定的区域范围内的所有地块进行适宜性评价，得到适应性评价结果，促进该地区烟叶布局的优化和资源的合理分配。

（一）单项区域规划

实现对单项指标，如有机质、土壤 pH 值、海拔等单项指标的专题图生成，能够区分不同单项区域指标情况下的区域适宜性情况。

（二）综合区域规划

根据各地块适宜性分析评级，能够自动生成整个地区适宜性区域规划图，为扩大烟草种植规模，提高烟叶质量提供科学决策。

（三）地块规划

输入地块相关指标，利用评级模型马上对地块适宜性进行评价，得出结果，如适宜即可把地块转化为烟田。

二、技术管理子系统

面向烟叶种植技术，提供决策技术指导功能，提高烟叶种植内在质量。根据土壤加密采样分析的结果,并根据数据库中存储的多年田间定位实验结果、长期施肥习惯、烟叶目标产量和质量等级等基础数据,利用数学模型和统计学方法,建立攀枝花烟叶种植变量施肥管理体系。在此基础上作推荐施肥,针对不同地块的具体情况给出目标产量和质量下的施肥推荐建议,促进产出烟叶内在质量的提高。

(一)地块肥力查询

实现对烟区地块的可视化肥力查询,可以迅速了解每个地块的肥力详细信息。

(二)区域养分管理

利用插值数学模型,实现区域氮、磷、钾等单项指标的区域养分分布图,既满足领导进行宏观决策,又能够让技术管理人员随时了解区域内各养分变异情况。

(三)综合养分管理

利用数学模型,对各养分指标进行综合评价,得出区域养分综合评价专题图以及养分综合评价报表,更利于进行区域施肥决策(图6-2)。

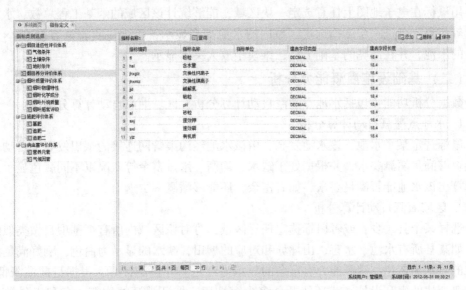

图6-2 养分综合评价

(四)区域施肥推荐

选定某个区域,通过施肥模型,得出区域施肥推荐表。

(五)育苗评价

育苗评价模块的主要目的是为查询全州各育苗点的育苗情况,包括交通便利度、水源保证度、育苗规模、烟苗健壮度(评价指标可包括健苗率、病苗率、大田发病率)等。

三、基础设施管理子系统

（一）基础设施可视化查询、统计

各种查询、统计、分析功能均能在电子地图上得到反映：包括基于特定条件的查询、定位、显示功能；基于条件的查询、统计、显示功能；区域选择的统计、显示功能。

1. 基于特定条件的查询、定位、显示功能

如查询烟农张某是为烟叶生产基础设施所有人，如是，显示设施情况，并自动定位到该设施所在电子地图位置。

2. 基于条件的查询、统计、显示功能

如查询某县 2007 年建成的水池数量，该批水池自动在电子地图上以高亮显示。

3. 区域选择的统计、显示功能

用鼠标在电子地图上任意选定一块区域，能够统计该区域的烟基工程总数、水池总容量等信息；可进一步选择选定区域内的水池高亮显示；可进一步查询容量在××立方以上的水池，并在高亮的基础上将三维模型放大突出显示。

（二）基础设施灌溉能力分析

数据分析功能：包括水池点灌溉自动计算分析、区域灌溉自动计算分析等：

1. 水池点灌溉自动计算分析

鼠标选定某个水池，该水池发亮，由该水池经沟渠管网连接的烟田发亮，自动计算出能否够满足灌溉要求，并根据处于缺水、均衡、水量富余等状况以不同颜色显示。自动计算出该水池能否满足要求，如有富余，还能够灌溉多少烟田。

2. 区域灌溉自动计算分析

选择某个县、乡，或者鼠标选定任意区域，可对该区域内所有烟基项目做类似的分析。如某县所有水池、水窖、山坪塘和对应的烟田，缺水的显示为白色，刚好满足灌溉要求的显示为蓝色，灌溉能力有富余的显示为红色。并自动计算，根据目前灌溉情况，还需要新建的水利设施，或还能开垦多少亩烟田，保证灌溉的均衡，有利于科学分析决策。

（三）基础设施模拟建设功能

基础设施模拟建设具有预测效果功能，对建设前后进行自动计算，对比分析，并反映相关数据及状况变化，并有预判生成功能。

模拟建设某个基础设施，根据该项目参数计算清晰反映建成后能够达到的效果。例如在缺水的地区，模拟建设一口或一片水池并以沟渠管网连接烟田，自动计算并对比建设前后灌溉能力的变化；随着数据的变化，在电子地图上直观反映随着模拟建设水池的增加，附近烟田显示灌溉状况颜色的变化。

四、质量跟踪子系统

面向烟叶生产不同环节的质量监控，及时发现问题，便于管理人员及时决策。根据烟叶生产的具体环节，系统包括了区域质量跟踪、技术质量跟踪等功能模块，实现对系统。提供烟叶质量的过程跟踪和数据监测，并形成历史数据库，强化报表的统计、查询和分析功能，为反馈质量问题，改良生产技术提供支撑数据和方法。

（一）区域质量跟踪

该功能面向区域适宜性评价质量跟踪，包括了烟叶土壤类型分布图，区域地块质量评价制图以及区域质量评价方案分析。

（二）技术质量跟踪

技术质量跟踪包括抽样点化学成分分布图、化学成分质量评价制图以及技术质量评价报表。

五、预警子系统

预警子系统主要满足领导进行快速辅助决策的需求，市级公司、县级公司领导在系统首页就能非常方面地了解到适宜性异常报警、肥力异常报警以及通过对烟叶进行抽样，实现烟叶化学成分等异常报警，便于领导快速了解各区域的烟叶生产状况，辅助决策。

（一）适宜性异常报警

根据烟区生态适宜条件标准，定时监测数据，当数据不在标准范围内时，系统会出现报警提示。

（二）地块肥力异常报警

移栽前进行土壤肥力监测，根据制定的适宜烟田土壤肥力标准，当数据不在标准范围内时，系统会出现报警提示。

（三）烟叶内在质量异常报警

烟叶内在质量异常报警包括了烟叶化学成分异常报警、烟叶外观质量异常报警以及烟叶感官评吸异常报警。

六、系统管理子系统

（一）数据管理

该功能模块可以非常方便地进行数据录入，能够非常方便地把凉山州已采集的各种烟叶生产数据整合在一起，不仅仅实现了对这些数据的信息化管理，更为关键的是能够充分利用这些数据，挖掘出能指导烟叶生产的关键信息。

（二）模型管理

该功能模块实现对数学模型的管理，主要面向烟叶技术中心的烟叶研发人员的需求，比如适宜性评价 AHP 模型，技术中心研发人员能够选择不同的模型方案进行区域适宜性评价，从而找出该区域内在某段时期更影响烟叶生长适宜性的相关指标（图 6-3）。

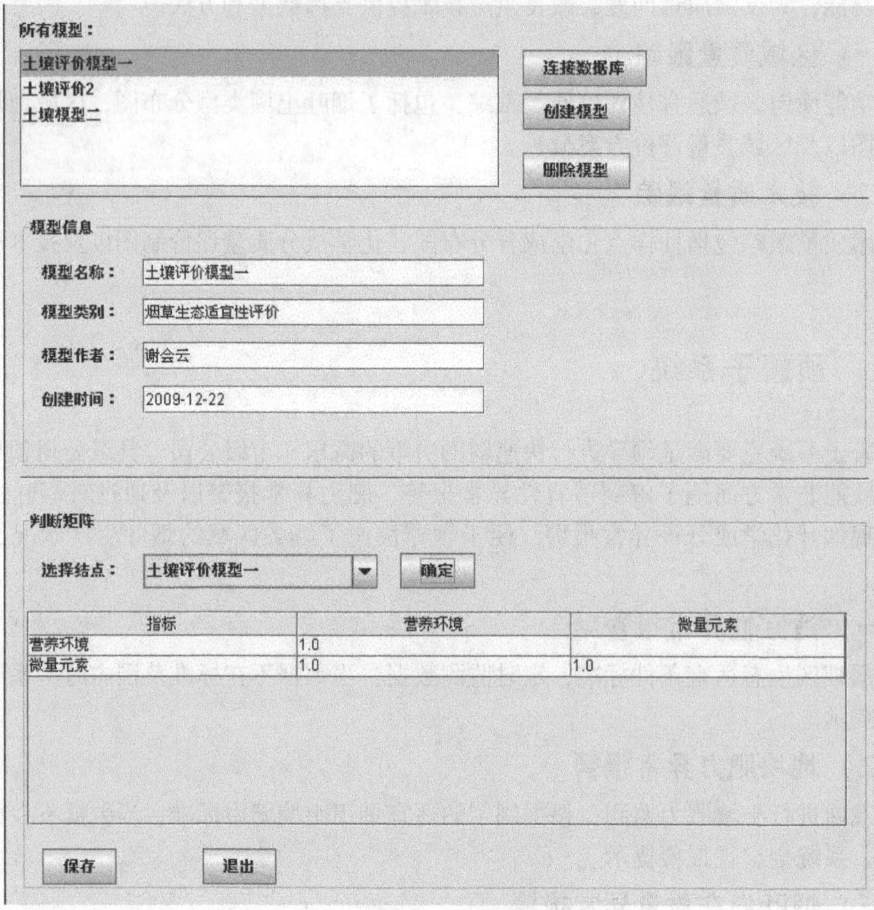

图 6-3　模型管理

（三）用户管理

该功能模块实现了市级、县级公司的人员管理、权限审核以及登录日志管理等，保证了系统的安全性。

根据烟区生态适宜条件标准，定时监测数据，当数据不在标准范围内时，系统会出现报警提示。

第三节 凉山特色优质烟叶原料生产供应体系建设

一、概述

凉山特色优质烟叶原料生产供应体系，又名烟叶原料保障体系。烟叶原料保障体系建设包括两方面内涵，即烟叶生产体系和供应链管理系统。

烟叶原料供应保障体系建设的要求，体现两个方面：一是数量上如何满足各种不同类型烟叶的供应，二是质量上如何采取措施保持稳定，并且根据产品更新换代的要求可以随时调整。由于行业现行的计划管理体制，按卷烟产量下达烟叶种植计划并严格控制总量，尽管烟叶产量受气候因素影响有丰产与歉收之年，从宏观上讲，保证总量供需基本平衡尚有一定的可控性。但是从烟叶质量的形成过程来看，生产过程中的气候变化对质量的波动影响，具有相当大程度的不可控性，即烟叶质量有干旱与多雨年份之间的明显区别。对于工业企业而言，在等级结构要求与不同年份间的质量稳定性需求上的矛盾始终不可避免。要解决这一矛盾，除了凉山烟草公司严格按定单组织生产之外，更为重要的是根据工业用户自身需要，建立起一套与之相适应的烟叶供应链管理模式。不同卷烟品牌和卷烟生产企业对烟叶原料的要求和利用有各自不同的特点，即使是利用同一等级烟叶的工业过程也存在差异。烟叶生产供应体系管理是协调烟叶生产过程的手段，是使烟叶生产质量达到一定质量水平的一种管理方式。

凉山特色优质烟叶原料生产供应体系从烟叶生产、烟叶收购、烟叶物流和烟叶仓储等各个环节入手，通过实名认证、规范收购秩序、加强烟叶物流管理、强化人员考核、提升服务烟农质量，并以信息化为手段进行业务流程再造，建立一个系统的烟叶生产经营管理信息平台，对上述几个流程形成有效的闭环控制。

二、生产质量体系

从目前我国烟叶生产质量管理现状可知，一方面，烟叶生产过程质量只是烟叶烘烤后做抽样质量检验，对烟叶的质量进行分级，并不是全面生产过程的质量管理。现行的烟叶生产质量分级方法是事后检验，挑出烟叶的残次品、废品。并不能在生产过程中预防控制烟叶生产质量问题的产生。另一方面，烟叶的生产质量问题涉及卷烟质量和社会经济效益，而烟叶的生产质量是基础。因此从烟叶生产质量检验发展到烟叶生产质量管理，对全面提高烟叶的生产质量具有重要意义。

根据全面质量管理理论和原理及烟叶生产质量目标，本项目对烟叶生产育苗、起垄、移栽、大田栽培、成熟采收和烘烤的各个过程进行分析和研究，针对影响质量的因素进行全过程的质量控制，并且用控制图表等来确定烟叶生产的各个阶段是否处于控制状态，以便及时调整生产的方法和技术以达到烟叶生产中的质量目标。

三、供应质量体系

长期以来，烟叶采购的质量管理大多是沿用农业收购质量标志，即外观质量为标准。优点是操作简便，缺点是不能与卷烟质量管理相匹配，即不能完全满足卷烟产品在化学指标与评吸质量上的要求。这种烟叶采购方式同工业使用过程在质量管理上的脱节也加剧了烟叶等级需求的结构性矛盾。

凉山州烟草公司着力打造一个工业与农业有机结合的烟叶原料保障体系，除了正确处理和解决基地建设，政策与投入以及复烤加工工艺等方面的问题之外，还充分认识烟叶原料供应链在构建原料保障体系中的地位与作用。

烟叶供应链是一系列以满足卷烟工业原料需求为目的的活动与过程的总称，包括需求量预测，采购与加工，仓储运输，醇化与库存管理等过程，同时还包括烟叶分级与原料使用技术及加工复烤管理。供应链管理的对象涉及原料，供应商与加工商，具体内容包括质量，价格，加工以及信息透明与资源共享。生产是源，供应链是渠道，渠道不畅，源就不能按时到达生产制造车间。对于原料保障体系建设来说，如果说生产是基础，那么供应链就是保障。从深层次来讲，供应链是连接烟草农业与工业产品的桥梁，具有修饰和转化农业产出为工业有效利用的功能与作用。

凉山州烟草公司还与工业企业客户进行直接的互动，及时调整、管理基地单元等措施，更好地完善烟叶原料保障体系。

参考文献

白岩，刘好宝，史万华，等．2012. 论烟草轻简化育苗及其发展方向 [J]. 中国农学通报，28（01）：138-141.

白岩，刘好宝，史万华，等．2012. 苗盘高度和育苗密度对烟苗生长发育的影响 [J]. 核农学报，26（7）：1 082-1 086.

陈伟，王三根，唐远驹，等．2008. 不同烟区烤烟化学成分的主导气候影响因子分析 [J]. 植物营养与肥料学报，14（1）：144-150.

程昌新，卢秀萍，许自成，等．2005. 基因型和生态因素对烟草香气物质含量的影响 [J]. 中国农学通报，21（11）：137-139，182.

程亮，毕庆文，许自成，等．2009. 湖北保康不同海拔高度生态因素对烟叶品质的影响 [J]. 郑州轻工业学院学报（自然科学版），24（2）：15-20.

戴冕．2000. 我国主产烟区若干气象因素与烟叶化学成分关系的研究 [J]. 中国烟草学报，6（1）：27-34.

丁根胜，王允白，陈朝阳，等．2009. 南平烟区主要气候因子与烟叶化学成分的关系 [J]. 中国烟草科学，30（4）：26-30.

黄中艳，王树会，朱勇，等．2007. 云南烤烟5项化学成分含量与其环境生态要素的关系 [J]. 中国农业气象，28（3）：312-317.

黄中艳，朱勇，邓云龙，等．2008. 云南烤烟大田期气候对烟叶品质的影响 [J]. 中国农业气象，29（4）：440-445.

雷波，王昌全，伍仁军，等．2011. 富钾绿肥籽粒苋对烤烟干物质积累和产量、质量的影响 [J]. 中国烟草学报，17（5），69-73.

黎妍妍，许自成，王金平，等．2007. 湖南烟区气候因素分析及对烟叶化学成分的影响 [J]. 中国农业气象，28（3）：308-311.

李章海，王能如，王东胜，等．2009. 烤烟香型的重要影响因子及香型指数模型的构建初探 [J]. 安徽农业科学，37（5）：2 055-2 057.

梁艳萍，刘静，王少先，等．2010. 不同烤烟品种烟叶品质特性研究 [J]. 湖南农业科学（9）：19-21.

刘好宝．2012. 清甜香烤烟质量特色成因及其关键栽培技术研究 [D]. 北京：中国农业科学院研究生院．

宁扬，曹建敏，廉芸芸，等.2014.凉山州不同香型风格烤烟品质对比分析 [J].
江苏农业科学，42 (3)：286-287.

宁扬，刘好宝，史万华，等.2013.凉山烤烟主要化学成分的因子分析及综合评价
[J].中国农学通报，29 (1)：85-88.

邵丽，晋艳，杨宇虹，等.2002.生态条件对不同烤烟品种烟叶产质量的影响 [J].
烟草科技 (10)：40-45.

宋俊.2009.凉山烟区灌溉体系建立与节水模式研究 [D].北京：中国农业科学院
研究生院.

汪耀富，宋世旭，杨亿军.2007.成熟期灌水对烤烟化学成分和致香物质含量的影
响 [J].灌溉排水学报，26 (3)：101-104.

王彪，李天福.2005.气象因子与烟叶化学成分关联度分析 [J].云南农业大学学
报，20 (5)：742-745.

王树林，刘好宝，史万华，等.2010.论烟草轻简高效栽培技术与发展对策 [J].
中国烟草科学，31 (5)：1-6.

王树林，刘好宝，史万华，等.2010.烟草化控育苗研究及其节工降本效果分析
[J].中国烟草科学，31 (6)：24-27.

王树林，刘好宝，史万华，等.2011.M 型宽垄双行种植模式对烟草生长及产质量
的影响 [J].中国烟草科学，32 (5)：30-33.

王树林，刘好宝，史万华，等.2011.生态化育苗基质研究及其节本降耗效果分析
[J].中国烟草科学，32 (1)：27-31.

王彦亭，王树声，刘好宝.2005.中国烟草地膜覆盖栽培技术 [M].北京：中国农
业科技技术出版社.

韦成才，马英明，艾绥龙，等.2004.陕南烤烟质量与气象关系研究 [J].中国烟
草科学 (3)：38-41.

杨虹琦，周冀衡，杨述元，等.2005.不同产区烤烟中主要潜香型物质对评吸质量
的影响研究 [J].湖南农业大学学报 (自然科学版)，31 (1)：10-14.

于建军，董高峰，马海燕，等.2009.同一烤烟在 2 个烟区中性致香物质含量的差
异性分析 [J].浙江农业科学 (4)：834-838.

张波，王树声，史万华，等.2010.凉山烟区气象因子与烤烟烟叶化学成分含量的
关系 [J].中国烟草科学，31 (3)：13-17.

张国，朱列书，陈新联，等.2007.湖南烤烟部分化学成分与气象因素关系的研究
[J].安徽农业科学，5 (3)：748-750.

张瑞娜.2012.微喷条件下水氮耦合对烤烟产质量及氮素利用率的影响 [D].郑
州：河南农业大学.

张润琼，刘艳雯，万汉芸.2003.影响六盘水优质烤烟生产的气候资源分析 [J].
贵州气象，27 (4)：15-17.

郑湖南.2008.不同香气风格烤烟常规化学成分和香气物质的差异研究 [J].安徽
农业科学，36 (31)：13 700-13 702，13 728.

中国农业科学院烟草研究所 . 2005. 中国烟草栽培学 ［M］. 上海：上海科学技术出版社 .

周冀衡，杨虹琦，林桂华，等 . 2004. 不同烤烟产区烟叶中主要挥发性香气物质的研究 ［J］. 湖南农业大学学报（自然科学版），30（1）：20-23.

周坤，周清明，胡晓兰 . 2008. 烤烟香气物质研究进展 ［J］. 中国烟草科学，29（2）：58-61.